量子纪元

量子产业的未来密码

陈俊延 ———— 著

清华大学出版社

北　京

内 容 简 介

现代物理学已经开启了一个充满无限可能的新纪元。量子领域的前沿研究在不断挑战我们对物质世界的认知的同时，更在不经意间改变着我们的日常生活，从各个角度重塑着社会生活的方方面面。

本书从当前量子技术的落地应用和转化成果出发，系统性地介绍了量子产业中不同分支的理论基础、发展现状和未来走向。书中没有晦涩的公式，也没有枯燥的图表，主要讲述量子物理如何改变了各行各业，力求为非专业读者展现一幅尽可能全面的量子产业图景。

图书在版编目（CIP）数据

量子纪元：量子产业的未来密码 / 陈俊延著 . -- 北京 : 清华大学出版社，2025.8.
（新时代·科技新物种）. -- ISBN 978-7-302-70216-0

I. O413

中国国家版本馆 CIP 数据核字第 2025731DS6 号

责任编辑：刘　洋
装帧设计：方加青
责任校对：宋玉莲
责任印制：丛怀宇

出版发行：清华大学出版社
　　　　网　　　址：https://www.tup.com.cn，https://www.wqxuetang.com
　　　　地　　　址：北京清华大学学研大厦 A 座　　　　邮　　编：100084
　　　　社 总 机：010-83470000　　　　邮　　购：010-62786544
　　　　投稿与读者服务：010-62776969，c-service@tup.tsinghua.edu.cn
　　　　质 量 反 馈：010-62772015，zhiliang@tup.tsinghua.edu.cn
印 装 者：艺通印刷（天津）有限公司
经　　销：全国新华书店
开　　本：187mm×235mm　　　印　　张：19.75　　　字　　数：383 千字
版　　次：2025 年 10 月第 1 版　　　印　　次：2025 年 10 月第 1 次印刷
定　　价：89.00 元

产品编号：109797-01

春秋代序，沧海桑田。在这个科技飞速发展的时代，量子科学与技术正以前所未有的速度改变着我们的世界。

量子物理诞生于 20 世纪初，到如今已经有一百多年历史了。从时间上来说，量子物理理论的提出比铁路、飞机的发明时间还要早一些，它们算是同一个时代的发明。但与后者不同的是，在百年后的今天，我们早已对高速铁路和航天飞机司空见惯、见怪不怪了，而量子科学却仍旧是一片充满着未知的神秘领域，还在孕育着无数伟大的创新与进步。

毫不夸张地来说，整个 20 世纪乃至 21 世纪的物理学史，就是一部量子科技的发展史。自量子理论诞生以来的每一天，科学家们都在不断地提出一个又一个天马行空的创新理论，全世界的实验室都在前仆后继地开发着一个又一个突破想象的颠覆性技术。量子场论、量子光学、量子化学、超导、永磁、二极管、激光器……在这些像是报菜名一般不断涌现出来的理论和成果的推动下，时代在不断前进，世界也在变得更加美好、便捷。

把量子科技迄今为止所有的落地应用汇总起来，就可以一瞥量子产业这个宏大概念的端倪。与其他任何产业不同，量子产业是一个高度综合、高度集成，由多个前沿交叉学科共同构筑的庞大产业。从小到微不足道的量子材料到横跨上千公里的量子通信，从用于度量衡的量子测量到突破计算机边界的量子计算，都是量子产业的分支。量子产业已经全方位、无死角地重塑了我们日常生活的方方面面，这是一个正在降临的崭新纪元，一个完全由前沿科技突破驱动着的量子的纪元。

本书所描绘的正是这一新纪元的前世今生，展现了量子产业的过去、现在和未来。量子产业的发展源于量子理论的突破，而创新的理论又反过来引发了诸多产业领域的颠覆性革命。翻开本书，你将开启一段难忘的旅程，与百年来最具智慧的科学家们一起，共同经历这场或许是人类历史上最伟大的科学革命、技术革命和产业革命。

王剑威

北京大学物理学院教授

既熟悉又陌生的量子

所有人都知道，量子代表着未来。

2020 年前后，我国就掀起过一股发展量子产业的热潮。彼时，习近平总书记主持进行了关于量子科技研究和应用前景的集体学习，并提出"要充分认识推动量子科技发展的重要性和紧迫性，加强量子科技发展战略谋划和系统布局，把握大趋势，下好先手棋"。

随着新质生产力成为推进高质量发展和实现中国式现代化的关键所在，量子科技又一次得到了全社会的关注。作为很有可能带来新一轮产业革命的颠覆性创新，量子产业被寄予了以基础科技进步带动产业格局重塑，进而实现全面"弯道超车"的厚望，各地政府争相将重点发展量子产业写入工作报告，不少地方还出台了专门的产业扶持政策。

几轮"量子热"之后，量子力学的颠覆性和实用性已然深入人心，"量子"一词已经天然地和高科技绑定在一起了。网络上甚至还流传起了一种说法，叫"遇事不决，量子力学"。

但是究竟什么是量子呢？

虽然人人都听说过量子物理，也都认可量子科技一定蕴藏着改变世界的巨大潜力。但要是论起量子物理究竟是什么，量子科技到底如何改变世界，量子产业又是怎样落地的，这些问题又没有多少人能答得上来。

现在市面上不乏关于量子力学的科普著作，很多还是极为优秀的大家之作，用很多具体事例和生动场景讲清楚了量子物理好、量子科技妙的道理。但是具体到为什么好、为什么妙，要么转为介绍量子物理史，要么开始摘录量子力学的基本概念说明。从"研"到"学"再到"产"这一环，事实上是缺失的。

同时，网络上大多数普及性的介绍，事实上是关于量子信息产业的介绍。量子信息产业是用量子化的方式来实现对计算机、互联网等现代信息技术的升级改造，是量子产业不可或缺的重要板块。但量子产业的概念范围远比量子信息产业更大更广。早在2000年，中国科学院就成立了量子结构中心，2009年北京大学又创立了量子材料中心，量子结构和量子材料也是量子产业密不可分的一部分。

除此以外，现代的不少先进技术都是量子科技的衍生成果，或发源于基础量子理论，或脱胎于前沿科研装置。这些技术的出现都与量子理论的重大突破有关，自然也是量子产业结构的一环。

人人都听说过量子物理，人人都推崇量子科技，但很少有人了解量子产业。这对于整个量子产业的长期发展显然是不利的。

量子物理带给人们的第一件礼物就是打开了通往微观世界的大门。我们所熟知的经典物理法则在原子、分子所处的微观世界中并不适用，那里通行着的是另一套法则——量子物理的法则。

本书第一章主要围绕量子材料的发展和应用展开。量子材料是通过特殊的结构设计，让原本只存在于微观世界的量子效应保留到宏观尺度，从而展现出在经典物理学里完全不可能存在的量子特性。量子材料是我们打破经典物理学极限的突破口，也是量子革命最直观的现实体现。

量子理论的进步还让我们对微观粒子的性质和行为有了更深程度的了解。本书第二章主要介绍了自旋等量子的精细属性，以及利用这些属性的变化来探测外界环境的量子测量。基于对量子自旋的研究，人们开发出了一系列利用电磁场来操纵微观粒子的技术，其中最重要的是核磁共振和硬盘存储。现代医疗设备和信息技术产业近几十年的发展，归根到底都是得益于量子物理的理论支撑。

第三章介绍的量子隧穿是微观粒子有别于宏观物体的最重要动力学特征，也是量子力学"不确定原理"的最直观体现。科学家们另辟蹊径，利用量子隧穿对微观距离非常敏感的特点，制作出了分辨率可达亚原子级别的量子探针。量子探针的出现代表了纳米产业的正式诞生，从此开始，人们可以自由组装设计出只有几个到几十个原子那么大的纳米装置，极大地拓宽了世界的探索边界。

第四章介绍的量子纠缠是各类文艺作品里最喜欢引用的量子效应。在特定的情况下，两个微观粒子有可能发生量子化的纠缠，从而产生超越时间和空间的纠缠联系。将量子纠缠应用到通信技术中，就实现了绝对不可能被外界截获破译的量子通信。

除了对单个微观粒子自身性质的研究，量子物理还重点关注多个物体之间的相互作用。当许多物体在同一时间以同一步调进入同一运动模式时，它们之间就有可能产生量子相干，展现出宏观尺度下的量子动力学行为。第五章中提及的激光和超导都是典型的量子相干态，这两者的出现彻底重塑了工业生产格局，带来了一系列极其重要的技术变革。

第六章和第七章主要着眼于量子计算的理论发展和量子芯片的研究历程。量子计算、量子通信和量子精密测量共同构成了量子信息产业。量子信息产业是量子产业生态中最年轻也是最有活力的成员，也是量子革命颠覆性和突破性最集中的体现。

第八章主要介绍了各地对量子产业谋篇布局的大致思路。量子产业的每一条分支路线，都代表着一个衍生赛道，都捆绑着一系列早就能列举出无数落地应用的现实产业。这些分支加在一起，勾勒出的是一整个蓬勃发展中的现代化未来产业体系。

量子产业的实质就是现代产业的未来化革新。

用一句话来概括，量子就是面向未来的科技。

就像长期生活在水中的鱼可能意识不到水的存在一样，人们往往也不会特别注意到习以为常的环境因素。身处量子产业环境中的我们，在每一种产业门类和每一个生产部门里都能看到量子科技的丰硕成果，但又总是忽略了这个伟大的量子纪元。

量子代表着未来，但是未来早已到来。

最后，感谢茅钰才和王金磊两位同志对于本书的贡献，他们在本书的创作过程中提供了不少宝贵的思路，并协助进行了书稿的文字润色。

CONTENTS

目 录

第一章

量子材料：
小到不能够再小

第一节　量子限域和量子点

✵ 一、量子的基本概念

（一）量子的定义

"量子"是英文"quantum"的中文翻译，英文"quantum"来源于拉丁文"quantus"，原意为一定的数量、份额。在物理学中，量子是参与基本相互作用的任何物理实体的最小量，即"离散变化的最小单元"。"量子化"是指其物理量的取值是离散的、特定的，而不是任意变化的。

什么意思呢？就是世界上的一切实体物质、一切物理规律所描述的对象都是由一份一份的基本粒子组合起来的，并且这些基本粒子是有一定尺度、不可再分割的。

就像水流一样，虽然宏观上的大江大河可以分割成小溪小流，小溪小流里的水流又可以进一步分割成涓涓细流，但是分割到了一定尺度后，水流终究会分为一滴滴的小水滴，再细分为一个个的水分子。

到了这一步，从物理意义上来说分割就到了尽头，水分子和水滴就是组成水流的最基本的"量子"单位。

所以，量子其实是一个度量概念，所有物质都有量子特性。天上飞的飞机是量子的，地上盖的高楼是量子的，甚至墙上趴着的猫、树下躺着的狗也是量子的。一切物理量的变化都是量子化的，就像走楼梯一样，只能一次上一个台阶、两个台阶，而不能上半个台阶、1/3 个台阶或 1/114514 个台阶。这就是量子概念的全部实质。

（二）量子物理的起源

量子物理最早出现在 20 世纪初，当时，物理学家在黑体辐射实验的理论解释上遇到了困难。所谓"黑体"，指的是能够对外界能量达到 100% 吸收率，全部吸收外来辐射而毫无任何反射和透射的理想物体。由于完全不存在反射，黑体看上去绝对漆黑，连一丝光泽都没有。

当然，理想中的绝对黑体在现实中并不存在。不过一个表面开有一个小孔的空腔也可以被看作一个近似的黑体。通过小孔进入空腔的光线，在腔里反射多次后很难再原路从小孔透出，表现在数据指征上就是接近于 100% 的吸收。

虽然黑体会完全吸收外界的光和热，但这并不意味着它会让光和热只进不出。黑体自身具有温度，可以被加热，也会向外界以热辐射的形式释放出一定的能量，这种辐射就叫作黑体辐射。黑体辐射实验就是研究黑体发出的辐射强度随温度变化的关系。科学家们发现，黑体在不同的温度下会发出波长不同的辐射，同时辐射强度曲线随着波长增加先上升后下降，每个温度都对应着一个辐射强度最高的波长。

为了解释这一现象，德国物理学家马克斯·普朗克首次提出了量子论。普朗克假设，黑体发出的辐射并不是一个不间断的连续过程，而是像用打气筒给气球打气那样，呈离散变化。每一次"打气"，黑体就会积累一定份额的能量，这些能量汇集起来后对外辐射。这样的能量份额就对应着辐射的最小能量单位，在不同温度下，最小的一份辐射份额所对应的能量不同，这就解释了此前观察到的黑体辐射的实验现象。

后来，著名科学家阿尔伯特·爱因斯坦进一步发展了普朗克的量子假说。他把每份最小的辐射份额叫作"光子"，并提出了光子与电子相互作用产生光电效应的理论。光子是光的"量子"单位，所以又叫"光量子"。所有电磁波的吸收与辐射，都是围绕着一个个光子的产生和湮灭而进行的。

后来，人们就以普朗克量子假说的提出时间作为量子论诞生的起点。在此之前的物理学，统称为经典物理学；此后以量子论观点作为出发点的物理学，统称为量子物理学或现代物理学。"经典"与"量子"，体现了横跨两个时代的前后变革。

（三）"量子"与"经典"

经典物理学与量子物理学的最大区别，在于物理变化过程是线性连续的，还是阶梯式离散的。经典物理学认为，所有的变化过程都可以进行无限划分，正所谓"一尺之棰，日取其半，万世不竭"。而量子物理学则认为，这样的划分不是无限的，对于每一个尺度层级的客观物体，总会存在一种基本成分，它是组成该物体的最小单位；该物体所有的变化幅度，都不可能小于单个最小单位的对应量级。

对于非量子的经典系统来说，其能量变化是线性的。就像一个足球，你踢它一脚，足球就会飞起来，而后又在不断的摩擦和弛豫作用下越来越慢，最后停在某个地方，整个运动过程是线性且连贯的。

但是在量子化的系统里，系统总能量从低到高的取值范围就像上台阶一样，只能在某几个特定的取值范围中阶梯性变化，每一级台阶称为一个能级。

如果这时候再像踢足球那样给系统注入大量能量，整个系统便会被提升到非常高的能级，一下子迈上好几级台阶。但是在之后回到稳态的过程中（物理上通常把这种能量从高到低的自发衰减过程叫作弛豫过程），系统也必须像下楼梯一样，一级一级台阶地往下走，整个动力学过程是不连续且非线性的（图1-1）。

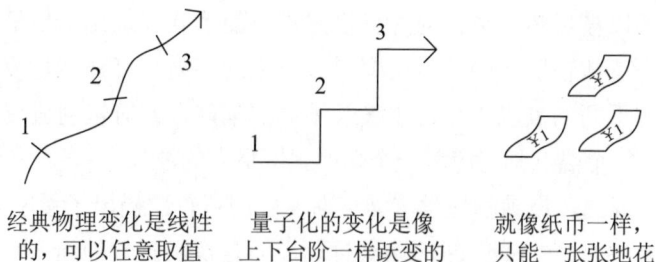

| 经典物理变化是线性的，可以任意取值 | 量子化的变化是像上下台阶一样跃变的 | 就像纸币一样，只能一张张地花 |

图 1-1　经典物理变化与量子物理变化

我们手机里使用的在线支付可以看成一种近似的连续变化，因为无论是支付一百元，还是九十九元九毛九分，都只不过是输入一个数字而已，支付的金额可以在给定区间里任意选取。如果不考虑实际人民币的最小面额是分币，在线支付金额的小数点可以无限向后扩展，那么"近似"二字便可以去掉，这就是一种经典的连续变化。

但是手机毕竟不是长在人身上的器官，总会有电池耗尽或者忘记带出门的时候。现在假设说我们突然忘带手机了，只能用现金支付，又刚好从银行取完钱出来，口袋里只有一张张百元大钞。此时，我们能支付的最小面额就是一百元，要是周边小商小贩都习惯了二维码收款，而我们身上又没有带零钱，找不开百元大钞，那这时候，我们就来到了"量子"世界，支付过程变成了只有两种可能取值的离散模型：比一百元贵的东西买不了；比一百元便宜的东西买得了，但售价是一百元，因为找不开零钱。哪怕只是口渴了想买瓶水，也只能"打肿脸充胖子"，给老板一张大钞票，让他找不开就不用找了。

在这种极端"离散"的线下现金支付场景里，消费者就会表现出与"连续"的线上购物场景截然不同的消费行为，这种因为量子的不连续变化而与经典连续假设形成差异的现象就被称为量子效应。由于日常生活中我们习以为常的大多数现象都符合经典规律的，因此量子效应总是能带来意想不到的新奇体验和突破性发现。

那话又说回来，为什么所有的物质都具有量子特性，但我们在生活中却感受不到任何明显的量子效应呢？为什么就连见多识广的科学家们也是直到 20 世纪的头几个十年里才意识到这一概念的存在，并且推翻了原来沿用了几百年的经典物理框架，重新构建了全新的量子物理体系呢？

原因其实很简单，量子效应的显著与否取决于量子单位的相对规模。在前面提到的"量子"消费场景中，消费者口袋里一共才几百元，而最小的纸币面值的"量子"单位是一百元，总金额和量子单位的比值是几比一，处于同一个数量级，于是就表现出极其明显的"量子效应"。

要是维持现金的总金额不变，把最小面值缩小为原来的万分之一，即变为分，也就是说口袋里揣着几万张分币。此时，总金额和量子单位的比值是几万比一，相差 4 个数量级，那么消费者面临的找不开钱的窘迫状况马上就会消失。在总量级和量子单位的尺度差别很大的情况下，"量子效应"仍然存在，只是会变得非常微弱，几乎难以觉察。

日常情况下，我们周围的物体体积太大，以至于在宏观尺度上，我们压根就感受不到量子效应的存在。

成年男性体内平均大约有 36 万亿个细胞，36 后面跟着 12 个零，每个细胞大约由 100 万亿个原子组成。也就是说，一个正常体型的人，拆解成原子后的数目量级大概是 10 的 27 次方。

这个数字是什么概念呢？整个可观测宇宙里的星星数量大约是 $10^{22}\sim10^{24}$ 个，而人体内的原子数比这个数字还要多一千倍到一万倍！

为了表示这样的大数，人们甚至还发明了科学记数法，把很大的数字写作 10 的 n 次幂形式。比如，10 的 27 次方用科学记数法来表示就是 1×10^{27}。数量级相差 27 倍，自然体现不出离散变化的特性。

正是由于体积和尺寸上的影响，量子效应对于宏观物体来说几乎可以忽略不计。

二、像素点和量子显示

（一）极大数和极小数的表示

每个物体都是由某种不可分割的基本单元组成的，物体整体的尺寸与基本组元的尺度越是接近，就越能表现出不同于经典物理情况的独特量子效应，这是量子物理的核心观点。

我们通常用数量级的对比来表示尺度和量级上的比较关系。数量级是衡量数字大小级别的一个概念。对于很大的数，它反映了数字后面跟着几个零所代表的规模；对于较小的数，它体现了在小数点和最后一位之间有几个零所代表的规模，也就是科学记数法中以 10 为底数的幂的指数。

两个数字之间每相差 10 倍，就意味着它们相差一个数量级。要是一个小数与一个大数之间相差超过 4 个数量级，那么这个小数相对于大数基本上就可以忽略不计了。

人民币的最小面额与最大面额之间相差 1 万倍，正好是 4 个数量级。在以 0.01 元的分币作为最小面额时，我们几乎感受不到面额限制带来的支付障碍。

哪怕在以精确和严谨著称的金融体系里，债券和票据利率变化的基本单位也是 1 个百分点的 1%，称为一个"基点"。每变化一个基点，利率差出 0.0001 倍，也是相差四个数量级。

在国际单位制里，还有一种用来表示数量级关系的方式，叫作词头缩写。每相差 3 个数量级，即相差 1000 倍，就可以启用一个新的词头缩写。

大于 1 的大数词头用大写英文字母表示，同时对应一个汉字（表 1-1）。1000 的 1000 倍叫作 1 兆，英文缩写为 M，表示 10 的 6 次方，即 10^6。1 兆的 1000 倍叫作 1 吉，英文缩写为 G，表示 10 的 9 次方，即 10^9。1 吉的 1000 倍叫作 1 太，英文缩写为 T，表示 10 的 12 次方，即 10^{12}。1 太的 1000 倍叫作 1 拍，英文缩写为 P，表示 10 的 15 次方，即 10^{15}。1 拍的 1000 倍叫作 1 艾，英文缩写为 E，表示 10 的 18 次方，即 10^{18}。

表 1-1 大数词头表

中文词头	英文缩写	代表数量	启用年份（年）
十	da	10	1795
百	h	10^2	1795
千	k	10^3	1795
兆	M	10^6	1873
吉	G	10^9	1960
太	T	10^{12}	1960
拍	P	10^{15}	1975
艾	E	10^{18}	1975
泽	Z	10^{21}	1991
尧	Y	10^{24}	1991
容	R	10^{27}	2022
昆	Q	10^{30}	2022

兆、吉、太在计算机存储中应用非常普遍。计算机每存储一个英文字母就需要占据 1 字节的存储空间，称为 1 比特，英文为 Byte，缩写为 B。1 MB 就代表 1 兆字节大小的数据，可以存储 100 万个英文字母，或者 50 万个汉字（如果使用 GBK 编码，一个汉字需要两个字节的存储空间），差不多相当于一部完本的网络小说的体量。现在主流手机的运行内存通常为 8 ~ 12GB，而存储空间则普遍达到 128GB 起步，高端机型甚至提供 512GB 或更大容量，已经逼近太字量级，电脑硬盘更是要以 TB 来计算。

光年是非常大的天文距离单位，代表光在一年时间里走完的距离。用词头缩写来表示的话，1 光年差不多等于 10 拍米。离太阳最近的恒星是位于半人马座南部的比邻星，距太阳 4.2465 光年，即 40 拍米。太阳距离银河系中心大约 28000 光年，即 280 艾米。距离银河系最近的星系是仙女座星系，距离地球约 250 万光年，即 25 泽米（1 泽等于 10^{21}）。

小于 1 的小数的词头用小写英文字母表示，也对应着一个汉字（表 1-2）。1/1000 叫作 1 毫，英文缩写为 m，表示 10 的负 3 次方，即 10^{-3}。1 毫的 1/1000 叫作 1 微，英文缩写为 μ，表示 10 的负 6 次方，即 10^{-6}。1 微的 1/1000 叫作 1 纳，英文缩写为 n，表示 10 的负 9 次方，即 10^{-9}。1 纳的 1/1000 叫作 1 皮，英文缩写为 p，表示 10 的负 12 次方，即 10^{-12}。1 皮的 1/1000 叫作 1 飞，英文缩写为 f，表示 10 的负 15 次方，即 10^{-15}。1 飞的 1/1000 叫 1 阿，英文缩写为 a，表示 10 的负 18 次方，即 10^{-18}。

表 1-2 小数词头表

中文词头	英文缩写	代表数量	启用年份（年）
分	d	10^{-1}	1795
厘	c	10^{-2}	1795
毫	m	10^{-3}	1795
微	μ	10^{-6}	1873
纳	n	10^{-9}	1960
皮	p	10^{-12}	1960
飞	f	10^{-15}	1975
阿	a	10^{-18}	1975
仄	z	10^{-21}	1991
幺	y	10^{-24}	1991
柔	r	10^{-27}	2022
亏	q	10^{-30}	2022

我们常说的微纳技术，就是表示操作精度在微米和纳米量级的精密加工。医学美容上经常用的皮秒、飞秒激光，指的就是脉冲激光两个脉冲之间相差皮秒和飞秒量级的时间间隔。

随着科学技术的快速发展，人们在探索更大和更小的世界方面取得了长足进展，旧有的词头很快就不够用了。1991 年，国际计量大会通过决议，新增了泽（Z，10^{21}）、尧（Y，10^{24}）、仄（z，10^{21}）、幺（y，10^{24}）四个新词头。2022 年，国际计量大会又进行了一次修订，在原有词头基础上新增了容（R，10^{27}）、昆（Q，10^{30}）、柔（r，10^{27}）、亏（q，10^{30}）四个词头。

引入新词头后，我们可以更方便地表达很大或很小的量值。例如，地球质量可以写为 6 容克，电子质量约为 0.9 柔克。

按照量子物理学的观点，时间和空间都具有最小的单位尺度。最短的长度是普朗克长度，其数值为 $1.6×10^{-35}$ 米，比最小的单位亏米还小 5 个量级。最短的时间是普朗克时间，即光在真空里传播一个普朗克长度的距离所需的时间，其数值约为 $5×10^{-44}$ 秒。

普朗克长度和普朗克时间虽然是物理上的量子极限，但它们过于微小，远远超出了现有技术的能力范围，几乎难以达到。为了在更大的尺度上实现量子效应，我们需要找到一些合适的体系，这些体系不仅尺度要足够大以满足日常应用，而且其基本组元也要足够大，以便产生效果显著的量子现象。

（二）像素与显示

前面我们花了一些篇幅介绍了不同数量级和对应的词头，现在让我们回到本节的主题——量子显示。如果把彩色显示器的电子屏幕看作一个独立的体系，那么屏幕上的像素点就是显示屏的"量子"。

现代彩色显示器的屏幕是由一个个孤立的像素点组合而成的，单个像素点一次只能显示红色、绿色或蓝色中的一种颜色，这三种颜色被称为光的三原色。几个像素点组合成更大的彩色显示单元，依据三原色混合比例的不同，能搭配出更绚丽的色彩。就像画画的时候调颜料一样，黄加蓝变绿，蓝加红变紫，不同颜色按特定比例混合，可以组合出我们所见的丰富色彩。

在早年的老式屏幕中，我们可以依稀感受到像素点效应。当时的屏幕，尤其是移动设备分辨率普遍不高。2000 年上市的"一代神机"诺基亚 3310 的屏幕分辨率是 88×72，一共 88 行、72 列，总计 6000 多个像素点。其显示的图案都只能由一个又一个的像素点拼接而成，要是横平竖直的直线还好些，遇到斜线和圆角，就只能尽可能近似地表现出米，画面充满了锯齿感。长期在这般制约之下，居然还催生出了一种叫作"像素风"的独特艺术设计风格，流传至今（图 1-2）。

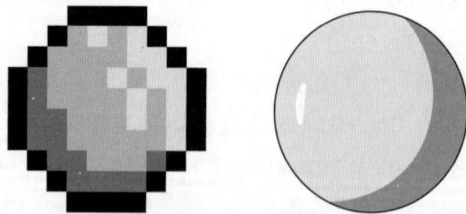

组成有限的像素图像　　无限可分的连续图像

图 1-2　离散的"像素风"和连续的原子图像

但是随着技术的升级进步和设备的更新换代，显示屏的屏幕尺寸越来越大，像素密度越来越高，像素点效应也就越发不明显了。2010 年，史蒂夫·乔布斯在发布 iPhone 4 时就隆重推出了一个"视网膜屏"的概念。该概念指的是，当每英寸（大约一个指甲盖长）的像素点超过 300 个时，手机屏幕分辨率就会超过人眼视网膜分辨率的极限，不管眼睛凑得多近，都没法看出像素点的存在。iPhone 4 的屏幕分辨率首次达到了 960×640，整个屏幕由 60 多万个像素点组成，超过了 4 个数量级的阈值。到了这个程度，像素就再也不是制约美术设计的障碍，显示屏里呈现的画面已经完全看不出像素的痕迹了。

也就是说，随着显示屏尺寸的增大和分辨率的提高，像素点效应自发消失了。

（三）量子限域效应与量子点的发现

一般的微观量子可看作宏观事物的"像素点"。宏观事物尺寸越大，像素点效应越不显著；尺寸越小，量子效应越突出。

所以，要实现显著的量子效应，就要把体系的尺度降低，缩小到仅有寥寥数个"量子"组元那么大。体系总的尺度和基本组元的大小越接近，量子现象就越明显。

德国物理学家赫伯特·弗勒利希在 20 世纪 30 年代详细研究了这个问题。他认为，当材料的空间尺寸减小到只有几十到几百个原子那么大后，量子效应就会占据主导地位，从而表现出与经典情形截然不同的特性。

弗勒利希把这个现象叫作量子限域效应，并且从理论上预测，在量子化的小尺寸系统中，会出现高度量子化的能量发射和吸收过程。从高能级到低能级的弛豫衰减过程会导致能量差以光子的形式对外发射，发出的光的颜色和波长取决于弛豫衰减过程中两个能级之间的能量差。能量差越大，光的波长越短，颜色越蓝；能量差越小，光的波长越长，颜色越红（图 1-3）。

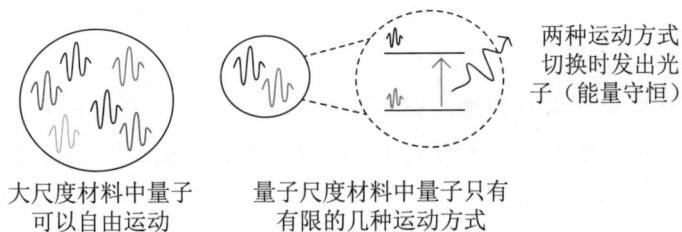

大尺度材料中量子 量子尺度材料中量子只有 两种运动方式
可以自由运动 有限的几种运动方式 切换时发出光
  子（能量守恒）

图 1-3　量子尺度材料中的量子限域效应

原子的直径通常在 10^{-10} 米左右，差不多为 0.1 纳米。也就是说，如果我们能够制备出尺度在纳米量级的小材料，那么就可以触发量子限域效应，从而得到可以发光的量子新材料。

20世纪80年代初，苏联瓦维洛夫国立光学研究所的两位物理学家阿列克谢·伊万诺维奇·叶基莫夫与亚历山大·埃夫罗斯在烧制玻璃时添加氯化铜杂质，首次制备出尺寸在数纳米、大小均一、性质稳定的纳米晶体颗粒，并成功观察到了量子限域导致的发光效应。

他们本想继续跟进研究，但是20世纪80年代的苏联正值政治剧变前夕，时局不稳，社会动荡。两位科学家发表了关于这一发现的论文后，被迫放缓了研究工作。这篇论文由于是用俄语写作而成，因此只在很小的范围内流传，没有引起太大的反响。

大约在同一时期，在大洋的另一端，美国新泽西州贝尔实验室的化学家路易斯·布鲁斯正运用泵浦拉曼光谱法研究硫化镉颗粒表面的有机光化学。布鲁斯原本只是想制造一些小颗粒，增大比表面积，从而提高硫化镉吸收太阳能的效率。为了实现这一目标，他想方设法把溶液中的硫化镉颗粒尺寸缩小到了4～5纳米。在不经意间，布鲁斯也摸到了触发量子限域效应的门槛。

不期而遇的量子效应使得实验结果有些反常。普通尺寸的硫化镉颗粒能够吸收整个太阳光谱，但是小尺寸的硫化镉颗粒只能和其中的蓝紫光波段发生反应，整体的转化效率反而降低了。1983年，布鲁斯发表论文，把这个奇怪现象命名为特性诡异的"小型半导体微晶"。

一年之后，布鲁斯偶然拜读到叶基莫夫和埃夫罗斯的论文，并与对方取得了联系。叶基莫夫和埃夫罗斯随即跨越重洋来到了美国，三人一拍即合。美国科学家提供资金和设备，苏联科学家贡献技术，来自两个超级大国的顶级科学家团队组建了一个新的实验室，以期实现更稳定的纳米颗粒大规模制备。

1993年，布鲁斯的实验室摸索出了较为可行的批量化纳米颗粒制备工艺，他们将高纯前驱体加入到加热的特殊溶剂中，能够巧妙地避开化学合成中的各种生长缺陷，得到尺寸较为一致的纳米颗粒，尺寸变化还不到5%。

对于这种尺寸小到可以触发量子效应的纳米颗粒，科学家给它们起了一个非常形象的名字——"量子点"。

在接下来的几年里，世界各地的科学家们奋勇争先，不断改进量子点的合成技术。在溶胶凝胶法和热注入法之外，人们又陆续摸索出了超声法、气相沉积法、微生物合成法、电化学沉积法等各种各样的合成方法。

目前，人们已经可以稳定制备由几十到几百个原子组成的量子点，尺寸涵盖几个到几十个纳米不等，可以实现波长范围在300～700纳米的发光，覆盖了人眼可见的各种颜色。在弗勒利希提出理论预言后近一个世纪，量子显示终于得到了证实。

2023年10月4日，叶基莫夫、布鲁斯和巴文迪因发现和合成量子点共同被授予诺贝尔化学奖。

为纪念他们在发现和合成量子点方面所作出的贡献。

——2023 年诺贝尔化学奖获奖理由

☀ 三、量子点和新型显示材料

（一）显示产业的出现

在量子点和量子显示出现之前，发光材料和显示产业已经历了几轮迭代。

最早的人造发光材料是美国发明家爱迪生发明的钨丝。钨丝发光的原理非常简单，就是通电把金属钨加热到高温，进而产生光亮。这种方法不仅对灯丝寿命要求高，而且在发光过程中，大量的电能都转化为了热能，只有不到 1% 的部分以光的形式发散出来，能量转化效率非常低。

而后，人们又转向荧光效应。这是一种冷发光技术，其原理和量子点有点相似，是通过施加光能或电能的方式让特定物质吸收额外能量进入激发态，并在之后的退激发过程中发出光线。日光灯就是荧光灯的一种，其原理是对水银蒸气通电后产生紫外线，再由此触发磷质荧光漆产生白光。

相比最早的钨丝加热发光，荧光发光技术在能耗上已经有了非常大的进步。一个内置钨丝的白炽灯泡功率一般在 60 瓦左右，1000 瓦时是 1 度电，也就是说一个白炽灯连续开 20 个小时就会消耗 1 度电，每瓦功率只能产生约 15 流明（流明是描述发光强度的物理单位，1 流明相当于一支普通蜡烛的发光强度）的光效。而日光灯每瓦光效可达 30～40 流明，产生同样的光亮只需要 20 瓦的功率，连续开上三天三夜才会消耗 1 度电。

阴极射线显像管（CRT）显示器就是运用荧光效应制造出的显示器，也就是以前人们说的"大屁股"显示器。CRT 显示器需要用显像管里的电子枪产生一道高能电子束，让此电子束轰击屏幕上指定位置的荧光粉来发光。它的原理比较简单，但是电子束的产生和偏转非常麻烦，而且整个过程涉及电能、电子能和光能的好几次能量转换，导致装置复杂，很难做到小型化，生产成本居高不下。

第一台 CRT 显示器问世于 1906 年，1953 年出现了第一台彩色 CRT 电视机。CRT 电视机的出货量在 2000 年突破了每年 1 亿台大关，并在 2005 年达到顶峰——1.3 亿台，但几年之后就急转直下，被新技术迅速取代。现在恐怕只有在路过废品收购站时才能一睹这些"大屁股"电视机昔日的风采。

（二）液晶显示与二极管显示

取代 CRT 显示的是液晶显示（LCD）和发光二极管显示（LED）技术。

LCD 液晶屏诞生于 1976 年，最早只用于计算器等小型设备的显示。液晶屏把 CRT 显示器中的电子枪换成了背光源，通过控制液晶的偏振来扭转光的传播方向，使得背光板发出的光线通过不同的彩色滤光片，从而实现不同颜色的显示。

1994 年，日本东芝公司推出了专为笔记本电脑设计的薄膜晶体管液晶显示屏，从此液晶显示屏就成了便携式显示设备的代名词，并在随后的十年里快速发展起来。2010 年，全球液晶电视机出货量达到了 2.47 亿台，比 CRT 电视机出货量的峰值还高出将近一倍。

LED（发光二极管）起源于 20 世纪 70 年代的半导体革命时期。当时，人们发现半导体中电子与空穴复合时会产生额外能量，这些能量会以光的形式溢出，具体波长取决于半导体的能带设计。于是，半导体 LED 光源出现了。与 LCD（液晶显示）相比，LED 光源通过简单的通电就可以在不同发光颜色之间切换，切换速度更快，发光效率更高。使用 LED 作为光源的电视厚度只有 LCD 电视机的三分之一，重量可以降到一半，是更先进的显示技术。

但是 LED 有一个致命的问题，就是颜色控制非常麻烦。要实现一种新的颜色，就要更换一种全新的半导体加工工艺，连生产线都要进行大幅改造。

要实现彩色显示，必须凑齐红、绿、蓝三原色。1962 年，美国通用电气公司开发出了第一款实用的红光 LED。几年以后，绿光 LED 也被发明出来了。但是蓝光 LED 一直未能找到实现方法，人们更换了许许多多材料，也没法实现稳定高性能的蓝色 LED 光源。

一直到 1993 年，日本工程学家天野浩与赤崎勇、中村修二才研制出了可用于制造蓝光 LED 的氮化铟镓掺杂半导体，至此，LED 才凑齐彩色显示所需的最低条件。单就蓝色这一个颜色的研发难度而言，就值得颁发一个诺贝尔物理学奖了。

LED 灯的光效非常高，每瓦功耗可以产生上百流明的光照亮度，室内房间照明所用的 LED 灯泡的功率一般只有十几瓦，开上一周不关灯，电表才走 1 度电。

> 为纪念他们发明高亮度蓝色发光二极管，带来了节能明亮的白色光源。
>
> ——2014 年诺贝尔物理学奖获奖理由

（三）量子点时代

与 LED 相比，量子点最大的优势在于其发光效应只和纳米颗粒的尺寸有关。要想调节发光颜色，只需改变量子点的物理尺寸即可。具体到实际生产中，可能只是某道工序的环境温度相差几度、时间相差几分钟的事。

这对于每换一个颜色就要寻找一个新的材料体系的半导体 LED 来说，可谓是彻彻底底的"降维打击"。所以，量子点很快引发了显示产业的技术革命，显示产业前脚刚迈入 LED 时代，后脚就来到了 QLED（量子点 LED）时代。

QLED 最大的优势是可以实现极其鲜明和极高亮度的色彩显示，它可以通过多种量子点的组合，还原出极其细腻的色彩变化，比只靠红、绿、蓝三种颜色的 LED 屏幕高级得多。

DCI-P3 是美国电影行业推出的衡量电影放映质量的色域标准。只有 DCI-P3 评分达到 80 分以上的影院银幕，才能呈现好莱坞特效大片的质感。采用传统显示技术的电视机，只能涵盖 75.2% 的 DCI-P3 色域，颜色表现平淡。而加入量子点技术的机型，可以实现 96.8% 的 DCI-P3 色域覆盖，色彩呈现丰沛，可以在家中实现堪比影院的画面色彩效果。

另一套常用的色彩显示行业标准是联合国下属的国际电信联盟制定的 BT.2020 4K 色域标准。色域标准符合度越高，越能接近大自然的画面表现。按照这一标准，2020 年苹果发布的 iPhone 12 的色域是 BT.2020 的 50%，这在 LCD 显示中已经算是非常不错的成绩了；而同年三星发布的 QT 系列 QLED 屏幕的 BT.2020 评分可以达到 99% 以上，可以精准还原人眼所能感知的所有颜色。

2002 年，由发明量子点的三位科学家创立的 Nanosys 公司首次实现了量子点的商用开发。2013 年，索尼首次推出了采用量子点作为背光源的电视；2015 年，飞利浦也发布了量子点彩色显示器。目前，商用 QLED 器件的耦合效率已经超过 20%，QLED 显示技术已经成为各大主流电视机厂商的标配。

> 置身所见，浸在真实。
>
> ——2019 年三星电子 QLED 8K 电视发布广告词

除了更广的色域和更纯的色彩，量子点显示器还可以实现更长的使用寿命和更高的屏幕亮度。

从使用寿命上来说，白炽灯的灯丝寿命只有几百小时，LED 灯条理论寿命相对长一些，但是实际上使用超过三四年可能就烧坏了。就算是以稳定著称的液晶显示屏，其标称寿命也只有 2 万～3 万小时。而量子点的发光过程完全不涉及任何物理或化学变化，其使用寿命完全取决于封装工艺的质量，只要材料封装得好，甚至能实现超过 100 万小时的使用寿命，把理论上限直接提高了几个数量级。

从亮度上来说，量子点的发光过程纯粹源自量子化的能量转移，没有中间过程的效率损失，在能耗更低的同时，可以实现更高的屏幕亮度。

屏幕亮度直接影响显示的对比度和画面的饱和度。一般来说，日常刷剧时屏幕只需要 100～200 尼特（尼特是衡量主动发光亮度的单位，1 平方米面积的光源向 1 球面度发出 1 流明的光定义为 1 尼特）的屏幕亮度，而 4K HDR 的电影则需要 600～1000 尼特的建议亮度。目前，顶尖的 LCD 屏幕亮度差不多是七八百尼特，勉强达到 HDR 画面的下限，一般的 LCD 屏幕则更差。而现在的旗舰 QLED 电视机基本都可以实现 2000 尼特的最大亮度。

2018—2023 年，全球 QLED 电视机的总体出货量从 3000 万台增长到近 1.5 亿台，平均每年增长一倍，占全部电视机出货量的比例从 1.3% 增长到了 6.2%（图 1-4）。

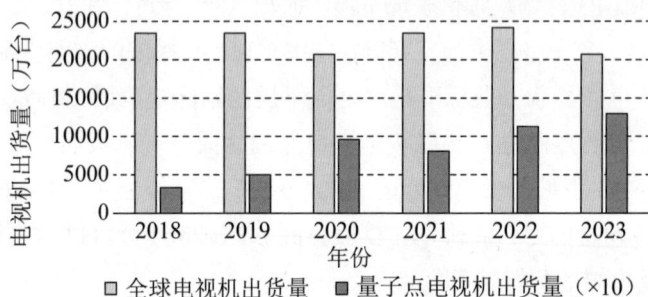

图 1-4　2018—2023 年全球 QLED 电视机的总体出货量变化趋势
（数据来源：观研报告网）

按照这个趋势，不出几年，市面上的电视机就将全部被替换为更高清、更绚丽、更抢眼的 QLED 量子电视机。届时，量子显示将真正走进千家万户，为我们带来最直观、最震撼的量子体验。

⚛ 四、量子点的机遇与挑战

（一）量子点面临的挑战

量子点作为显示材料家族里最年轻的"00 后"成员，自然还有着诸多不足，等待我们去进一步克服。

首先是在原材料制备时，高精度的加工工艺对于量子性能至关重要。正常的材料加工通常容许一定尺寸上的误差，但是量子点的性能表现与材料尺度直接相关，要实现高精度的量子显示，就必须具备高精度的微纳加工能力，这对于生产制造有很高的要求。

如果精度控制达不到要求，可能会引起一系列问题。以 QLED 中的红光显示为例，与 LED 技术受限于蓝光不同，量子点在发光颜色上的最大的壁垒在于红光。

这倒不是由于量子点发不出红光，而恰恰是因为量子点太能发红光了，要是量子点的尺寸加工得太大，发出的光波长就会太长，以至于超过了人眼所能看到的红光极限，进入红外波段。这些人眼看不见的红外光不仅会降低发光效率和屏幕亮度，还有可能影响到使用者晶状体的新陈代谢，从而导致视网膜黄斑病变。

所以红光性能是衡量量子点生产工艺的最关键指标之一。目前，我国虽然在精度和均度双高的量子点材料生产领域较为落后，但在相关领域的科研实力却是大幅领先。2014 年，浙江大学研制出的高性能红光 QLED 器件的外量子效率达到了 20%，入选了当年的"中国科学十大进展"。2023 年，长春理工大学又将这个数字刷新到了 37%，创下了非叠层结构红光器件最大外量子效率的世界纪录。

其次是在量子点膜封装时，封装工艺直接影响最终产品的使用寿命和长期稳定性。目前，量子点膜多采用三明治式的结构，两层水氧阻隔膜中间夹着量子点层，通过外置的蓝光 LED 激发诱导量子点发出红、绿光，最终产生均匀白光。

如果封装出现破损，那么包裹在隔离层中的量子点就有可能接触到外界大气，引起化学反应，造成量子点尺寸出现变化，从而失去量子效应。所以，与量子点本身的制备过程相比，量子点膜的封装工艺更为关键，是实现大规模生产的核心所在。

2022 年，京东方成功开发出基于量子点直接光刻的主动式量子点发光（AMQLED）显示器。不同于传统的夹层式量子点膜，主动式量子点显示器是通过光刻技术直接在各种衬底上按照给定设计直接形成量子点图案，可以在极其微小的尺度上嵌入红、蓝、绿等多种颜色的 QLED 像素点，并实现隔离封装，而不需要外加 LED 光源或是液晶。这标志着我国在新型显示产业技术上取得了又一项世界级里程碑式成果。

最后是量子点加工中的重金属污染问题。第一代量子点采用硫化镉加工制备，镉基量子点也是现阶段最稳定的量子点材料体系，效率很高，尺度可控，一切看起来都很美好，除了一个问题——镉是有毒的。

高浓度的镉离子对细胞和组织具有高度毒性，而各类产品和设备中的低浓度镉元素对人体健康的影响直到这几年才被人们重视起来。

2010 年，哈佛大学的一项研究表明，环境中的镉污染对于神经系统的发育有重要影响，可能导致儿童大脑的发育方式改变。研究团队跟踪了近 3000 名学龄儿童，定期测量他们体内的镉元素含量，并且与学习成绩对比。最后发现，镉含量最高的儿童患学习障碍的概率是镉含量最低的儿童的 3.21 倍，接受特殊教育的概率是镉含量最低儿童的 3 倍。镉元素污染导致儿童智力缺陷的风险显著提高。

2024 年，欧盟通过了新修订的法案，限制有毒的镉元素在电子设备中的使用。目前，怎样在最大限度上保留量子效率的前提下开发出新一代不含镉的量子点材料，已经成了量子点产业亟待解决的问题。

（二）量子点新型显示产业

钙钛矿量子点作为一种新型的无镉量子点材料，具备缺陷容忍度高、制备简单、成本低、易放大生产等特点，成为在显示领域基础和应用研究中备受青睐的新型材料。国内外在钙钛矿量子点方面的研究工作几乎同时起步，我国已经抢抓了大部分相关合成技术和知识产权，部分研究处于国际领先水平。

一直以来，我国就是传统的电视机制造大国。2020 年，中国大陆地区显示面板全产业累计总投资 1.24 万亿元，产值约 650 亿美元，直接营收 4460 亿元，同比增长 19.7%，全球市场占有率达到 40.3%，规模位居世界第一。

在显示面板领域，我国显示面板出货量在全球占比超 50%，对全球显示供给核心及电视、电脑和手机等终端产品的全球供应占比也超过 50%，可以说全球每两块屏幕中就有一块是中国制造。因此，抢占这个新型显示材料量子化升级的关口，直接决定了我国显示产业的未来走向。

新型显示产业是我国"十四五"期间战略性发展领域之一。2020 年，国家发展改革委将量子点与 OLED、AMOLED、激光显示和 3D 显示一道列入了《鼓励外商投资产业目录》。2023 年，量子点进入了工信部的《前沿材料产业化重点发展指导目录》。近年来，我国新型显示产业实现了显著发展，成为制造业高端发展的典型代表。我国新型显示产业快速崛起，产业规模跃居世界第一。

> 到 2025 年，显示关键材料产业结构显著优化，基础材料产品结构实现升级换代，自给能力超过 60%，形成部分引领世界的技术成果。到 2035 年，信息显示关键材料生态体系全面建成，实现显示关键材料全产业链自主可控，彻底解决我国目前面临的显示行业关键材料"卡脖子"难题。
> ——《"十四五"国家新型显示与战略性电子材料重点研发计划专项》

作为新型显示产业的重要原材料，量子点已经成为下一轮产业对弈和大国交锋的关键阵地，是决定显示产品能否走向现代、走向未来的核心所在。根据行业数据，2023 年，全球量子点材料市场规模为 47.1 亿美元，预计到 2028 年将突破百亿美元大关，达到 105.1 亿美元，年复合增长率达到 17.41%。

第二节　从石墨烯到碳纳米管

⚛ 一、量子力学的不确定性原理

（一）再观量子限域效应

我们还可以从另一个角度来看待限域条件下的量子效应显著增强的现象。

1927 年，德国物理学家维尔纳·海森堡提出了著名的不确定性原理：无论采用何种测量仪器与手段，我们都无法完全准确地同时获知一个粒子的位置和速度。我们越是确定粒子所处的位置，该粒子运动速度的不确定性就越大，反之亦然。

因为创立了量子力学的矩阵形式，海森堡获得了 1933 年的诺贝尔物理学奖。历年的诺贝尔奖获奖名单本身几乎就是半部量子物理学史。

海森堡不确定性原理：

$$\Delta x \cdot \Delta p \geqslant h/4\pi$$

（位置的不确定性Δx和动量的不确定性Δp的乘积不小于普朗克常数 h 的$1/4\pi$）

想象一个瑜伽运动中常用的弹力球（图1-5）。正常情况下这个球应该是比较标准的球体，竖直方向上的高度和水平方向上的宽度是一样的。如果坐上去一个人，那么球在竖直方向上就会受到挤压，并且在水平方向上膨胀开来。要是把球抱在怀里，在水平方向上挤压这个球，那么球就会变成葫芦状，在竖直方向上呈现中间窄、两头大的形状。

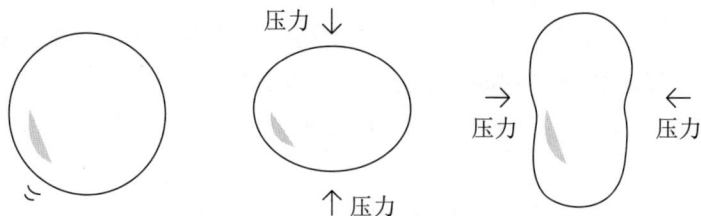

一个瑜伽球不管怎么压，体积总是恒定的，一边受压，另一边就膨胀

图 1-5　海森堡不确定性原理示意图

也就是说，不管怎么挤压，球的总体积是不变的。水平方向上窄了，竖直方向上就拉伸了；要是竖直方向上窄了，水平方向上一定也会胀开。单凭一个人的力量，是没有办法克服大气压力把一个瑜伽球在各个方向上都压缩到一定程度的。

这个瑜伽球就代表着物质固有的运动属性。世界是物质的，物质是运动的，整个世界是永恒运动着的物质世界，运动是物质的固有属性。如果人为地在某一个方向上限制物质的运动，那么该物质就只能在其余允许的方向上运动。如此，尽管整体自由度实际上是减少的，但某些方向上的自由度有可能反而增加了。

现在，把水平和竖直两个方向替换为时间和空间两个维度，球在各个方向上的尺寸代表着粒子在该维度的不确定性范围，我们就得到了海森堡不确定性原理的模型。

如果我们准确获知了一个粒子在空间上的位置，那么它在时间上的状态就会变幻莫测，相应地就可能会有五花八门的运动轨迹。反过来说，要是知道了这个粒子当下是怎么运动的，那么其空间位置的可能取值范围就会变得巨大，以致无法确定。

"上帝关上一扇门，必定会再为你打开另一扇窗"，这句鸡汤味满满的励志金句从物理意义上来说其实是很严谨的：微观粒子在一个尺度上受到的限制，反而会带来另一个尺度上更大的自由。

不确定性原理是客观存在的量子规律在时空维度上的表现，这是事物运动过程中固有的本质属性。不管我们采用多么先进的仪器，检测得多么小心细致，我们也永远无法同时准确地测量到微观粒子的位置和动量。所以不确定性原理还有一个更形象的称呼——测不准原理。

（二）不确定性原理和量子力学

空间上所处的具体位置和移动速度，以及时间上所处的具体时刻和运动能量，分别是两对受到不确定性原理约束的物理属性。

从不确定性原理出发，可以定性地解释微观世界的很多物理现象。一定分子量的气体如果受到外力压缩，那么气体分子所处的空间就会变小，空间位置上的不确定性减少（不确定性总是不能超出物理空间上的范围），移动速度上的不确定性就会相应地增大，每个分子就越有可能以更高的速度更猛烈地撞击容器壁。所以气体在分子量和温度保持不变的情况下，其体积和压强成反比。

脉冲激光的脉冲间隔与激光能量同样是受到时间和能量的不确定性原理约束的。脉冲激光每个脉冲的持续时间越短，对应时间上的不确定性就越小，因而能量上的不确定性就会相应地增大。医学美容里所说的半飞秒和全飞秒技术就是指所用的激光束的脉冲持续时间是皮秒量级或飞秒量级的。脉冲持续时间越短，等效的激光能量越高，越能深入皮肤达到深层修复效果，也就代表着越先进的技术水平。

如果把两个以上的微观粒子放在同一个位置，又通过某种手段让它们的运动模式保持一致，这些粒子的状态也不会就这么服服帖帖地变得完全相同，而是仍会始终保有一定的自由度，甚至在其他维度上分化开来，这就是"量子自旋"的由来。

粒子在空间上的不确定性哪怕再小，终究也是不为零的，粒子有可能分布在整个不确定性的范围里。如果这个不确定性范围正好涵盖了一堵墙，那么粒子既有可能出现在墙的这边，也有可能出现在墙的那边。表现在外界的观察者眼里，就是粒子可以自由地穿墙，这个效应称为"量子隧穿"（详见第三章）。

如果两个或者更多的粒子在某些物理属性上互相关联，使得它们的量子状态成为一个不可分割的整体，那么这些粒子就组合成了一个更大的量子系统，不论距离多远，始终都会保持着命运与共的关系，这就是"量子纠缠"和"量子相干"。

不确定性原理的实质就是"鱼和熊掌不可兼得"，但如果我们通过巧妙地调节物理过程，在追求主要目标不确定性消除的同时，适当地放弃对一些次要属性的要求，那么就可以利用不确定性关系实现某些指标的突破。比如，我们可以放弃对具体计算过程的要求，让量子系统在不确定性中自我演化，从而以更快的速度得到更精确的最终计算结果，这就是"量子计算"的原理。基于这一原理，人们又封装出了实用的"量子芯片"。

（三）量子材料设计思路

不确定性原理也给量子材料的制备提供了新的思路。

量子点的尺寸只有几个纳米，微观粒子被束缚在这么小的空间范围里，就相当于空间上的不确定性被限制得非常小，这就带来了其他维度上巨大的运动不确定性，展现出经典框架下不可能出现的量子动力学特征。这便是前文所说的量子限域效应。

从这个意义上说，量子点在整个三维空间的每个维度上都处于量子尺度，因而产生了量子发光效应。

那如果仅仅在某一个空间维度上保留运动限制，而在其他维度上放开呢？

海森堡不确定性原理告诉我们，这种情况下微观粒子在未加限制的时空维度上同样会显现出更大的不确定性，运动得更加自由、更加不受束缚。也就是说，或许我们可以只在某一维度上限制尺寸，从而触发其他维度上的量子效应。

常见的原子尺寸大约在 100 皮米，也就是 0.1 纳米（表 1-3）。10 个原子依次排列起来差不多相当于 1 纳米。

表 1-3　常见的原子尺寸

原子种类	元素符号	原子序数	原子半径
氢	H	1	25 皮米
锂	Li	3	145 皮米
碳	C	6	70 皮米
硅	Si	14	110 皮米
银	Ag	47	160 皮米
金	Au	79	135 皮米

要达到空间上的限制效果，量子材料的尺度就需要减小到几纳米，相当于只有屈指可数的几层原子，如此就有望触发这一尺度上的量子效应。

⚛ 二、石墨烯和二维材料

（一）石墨烯及其发现过程

2010 年诺贝尔物理学奖被授予研究石墨烯的两位科学家。石墨烯是一种具有量子限域效应的量子材料。

石墨本来是一种层状材料，一层又一层的石墨薄片就像书页一样叠在一起，构成了乌黑的石墨。这种层状结构非常容易解体，就像打开的活页本很容易散开一样，石墨受到外力作用的时候也很容易分崩离析，碎成更小的石墨块。

基于这个特性，16 世纪的人们发现了石墨之后，随后将其用于书写和绘画，现在我们用的铅笔的笔芯就是由石墨制成的。

所谓石墨烯，就是单层的石墨。石墨烯仅有一个碳原子那么厚，厚度不过 0.34 纳米，是常见量子点直径的 1/10。而在另外两个空间维度上，石墨烯的尺寸又不受任何限制。这种独特的结构使得石墨烯具有了二维的独特量子效应。

石墨烯的发现过程也非常有趣，这是一个"胶带撕出来"的诺贝尔奖。

2001 年，英国科学家安德烈·海姆决定开始研究石墨烯的制备。最开始，海姆想到了"铁杵磨成针"的笨办法——用抛光机来仔细打磨石墨，想由此磨到最后仅剩一两层原子。但是，海姆辛辛苦苦磨了 3 年，打磨出来的最薄的石墨片仍然有 10 微米厚，相当于 1000 多层石墨烯的厚度。

突然有一天，海姆灵机一动。他把石墨两侧粘上胶带，然后对半撕开，这样每边胶带上粘着的石墨厚度就变为原来的一半了。再把剩下的石墨两侧粘上胶带对半撕开，又可以把厚度降低到 1/4，再撕一次，厚度就变为原来的 1/8、1/16、1/32……

等到只剩下最后一层石墨的时候，胶带就再也没法对半撕开了，于是就得到了单层的石墨烯。

这就是石墨烯的发明过程，海姆因此获得了 2010 年的诺贝尔物理学奖。

（二）石墨烯的物理特性及应用

由于石墨烯在垂直于平面的方向（也就是厚度的方向）上非常薄，因此电子在这个方向上的位置和运动其实都是被牢牢限死的，毕竟再怎么运动也很难跳出碳原子。但是，这又反过来导致了电子在层内的流动变得极其自由。自由到什么地步呢？单层石墨烯的层内电导率是纯银的 1.6 倍，电子迁移率是硅的 140 倍。此外，石墨烯还具有目前已知材料中最高的热导率，可以达到金属铜的 5 倍以上。

要知道，正常情况下的石墨可是一种高度绝缘的材料，仅仅把厚度减少到一层原子，就让绝缘体突然间变得既导热又导电了。

石墨烯问世时间虽然不长，但是强度极高，导电性极好，体积极轻薄，很快就在很多领域掀起了一轮又一轮的新变革。

在航空航天行业，石墨烯可被用作一种高强度、高导热且抗电磁干扰的轻质复合材料。将它覆盖在飞机表面，可以在吸收热量的同时实现雷达电磁屏蔽，从而达到隐形的效果。

在新能源领域，由于石墨烯非常薄，因此透光率非常高，可以作为光伏电池保护层。相较于玻璃，它还具备自清洁能力，能够保持表面干净，无须频繁清洁。此外，石墨烯本身也具备非常优异的电化学性能，可以作为超薄的亲电子电极材料使用，只需要添加少量的石墨烯就可以有效提高电池充放电性能，从而极大地提高续航潜力。

在生物医疗方面，由于石墨烯可以特异性吸收人体发射的红外线，经过特殊设计的石墨烯穿戴功能材料可以全天候地采集血糖、脑电等生理数据，无死角地监控人体健康。同时，石墨烯还能作为细胞生长支架，与多糖等物质合成复合材料植入人体，能够与细胞高度相容。经过功能化的纳米石墨烯还能够作为载体，将抗癌药物有效地运输到细胞内，提高治疗效果和效率。

如果把石墨烯薄片扭转打结，就可以制备出尺寸较大的石墨烯纤维，兼具很强的抗拉伸能力和优异的导电、导热特性，进而制作出既保暖又透气的石墨烯功能织物，同时保有普通面料的耐水洗、柔软、轻薄舒适和耐用等优势，不会因为反复水洗、揉搓和剪裁而降低功效。2022 年北京冬奥会上，工作人员就统一穿着石墨烯"黑科技"制服，为工作人员在冬季带来了科技感满满的温暖。

（三）石墨烯产业现状

如此强大的性能，使得石墨烯在短短几年内成为炙手可热的"新材料之王"。

2015 年，中国的石墨烯市场规模不过 6 亿元，熟练掌握石墨烯生产制造工艺的企业只有寥寥可数的几家。而到了三年后的 2018 年，相关企业就如雨后春笋般冒出来了，市场总规模增长到了 111 亿元，复合增长率高达 117%，2022 年市场总规模更是突破了 335 亿元。

从石墨烯相关专利授权数量上来说，2010 年全球共授权了 6092 件石墨烯专利，而中国只有 712 件，占比差不多才 1/10。到了十年之后的 2020 年，全球共授权 3 万多件石墨烯相关专利，其中单单对中国就授权了超过 25000 件，占比超过 75%（图 1-6）。我国已然成为石墨烯领域的超级大国。

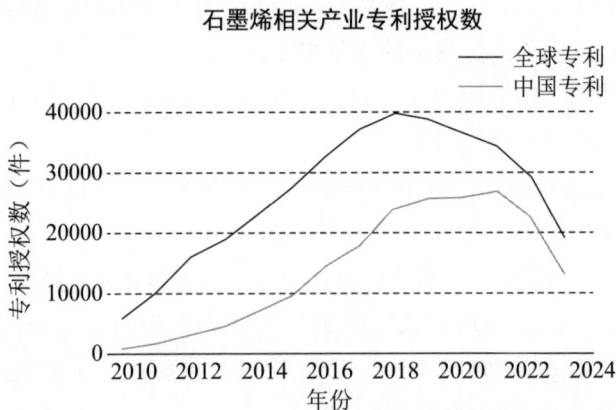

图 1-6　2010—2024 年石墨烯相关专利授权数变化
（数据来源：智慧芽）

石墨烯的产品专利如雨后春笋般涌现，其产业应用也进而五花八门，从关注细枝末节的精密传感、生物医学到聚焦大国重器的能源存储、复合装甲，各行各业都可以用到石墨烯。

（四）石墨烯产业的未来

但是，目前石墨烯仍然没有发挥出全部的性能潜力，在淘宝上以"石墨烯"为关键词进行搜索，除去卖石墨烯制剂的原材料供应商，剩下的销量最高的产品主要就是两类：石墨烯散热片和石墨烯空气净化器。前者是利用石墨烯高达 5300W/（m·K）的热导率（非单层的石墨热导率只有不到 200W/（m·K））进行散热，后者则是利用石墨烯的层状结构的吸附能力去除空气中的甲醛异味。在其他更高精尖的领域里，石墨烯还没有得到真正意义上的大范围普及。

制约石墨烯进一步推广应用、大展拳脚的因素主要有两个。

一方面，现有的加工工艺很难制备大面积的单片石墨烯。目前最稳定的大规模石墨烯制备工艺是利用化学气相沉积，在金属衬底上沉积碳原子，生长出薄薄一层石墨烯，而后再转移到目标衬底上。石墨烯的转移是门手艺活，只有手艺最精湛的工程师才能制备出面积相对较大的石墨烯薄膜。就算工厂不计成本地生产出了大尺寸的石墨烯，在产品装配和运输的过程中也很容易发生摇晃碰撞，导致其碎成小片。

因此，市面上销售的石墨烯很多不过是块头更扁、颗粒更大的石墨粉罢了。只要横向尺寸超过 50 微米（已经是厚度的几万倍了）的，就可以标称是大尺寸甚至是超大尺寸的石墨烯了。

另一方面，在石墨烯的实际生产中很难避免杂质污染。这些杂质势必会在单层的石墨烯中引入种种缺陷，造成面内均一性的下降，让原本自由流动的层内电子遇到新的阻碍。2017 年，中国科学院山西煤化所提出了一项鉴定石墨烯质量的检测标准，经过几轮磋商后成了国际电工委员会认证的世界标准。该标准认为，石墨烯的杂质含量必须控制在 0.1% 以内，超过这个标准的石墨烯产品会出现性能上的显著退化，对下游复合材料的制备和应用造成明显影响。

2018 年，新加坡国立大学进行了一项研究。他们收集了当时市面上能买到的所有石墨烯产品，来自美洲、欧洲和亚洲共 60 个供应商。检测结果表明，这些市售的石墨烯产品中的石墨烯颗粒基本上很小，面积半径基本上不超过 5 微米。更重要的是，按照国际标准来说，大部分产品中的有效石墨烯含量只有不到 10%，有些产品中的杂质甚至比石墨烯本身还要多。

这两个因素造成了石墨烯的工业生产成本居高不下，严重制约了产业化的步伐。

⚛ 三、一维传导的碳纳米管

（一）碳纳米管的发现

1991 年，日本 NEC 公司基础研究实验室的工程师饭岛澄男正在努力合成 C_{60}——一种卷成球形的石墨烯。在检查产物的时候，饭岛意外地发现了一种碳小管。与石墨烯类似，这些小管子也是由碳原子组成的，管壁同样只有一层碳原子，管径不到 1 纳米，但是长度却可以达到几十微米。

这就是后来被业界誉为"黑金"的碳纳米管，也是小说《三体》中"纳米飞刃"的原型。

> 在运河两岸立两根柱子，柱子之间平行地扯上许多细丝，间距半米左右，这些细丝是汪教授他们制造出来的那种叫飞刃的纳米材料。
>
> ——刘慈欣科幻小说《三体》

其实按道理来说，碳纳米管的物理化学性质相比石墨烯并没有那么突出，所以在诞生后的二三十年里，它在学界一直不温不火，没有获得什么像样的奖项。但是碳纳米管有一个显而易见的优势，那就是异乎寻常的稳定性。

石墨烯就好比一张 A4 纸，尽显书卷的优雅，但是非常怕磕磕碰碰，稍不注意就会卷边发皱，变成菜干。碳纳米管就像是把 A4 纸卷成纸卷，虽然看起来土气了很多，但结构强度和机械耐性可是实打实地提高了许多。

碳纳米管被发现后，很快就实现了从实验室到生产线的转化。

1993 年，也就是在首次发现碳纳米管仅仅两年后，饭岛澄男就发布了通过电弧法稳定制备碳纳米管的工艺。只要在石墨电极中添加一定的催化剂，就可以得到仅仅具有一层管壁的碳纳米管，即单壁碳纳米管。

1996 年，日本的昭和电工建成了世界上第一个商业化生产碳纳米管的工厂，年产能达到 20 吨。

同年，中国科学院下属的成都化学公司开始采用天然气催化裂解法试产碳纳米管。二十多年后的今天，单单这家公司一个厂房的多壁碳纳米管年产能就达到了 700 吨，折合碳纳米管浆料 2000 吨，是纳米石墨片产能的 12 倍。

（二）碳纳米管的工业应用

和石墨烯一样，碳纳米管也在特定的空间维度（管道半径面）上约束了粒子的位置。因此，微观粒子沿着纳米管长边方向可以实现近乎自由的运动。

测量表明，单根碳纳米管沿其轴线方向的室温热导率约为 3500W/（m·K），仅次于石墨烯。在电学性质方面，碳纳米管的电导率更是高达 10^8S/m，是金属铜的 1 万倍以上，比石墨烯还高出近 100 倍。同时，碳纳米管还有望实现本征超导，在特定条件下可以把电阻降到零，可以说是近乎完美的理想传导介质。

> 推进高纯度半导体单壁碳纳米管材料的大规模制备方法研发、碳纳米管薄膜大面积制备核心技术攻关、高性能碳纳米管薄膜晶体管制备及集成系统研发、基于碳纳米

管材料的超高灵敏度微弱力测量技术研发及产业化进程，着手布局碳基芯片产业。

——《山西省未来产业培育工程行动方案》

此外，碳纳米管是已知结构强度最高的新型材料。

在生产实践中，衡量纤维相对强度的指标是断裂长度。断裂长度定义为单根纤维悬挂重力等于其断裂强力时的长度。通俗一点说，就是在只固定一端的情况下，材料可以最长延伸到多长而不至于断裂。

混凝土的断裂长度是 440 米，所以混凝土浇筑的大桥，每隔二三十米就要设置一个桥墩，以保证桥梁可以承载足够的重量。

不锈钢的断裂长度是 6.4 公里，铝的断裂长度是 20 公里。用不锈钢和铝合金造出来的拉索桥可以长达几公里而不需要设置桥墩，这对于要兼顾水路通航的跨海大桥来说非常重要。美国加州的著名景点金门大桥是用钢制成的，跨距长达 1200 米，南端连接旧金山，北端接通马林县。目前世界最长的连续钢箱梁悬索桥是中国的西堠门大桥，连接舟山本岛与宁波的舟山连岛，跨度达 1650 米。

凯夫拉纤维的断裂长度是 256 公里，这种纤维是专用于防弹的特种材料，可以防住冲锋枪的近距离射击，其强度为同等质量钢铁的 5 倍，而密度大约仅为钢铁的 1/5。

碳纳米管的断裂长度是 4700 公里，是混凝土的 1 万倍，是不锈钢的 100 倍，是凯夫拉纤维的 10 倍。用碳纳米管制造的大桥可以横跨整个太平洋，一端在中国，另一端在美国。

更重要的是，除了导电导热和超高的结构强度，碳纳米管本身还是根导管，可以加速液体流动，实现近乎无阻力的"量子摩擦"。流经碳纳米管的小分子可以像出膛的子弹一样快速移动，表现出一种称为"弹道输运"的现象。

在很长一段时间里，人们都搞不明白"量子摩擦"的真正成因，只能将其归咎于某种未知的量子效应。直到 2022 年，法国巴黎文理研究大学的研究团队才第一次找到了碳纳米管"量子摩擦"背后的物理原理。

原来，液体流动时最大的阻力来自液体和管壁之间的摩擦。以水管中的水流为例，最外层的水分子和管壁直接接触，会产生摩擦，电子在水流和水管间反复跳跃，相互作用，相互推拉，因而减缓了水的流动。

在宏观尺度下，水管的管壁是有一定的厚度的，从水分子处转移过来的电子才可以及时地从这一层跳到另一层，再从另一层跳回这一层，这样才能维持固液之间持续不断的相互作用。

但是碳纳米管的管壁厚度实在太薄了，薄到只有一两层碳原子。在如此小的尺度下，电子根本没法在水流与水管之间来回跳跃，液体与管壁根本没法产生相互作用，更别说摩擦了。

于是乎，碳纳米管就变成了完全意义上的一维量子材料，不仅可以高效传导电和热，还可以实现化学分子的快速轴向输运。

> 将以重大关键技术突破和创新应用需求为主攻方向，进一步强化产业政策引导，将碳基材料纳入"十四五"原材料工业相关发展规划，并将碳化硅复合材料、碳基复合材料等纳入"十四五"产业科技创新相关发展规划，以全面突破关键核心技术，攻克"卡脖子"品种，提高碳基新材料等产品质量，推进产业基础高级化、产业链现代化。
>
> ——工信部答复政协十三届全国委员会第 1095 号提案

（三）新型碳基导电浆料

碳纳米管最突出的应用在于导电浆料。导电浆料是碳纳米管与其他分散剂、黏合剂经过混合、搅拌、研磨而制成的导电材料，它不仅可以有效导电，还能高效吸附、传输带电离子，有利于存储能源，加速反应。

如果用以碳纳米管浆料为主要成分的新型导电剂替换动力锂电池中的传统导电剂，可以实现更快速的充放电，进一步提升电导率、改善倍率性能，并且在锂电池热稳定性、能量密度、寿命性能等多方面都能带来显著改善。

因此，碳纳米管天然地就和新能源产业绑定在了一起。2013 年，我国开始了新能源汽车"十城千辆"工程，对使用锂电池为动力源的新能源汽车实行针对性补贴。从此，属于中国的新能源汽车时代来临了，随之也带来了对碳纳米管需求的爆发性增长（图 1-7）。

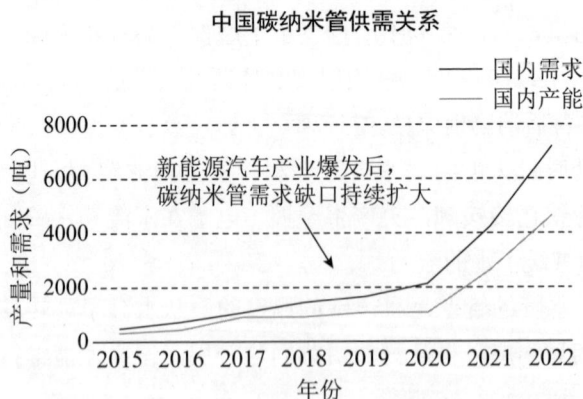

图 1-7　2015—2022 年中国碳纳米管供需关系变化

（数据来源：中金普华）

2014—2022 年，我国碳纳米管导电浆料出货量年均复合增长率达到 50.8%，呈现高速增长态势，同时每年需求缺口从 177 吨扩大到了 2336 吨。

与传统导电剂相比，碳纳米管导电浆料什么都好，唯独成本高、售价贵。所以碳纳米管导电浆料在 2017 年之前市场普及率相对较低，2018 年仅有不到 1/3 的电池厂商使用碳纳米管作为导电添加剂。但是巨大的需求迅速推动了上游产业的基础研究，再加上国家的新能源汽车补贴标准与动力锂电池能量密度直接挂钩，采用碳纳米管导电剂的动力锂电池优势地位进一步凸显。

到了 2023 年，电池用碳纳米管导电剂渗透率已经达到 82.2%，当年我国碳纳米管总市场规模已达 23.36 亿元，年产量 4425.3 吨，在全球出货量中的占比已经达到了 90% 以上。预计我国碳纳米管市场规模还将以约 20% 的年均复合增长率继续增长，到 2025 年有望突破 40 亿元大关。

石墨烯和碳纳米管并称为"21 世纪的黑色黄金"。作为人均天然资源储量并不丰富的大国，我国要想实现从原材料到终端市场的全产业链突破，就必须紧盯新材料赛道，用活、用好这两大"金矿"，进一步挖掘量子材料的潜力，实现全方位的产业提质增效。

⚛ 四、细胞间隧道纳米管

（一）细胞间的纳米管

其实，早在量子力学出现之前，量子纳米管就已经存在于我们的身体中了。

2004 年，德国海德堡大学神经生物学研究所的科学家们正在例行扫描肾上腺嗜铬细胞瘤的切片。嗜铬细胞瘤是一种由肾上腺嗜铬细胞构成的分泌儿茶酚胺的肿瘤，可引起持续性或阵发性高血压。对这种细胞瘤的切片研究有助于找出高血压背后的成因，缓解甚至根除这一困扰人类多年的慢性病。

但是，这次科学家们在细胞瘤里得到了一个极其意外的收获。他们发现，细胞瘤里的细胞之间存在大量像蜘蛛丝一样的丝状管道。这些管道由 F-肌动蛋白构成，直径只有差不多 50 纳米，但是长度却非常长，可以延伸 150 到 200 微米，横跨好几个细胞。

在接下来的几年里，世界各地的实验室陆续在免疫细胞、胶质细胞、树突细胞和单核细胞里发现了更多类似隧道纳米管结构的存在。这些结构含有不同水平的 F-肌动蛋白、微管和其他成分，但在形态上极其相似，都是几十纳米宽、上百微米长，和十年前人们制得的碳纳米管相似度惊人！

无奈受限于测量技术和分辨能力，彼时的生物学家们没能搞清楚这些细胞间纳米管的生理功能是什么，他们只是通过形态大致推测认为这是细胞间交换信号分子并实现远程、定向通信的"电话线"，并为这些纳米管取名为"隧道纳米管"。

（二）无处不在的量子纳米管

二十年后的今天，生物学家们对于这些隧道纳米管的功能和定位已经有了较为深入的理解。正如人们最开始预测的那样，这些隧道纳米管确实就像人造的碳纳米管一样，不仅能传导电信号，还能运输化学分子，是细胞间进行远距离信息传递和物质运输的重要途径。

隧道纳米管的主要组成成分是肌动蛋白，这是一种对钙离子和微量电荷高度敏感的蛋白质结构。首尾相连的肌动蛋白就像电线杆上架起来的电缆一样，可以让电信号在几百微米的范围内传输。考虑到细胞的平均尺寸差不多只有 10 微米，这个传输范围已经非常大了，可以将细胞产生的电信号传导到几十倍于自身尺寸的距离之外。

而且，连续多个隧道纳米管还可以借由几个中转细胞串联起来。在信号源头，产生信号的细胞消耗能量从膜外泵入离子，造成膜电位的微小变化，形成细胞间电流。这股微小的电流沿着隧道纳米管，从这一头传导到另一头，进一步触发接收信号细胞的动作反射，导致对应的细胞膜介质通道打开或关闭。如果打开的细胞膜通道又正好是一个离子通道，那么接收信号的细胞又会泵入一个带电离子，引起新的电位传递。就这样一级套一级，可以不断把信息传递到更远的地方。

这种长距离信号传导还很好地解释了胚胎发育中的协调细胞迁移现象。

在脊椎动物胚胎的发育中，原本团成一坨的胚胎细胞会逐渐明确前与后、背与腹的位置分化，并且在特定的部位聚集发育，形成褶皱和神经管，它们最终发育为中枢神经系统。要完成如此复杂的分化发育，细胞之间显然需要进行不断的通信以互相同步。此前人们从未发现这种通信同步机制的生理基础，直到隧道纳米管的发现有力地填补了这一空白。

除了传递电信号，隧道纳米管也和碳纳米管一样，可以实现"量子摩擦"，也就是实现管内流体近乎无阻力地流动。基于这一原理，细胞还可以以极小的能量代价，直接把化学小分子传递到远方的另一端去（图 1-8）。

相比正常的健康细胞，癌变后产生的癌细胞更容易产生隧道纳米管。研究人员发现，肿瘤组织中的隧道纳米管密度显著高于其他正常组织，癌细胞中的隧道纳米管数量是正常健康细胞的 5 ~ 100 倍。癌细胞不仅彼此抱团，而且癌细胞之间的沟通交流也比正常细胞更加密切、频繁。

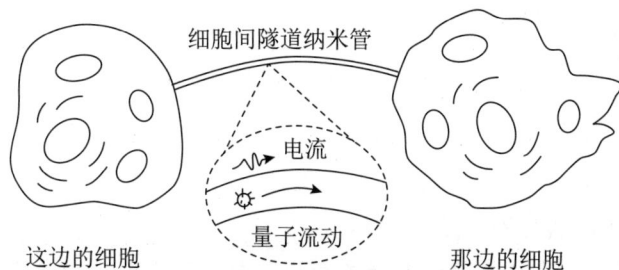

图 1-8　细胞间隧道纳米管示意图

临床试验表明，在对癌症患者的肿瘤进行化疗或放疗时，只能消灭孤立的癌细胞。而抱团的癌细胞通过肿瘤微管和隧道纳米管相互连接，就像打通了地下交通站的民兵一样，彼此通风报信，表现出了更强的抗药性和耐受性。

化疗或放疗的强度越大，癌细胞之间越会形成更多的肿瘤微管和更强大的通信网络，甚至开始"打游击"，在全身各器官之间转移。这个时候，隧道纳米管反而成了恶疾的帮凶，帮助癌细胞逃离一次又一次的"围追堵截"。

2017 年，以色列魏茨曼科学研究所首次报道了 mRNA 和 miRNA 等核酸片段在细胞间的转移。通过隧道纳米管，不同细胞之间可以互相传递遗传物质，而不是像此前认为的那样遗传物质在细胞外液体间扩散。

需要 mRNA 的受体细胞会主动向远处的供体细胞发送信号，"请求"后者赶快提供mRNA。请求电报以电信号的形式传递，在接到电报后，供体细胞加班加点现场装配出所需的核酸片段，再通过同样的纳米管网络发送出去。

2022 年，法国巴斯德研究所发现，新冠病毒会主动利用自身表面的刺突结构吸附在蛋白质上，从而穿越隧道纳米管，从一个细胞迁移到另一个细胞。感染新冠病毒的细胞被病毒挟持后，不仅会伸出类似天线的丝状伪足，自身生长的隧道纳米管也比未感染的细胞更多。

通过这一机制，新冠病毒可以绕过免疫屏障，从呼吸道直接进入神经系统，甚至直达大脑。所以不少人"阳"了以后会有头晕、乏力等神经症状，有些感染早期强力变种的患者还有可能留下长期的神经后遗症。

2023 年，美国得克萨斯生物医学研究所在埃博拉病毒身上也发现了同样的机制，病毒可以创建并利用细胞间隧道在细胞之间移动以逃避治疗。

> 隧道纳米管可能在人类疾病和发育的细胞之间的长距离通信中发挥重要作用，阐明隧道纳米管的形成机制将为深入研究人类疾病提供新思路。
>
> ——科学技术部生物技术发展中心重大专项报告

（三）隧道纳米管的未来

细胞间隧道纳米管的发现给生物医疗领域的药物研发带来了全新的灵感和思路。多项研究已经表明，隧道纳米管是治疗组织损伤、肿瘤耐药性和感染的潜在靶点，也是病毒在不同细胞间来回转移的重要通路，如果能通过特定药物抑制或阻断隧道纳米管，或许可以实现针对肿瘤和病毒的特异性杀伤。

2015 年，美国食品药品监管局批准了一款用溶瘤病毒治疗黑色素瘤的药剂 T-VEC，其原理就是运用基因工程技术修改溶瘤病毒，让病毒可以在肿瘤微管间传播，抢占癌细胞的通信链路，进而对其造成杀伤。此外，还有几家制药公司正在研究基于遏制细胞间隧道纳米管原理实现治疗 HIV 病毒和退行性神经疾病的新一代药物。

2016 年，华中科技大学发表了一项体外研究成果：通过阻断线粒体经隧道纳米管转运，可以有效抑制膀胱癌细胞的侵袭能力。

但是，由于癌细胞与正常细胞形成的隧道纳米管差异度太小，至今还没有直接以隧道纳米管作为抑制靶点的药物问世，大多数研究主要集中于如何利用这一通路系统更好地强化药效。

在另一些情况下，我们可能还需要反过来保护或促进细胞间隧道纳米管的形成，以便加强细胞间的交流联动，修复受损的正常细胞。目前研究已经证实，当将间充质干细胞引入受损的培养物或组织中时，这些干细胞的线粒体转移能够通过恢复细胞代谢、挽救有氧呼吸或建立血管生成能力来拯救受体细胞。

此外，细胞间隧道纳米管还有望成为药物输送的理想途径，可以打通生物大分子药物在组织间输送的"最后一微米"。人们已经在胰腺癌、卵巢癌和肺癌细胞中观察到化疗药物阿霉素利用隧道纳米管进行转移，未来还可能实现转移更多的针对性靶向药物。一些研究机构已经将能发光的量子点整合进了隧道纳米管靶向药物，可以在治疗过程中更直观地看到药物在细胞之间的"量子迁移"。

目前，隧道纳米管已经成为生物学研究的热点问题，要提高药物疗效，就必须研究清楚怎样有针对性地抑制病灶附近的微管和纳米管的形成。甚至可以毫不夸张地说，21世纪的整个纳米医学和生物医药研究都将基于对微管和纳米管的研究之上，并且有望成为人类攻克癌症和传染病的关键所在。

生物学上的新研究和新型医药研制归根到底竟然可以追溯到量子物理身上，现代科学就是这样彼此交织而又息息相关，共同织成一张技术进步的大网，在不经意间悄然改变我们的生活。

第三节　拓扑量子先进材料

✦ 一、从零维、一维、二维到三维

（一）什么是拓扑绝缘体

量子点、碳纳米管和石墨烯都是让微观粒子在某一个空间维度上的位置和运动受到限制，进而导致了与其他常见的体态材料不同的量子效应，为其带来了诸多独特的性质。

从空间维度上说，量子点是一个零维的点，纳米管是一条一维的线，石墨烯是一个二维的面。所以，量子点对应着零维量子材料，纳米管是一维量子材料，石墨烯是二维量子材料。

量子在零维、一维、二维空间中的运动规律自然与在三维空间中不同，因而产生了更多更丰富的物理化学现象。

> 量子科学中心瞄准量子科学前沿和国家重大战略需求，以量子基础科学研究为核心，量子材料制备为牵引，抢占国际技术制高点。
>
> ——粤港澳大湾区量子科学中心宣言

在同样的技术条件下，维度越多的材料自然越好加工。量子点从最早的发现到实现工业化的批量生产用了十年时间，碳纳米管用了五年，石墨烯只用了几个月的时间。

但同时，维度越少的材料，越不容易受到外界环境的干扰。大块的石墨烯很容易碰碎，而碳纳米管和量子点相对来说就比较容易保存，容易实现大规模商业化应用。

那么能不能找到一种既有某个维度上的空间尺寸限制，又极其稳定不受环境干扰的量子材料呢？

答案是另一种新型量子材料——拓扑绝缘体。

我们都知道，物体依据导电性的不同，可以分为导体和绝缘体。电子可以在导体中自由移动，但是在绝缘体里只能被束缚在原地，因而不能导电。

如果一块材料其内部是绝缘体，只有表面是导体，那这就是拓扑绝缘体。拓扑绝缘体允许电子沿其表面移动，但不能穿过其内部。由于电子在纵向上的移动被牢牢限制在了材料表面，材料的表面就会表现出类似二维量子材料的性质，电子在其上可以不受束缚近乎自由地运动。同时，整块材料本身是三维块状的，不像石墨烯那样薄薄的，一碰即碎。

所以拓扑绝缘体一经出现，就被称为三维量子材料，或是更严格一点的"二点五维"量子材料。

（二）什么是霍尔效应

要理解拓扑绝缘体的由来，就绕不开各种各样的霍尔效应。

霍尔效应得名于美国物理学家埃德温·赫伯特·霍尔。1879 年，24 岁的霍尔发现了磁场会导致电子运动的偏转，使得电子聚集到导体某一侧，形成一定的电阻。这种磁场导致的电阻效应就叫霍尔效应。霍尔电阻的数值与外加磁场强度成正比，与材料中的载流子密度成反比。

时间来到一百年之后的 1980 年，德国物理学家克劳斯·冯·克利青此时正在研究超低温和高磁场下的霍尔效应。克利青发现，随着磁场强度的增加，霍尔电阻确实如同理论所言线性增加。但是如果环境温度足够低且磁场强度足够高，霍尔电阻就不再是线性变化了，而是变成一级一级的阶跃式变化（图 1-9）。每一个台阶对应的霍尔电阻的取值都正好对应精细结构常数的一个整数倍。

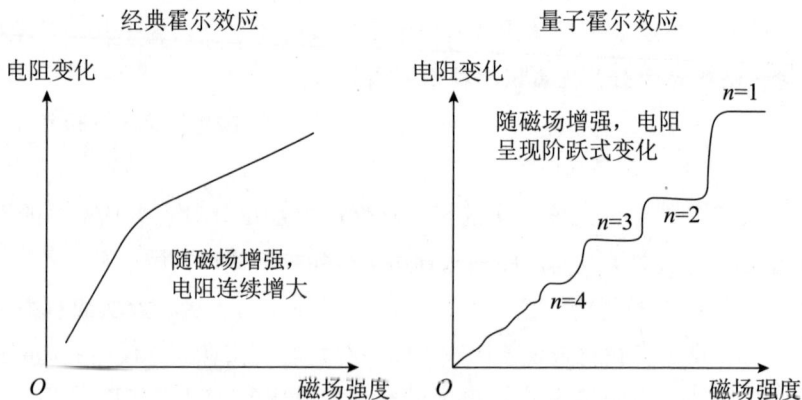

图 1-9 经典霍尔效应（左）和量子霍尔效应（右）示意图

经典的连续线性变化变成了离散的非线性变化，这是典型的量子效应。克利青发现的正是整数量子霍尔效应。

我们在中学物理课上都学过，电子在磁场中会受到洛伦兹力的影响，进行圆周运动。一般来说，这种圆周运动的弧度通常比材料的尺寸还要大得多，电子沿着圆弧运动，使得导体两侧出现一定的电压差，也就是霍尔发现的经典霍尔效应。

但克利青的实验使用的温度非常低（几开尔文，即零下 200℃），磁场强度非常大（超过 1 特斯拉），在这种条件下，电子在匀强磁场中做圆周运动的半径非常小，以至于很多电子根本没法从材料的一端运动到另一端，而只是进行局域绕圈。这使得材料的霍尔电阻非常大，几乎可以将其认为是绝缘体了。

但是，如果材料的厚度刚好不能被电子圆周运动的直径整除呢？这个时候，在材料的边缘，电子根本就做不了完整的圆周运动，而是只绕半圈就会撞到边缘。克利青发现，这种时候，撞到表面的电子就会沿着表面运动，产生边缘电流。这种边缘电流出奇地稳定，不受施加的磁场变化、量子材料无序及实验中任何其他缺陷的影响。

材料内部的电子，大多数在原地做回旋运动而处于局域态，只有边界上的电子，它们不能进行完整的回旋，却能绕过杂质和缺陷，最终朝一个方向前进，因而形成导电的边界电流（图 1-10）。

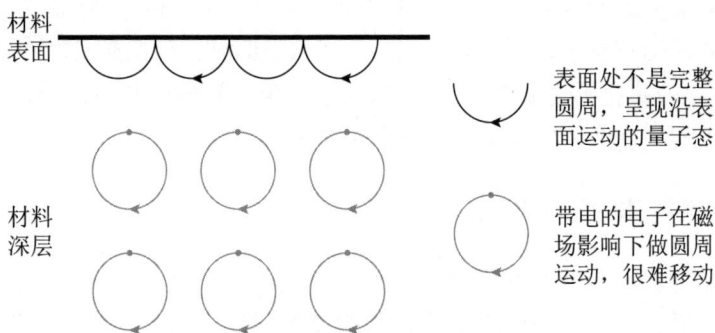

图 1-10 拓扑绝缘体示意图

这便是最初的拓扑绝缘体了，导电的量子态被拓扑保护在材料表面。这种材料的中间是绝缘体，边界却可以导电。

1985 年，克利青因发现整数量子霍尔效应获诺贝尔物理学奖。

1982 年，华裔物理学家崔琦在 III-V 族半导体界面的二维电子气样品中发现了取值对应精细结构常数的分数倍的量子霍尔效应，这一效应称为分数量子霍尔效应。这进一步拓宽了量子霍尔效应的适用范围。1998 年，相关贡献人因发现分数量子霍尔效应获得了诺贝尔物理学奖。

至此，两个诺奖级成就共同为拓扑绝缘体打下了坚实的理论基础。

❂ 二、新型 Z2 拓扑不变量

（一）拓扑绝缘体的发现

2004 年，美国理论物理学家查尔斯·凯恩在研究石墨烯的时候发现了一种新的现象。

凯恩发现，石墨烯在特定条件下可以触发一种叫作量子反常霍尔效应的新型霍尔效应。在量子反常霍尔效应中，不需要超强的外部磁场和超低的环境温度来强制电子在原地转圈，材料可以直接从其自身原子核中产生磁场，造成电子的原地打转。

量子反常霍尔效应和量子霍尔效应名字听起来差不多，产生的物理性质也差不多。体态内的深层配位电子会在局部区域原地旋转，而位于表面附近的电子因为没法旋转完整的一圈，只能被迫沿着边界跳跃。最终使得样品薄膜只能通过边界导电。

从另一个角度来看，这就相当于虽然整体材料的尺度还是很大，但是由于某些特定的因素限制，材料中的自由电子只能被迫局限在表面附近几个原子层的范围里运动。量子尺度的范围限制自然导致了量子效应的产生。

凯恩从理论上计算得出，只要可以实现类似的量子反常霍尔效应，三维块状材料中也能表现出拓扑绝缘的量子效应。凯恩把这种理论中的材料构型命名为"新型 Z2 拓扑不变量"（表面导电的拓扑不变量在群论中对应 Z2 不变规范群）。后来，为了表述简便且听起来更新奇，人们把这个名字改成了"拓扑绝缘体"。

（二）拓扑绝缘体的工业制备

2006 年，时任斯坦福自旋电子学研究中心主任的华裔科学家张首晟进行了更为详尽的理论推演。张首晟认为，三维形态的拓扑绝缘体不仅存在，而且有可能制备起来非常简单。他预测了一种由重元素汞和碲组成的晶体，可以作为拓扑绝缘体的有力候选。七年后，张首晟带领着清华大学的研究团队，在实验上首次严格验证了量子反常霍尔效应。

过了不到一年时间，德国维尔茨堡大学就合成出了薄薄一层的碲化汞晶体，这种晶体表面的电导率在不同量子化的取值之间来回阶跃，确实存在表面量子态。

> 任何人都可以培育它们，可以直接从货架上买到它们，而且并不需要高纯度的晶体就能实现拓扑效应。
>
> ——2010 年美国物理学会年会凝聚态分论坛标语

在接下来的几年里，拓扑绝缘体很快成了学术圈的顶流热词。就是在这样热火朝天全民大炼拓扑体的氛围里，"量子材料"一词第一次被人们提出，用于形容满足量子效应触发条件因而具有特定性质的新型先进功能材料。

第一代被合成出来的具有实用意义的三维拓扑绝缘体是半导体铋锑二元合金，化学式 $Bi_{1-x}Sb_x$（x=0.07 ~ 0.22）。因为锑少铋多，所以合金整体呈现一种类似千层饼蛋糕的构型，每几十层铋原子上插入一层锑元素，合金被锑元素周期性地划分为一层层隔层。

这种构型配上两种元素之间的极性诱导，恰巧可以让电子在锑元素隔出的一层层隔层里做圆周运动，实现了体态的绝缘。而在靠近表面边界的地方，隔层的周期性被破坏，电子也就无法画出一个完整的圆，因此在表面形成了导电的量子态。

进一步研究表明，这种铋锑二元合金的配比并不稳定，它不是一个纯化学相，更像是两种元素的混合物，所以很快就被取代了。

第二代三维拓扑绝缘体是由铋、锑分别和碲、硒组合形成的单晶化合物，包括 Bi_2Se_3、Bi_2Te_3 和 Sb_2Te_3。这些晶体都是六方结构（图 1-11），本身就是分层的层状结构，同时还具有较为合适的窄带隙，既能抗热干扰，又适合能带调控。尤其是 Bi_2Se_3 具备在室温和零磁场下为普通晶体提供拓扑保护的能力，为制备能在室温下工作的自旋电子器件创造了可能。

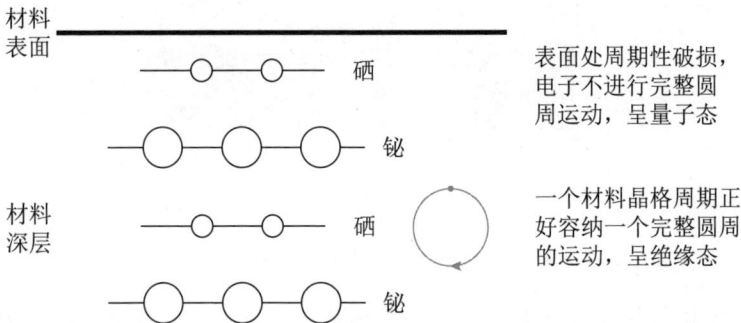

图 1-11　Bi_2Se_3 拓扑绝缘体示意图

在对拓扑绝缘体的研究中，人们已经敏锐地意识到，当拓扑绝缘体处在导体和绝缘体转变的临界点时，它既不是导体，也不是绝缘体。这与目前所知的所有物态均不同，很可能是一种全新的物态，需要划归到全新的分类中去。

目前，人们已经按照是否具有拓扑效应将绝缘体分为普通绝缘体和拓扑绝缘体，拓扑绝缘体又可以根据拓扑效应的具体来源进一步划分为量子自旋霍尔绝缘体、量子反常霍尔绝缘体和三维拓扑绝缘体。与此类似，金属也可以做这样的分类，同样有普通金属和拓扑金属之分。

最出名的拓扑金属是三维拓扑狄拉克半金属材料，这是目前凝聚态领域和材料科学领域研究的热点，被誉为"三维版本的石墨烯"，在低能耗电子学器件研制方面具有重要价值。

（三）超越导体和半导体的新特性

材料学上通常用能带来描述物质的电学特性。能够容纳自由电子的能级叫作导带，电子在其中会被带正电的原子核捕获束缚的能级称为价带。能带和动量的关系曲线称为能带示意图（图 1-12）。能带示意图上通常会以虚线标出费米能级，费米能级是室温下材料中电子正常排布的最高能级，在费米能级之下的能带都充满着电子，而其上的能带则暂时空置。低能量的能带中的电子吸收能量之后就会跃迁到能量更高的空能带上。

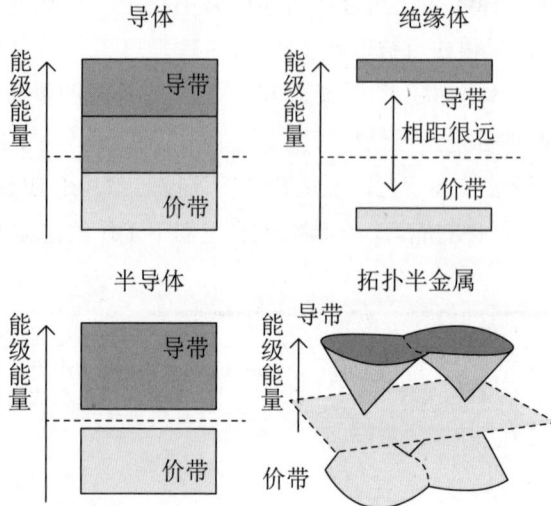

图 1-12　导体、绝缘体、半导体和拓扑半金属的能带示意图

　　导体的导带和价带是重合的，电子很容易逃出原子核的束缚，来到游离态，这些游离态的电子就是电流传导的基础。绝缘体的导带和价带分得非常开，所有电子几乎都被束缚在原位，哪怕外加很大的电压也能很难激发出足够多的载流电子。

　　在半导体中，导带和价带虽然也是分开的，但是两者之间分开的距离并不算特别远，价带中的束缚电子受到一定的能量激发就有可能进入到导带，成为自由运动的游离态电子。电子在束缚态和游离态之间的来回转换，正是以半导体为基础的电子器件容易受人为调控的关键所在。

　　而在拓扑半金属中，导带和价带既分离又不完全分离，在动量空间的某些点互相接触，这些接触点就叫狄拉克点。狄拉克点的存在让狄拉克半金属除了具有半金属特性，还具备了一定的拓扑行为，导致其产生了很多优异的物理化学特性。

　　在这些狄拉克点上，导带和价带互相接触，电子能够非常轻松地在两个能带之间移动。只需要施加很小的电压，就会有大量原本处于价带里的束缚态电子被激发到自由运动的导带中去，这能迅速提高材料的载流子密度，使材料更好地传导电流。这也就是半金属的"金属"特性的由来。

　　在狄拉克点以外，导带和价带又互相分离，这就意味着半金属也可以像半导体那样吸收外界光线。吸收了能量的电子也会在导带底部停留很长一段时间，大幅提高了光生电流的电流密度。砷化钽是一种典型的半金属，具有极高的红外敏感性，可以从红外光中产生比任何其他材料大 10 倍以上的电流，可以制备成性能极其优异的红外传感器。

此外，狄拉克点附近的电子还具有几乎为零的有效质量。近乎无质量的电子就像在失重的太空中运动，是真正的自由电子，几乎不受阻力和惯性的影响，可以实现很高的电子迁移率。

按照定义来说，石墨烯也是一种特殊的二维半金属，同时也具备高载流子密度、高电子迁移率、高光电敏感性等半金属所具有的优异性质。

2021 年，《自然》杂志公布了由台积电与麻省理工学院共同研发的一种铋基半金属，作为二维材料的接触电极，可大幅降低电阻并提高电流，有望成为半导体芯片产业迈向 1 纳米甚至更先进制程的关键。

第三代拓扑绝缘体又被称为拓扑晶体绝缘体，目前已经得到广泛的研究。它能够提供超越时间反演对称保护的晶格镜面对称拓扑保护，稳定性更强，且带隙可控，是接下来研究的重点对象。

在传统电子器件中，影响能耗和散热的主要因素有两个：一是导线本身的电阻。虽然单个元件的电阻很小，但是考虑到元件数量巨大，日积月累下来，能耗损失也不是个小数字。二是绝缘体的漏电问题。在数字电路中，用电流的通、断来表示 1 和 0，其状态切换依赖半导体在导态和绝缘态之间的转换。如果半导体的制程工艺不理想，在绝缘态下半导体就无法完全绝缘，总会有一定的漏电，这就导致总体的能耗提高和热量累积。

对于拓扑绝缘体而言，电子只能在其表面运动，而且导通的量子态的电阻非常低，电子近乎自由流动，可以最大限度地解决导体电阻损耗问题。此外，拓扑绝缘体远离表面的体态是绝对绝缘的，电流不会耗散，从源头上防止了漏电。因此，拓扑绝缘体在电子制造业具有巨大的潜在应用价值，可用来设计超低功耗的硬件设备，能够大幅降低生产成本，提高芯片的运行速度和存储能力。

❂ 三、拓扑物理学的由来

（一）什么是拓扑

拓扑绝缘体和拓扑半金属名字里的"拓扑"二字是什么意思呢？

拓扑是英文"topology"的音译。这个英文单词源自"topography"，字面上的意思是地形或地貌，直译过来的意思其实是"地志学"。

事实上，拓扑学作为一个独立的数学分支，其出现确实与地形地貌的研究脱不开关系。

通常认为，现代拓扑学的第一份学术著作是 1736 年瑞士数学家莱昂哈德·欧拉撰写的一篇关于柯尼斯堡七桥问题的论文。柯尼斯堡曾是德国东部的文化中心，"二战"后被划入苏联领土，如今它叫加里宁格勒，是俄罗斯加里宁格勒州的首府。

从地形上来说，柯尼斯堡的地形地貌非常有趣。这座城市正好位于布勒格尔河河口，河流横穿城市，把城市划分为三个区域，河流之上架着七座桥梁，连接着这三个城市街区（图 1-13）。

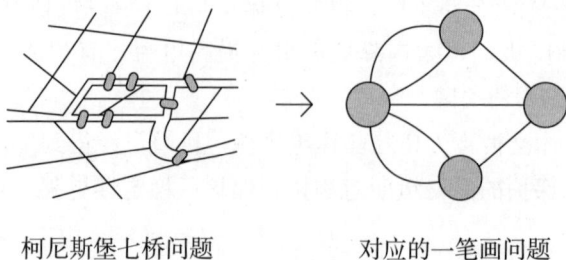

柯尼斯堡七桥问题　　　　　　　　对应的一笔画问题

图 1-13　柯尼斯堡七桥问题（左）和对应的一笔画问题（右）

柯尼斯堡的市民们每天最大的乐趣就是茶余饭后在城市里游荡，他们设下了一个有趣的赌局：看看谁能从城市的某一点出发，在不走回头路的情况下连续经过这七座桥梁。多年以来，无数好事者前赴后继地用双脚丈量这座城市，但是谁也没能成为赢下赌局的那位勇士。

在欧拉的论文里，他把七桥问题简化为了一笔画问题，即能否用一笔连接所有的点而没有重复的线。欧拉证明，对于一个给定的连通图，如果存在超过两个的奇顶点，那么满足要求的路线便不存在了。也就是说，从数学上来说，柯尼斯堡七桥问题就是无解的，不管柯尼斯堡的市民们尝试多少种走法，谁也不能不回头地一次性走完全部七座桥。

后来，欧拉发明的这套分析方法发展成为一个独立的数学分支，也就是后来的拓扑学。不同于研究空间中点、线、面的位置和形态的几何学，拓扑学关注的更多的是点、线、面之间的相对关系，它研究的是与变形无关的几何形状的表面性质。

在拓扑学看来，一个马克杯和一个甜甜圈在数学上是等价的，数字 0、4、6、9 也是一样的，因为它们都有一个洞。如果把马克杯看作一团硅胶，它可以被任意搓揉变成各种形状。不管怎么搓揉变形，杯身和杯柄之间的孔洞始终会存在，哪怕是搓成一团，原来的孔洞也不可能完全闭合，总是会留下一些痕迹。所以，马克杯形状的硅胶无论怎么搓揉，也不可能变成面包团，只能变成中间带洞的甜甜圈。

这个孔洞所体现的特性就是这团硅胶的基本几何性质，在拉伸和扭转变形中保持不变。

拓扑学就是研究这种几何变化中的不变量的数学，每个曲面都有自己的欧拉数，对应着不同数量的孔洞。

（二）从拓扑到拓扑绝缘体

拓扑绝缘体通过某种效应使得其表面和体态呈现出截然不同的物理性质，导电的量子态就被束缚在了表面。从另一个角度来说，这又给表面的量子态提供了绝佳的保护，因为表面是拓扑不变的，不管外界怎么变化，材料总是有表面，也因而总是能保留准二维的表面量子态。这种保护就叫作"拓扑保护"，拓扑绝缘体也因此得名。

对应到物理学中，拓扑效应就是发生在物体表面的特殊效应。拓扑绝缘体虽然是一种体积很大的三维体态材料，但是细分下去，在这种材料里表面和深层的电子行为是不一样的，位于表面附近的电子其实处于一种特殊的准二维量子态，表现出的量子效应也与深层电子截然不同。

所以在研究这类特殊材料的物理效应时，我们除了要关注材料的体积、质量等常规参数，还必须重点关注材料的表面形貌。就像研究地球表面地形地貌起伏的地志学一样，拓扑学也着眼于研究材料最外层表面的特殊性质。

其实，随着物理学和材料科学的发展，人们很早就意识到，相对于材料本身，材料的表面才是更重要的部分。在化学反应中，反应物需要相互接触，以引发相应的反应过程。充当反应物的通常都是具有一定空间体积的化学分子，这些分子无法互相穿透，只能与其他分子的表面发生空间接触，来促进反应的发生。所以，化学材料的相对比表面积越大，化学活性就越强，越能发生强烈的化学反应。因此，研磨成小颗粒的反应物比未经处理的大疙瘩更适合作为化学反应的原材料。

在输电过程中，交流电会发生一种叫作"趋肤效应"的特殊现象，导体内部的电流会在空间上呈不均匀分布，集中在靠近导体外表面的薄薄一层里。根据欧姆定律，电阻的横截面积越小，对应的电阻越大。发生趋肤效应时，交流电等效的传输横截面积就会变得非常小，导致电阻增加，产生不容忽视的传输损耗。所以，在传输大电流的时候，人们总是会使用由多股细导线绞成的复合电缆。与单一的一根粗导线相比，这种复合电缆的有效横截面积更大，同时更能节约材料，降低电网造价。这也是表面物理学和拓扑物理学的典型应用。

2017年，美国布朗大学与法国里昂高等师范学院的科学家们提出了一个非常有意思的想法。他们把地球看作一个巨大的拓扑材料，地球深处的地核部分对应着拓扑材料的稳定体态，而位于地表附近最富生机和活力的生态圈，正好处于地球的最外表面，对应着拓扑材料中的量子表面态。

海洋占据着地表 71% 的面积，平均深度是 3800 米，就算是最深的马里亚纳海沟，深度也不过 11000 多米。而地球平均半径有 6371 公里，是马里亚纳海沟深度的 600 倍、海洋平均深度的 1600 倍，差不多差了三到四个数量级。按照四个数量级就能导致较为明显的量子效应的算法推算，我们所生活的地表，受到的正是地球尺度上量子拓扑效应的支配。

基于这一想法，科学家们成功地用量子物理和拓扑理论解释了大气环流的产生。大气环流就像是在拓扑绝缘体表面自由流动的量子电流一样，源自整个地球的"拓扑保护"。

这是物理学家首次在数学模型上推算出了大气环流的全过程。地球级别的"拓扑保护"现象成功解释了大气环流的稳定性，这种气候模式其实是"量子态"的气候现象，它们能够不受反复无常的天气变化影响，就像拓扑绝缘体的边缘电流流动时既不会耗散，也不受材料中杂质的影响那样长期稳定存在，滋养着生活在这片土地上的生灵。

（三）拓扑新材料蕴藏着无限可能

2024 年，来自中国科学院物理研究所、南京大学和普林斯顿大学的 3 个研究组先后在《自然》杂志上刊文。他们的研究结果表明，数千种已知材料都可能具有拓扑性质，即自然界中大约 24% 的材料可能都具有潜在的拓扑效应。

这个数字极大地出乎人们的预料。通过激发拓扑量子态，我们完全有可能在已经被研究透彻的"传统材料"中重新激发出全新的量子效应，实现性能的更高突破。越来越多的科学家开始意识到，拓扑材料的存在可能比所预期的更加普遍。它们近在眼前，只是我们从未发现。

> 以表彰他们在理论上发现了物质的拓扑相变和拓扑相。
>
> ——2016 年诺贝尔物理学奖获奖理由

只要材料具有某种非零的拓扑不变量，它就具有激发出全新拓扑相的潜力。不同的拓扑不变量对应着不同的拓扑效应，也对应着具有不同性质的拓扑相。拓扑绝缘体中的边界导通状态、拓扑半金属中的金属状态，以及拓扑超导体中的超导状态，都是拓扑相的表现形式。

超导现象是指材料在低于某一温度时电阻变为零的现象。完美的超导体同时还具备完全的抗磁性，电流通过时不仅没有阻碍、不会发热，而且能够实现磁悬浮，是所有凝聚态物理学研究者梦寐以求的"圣杯"。

科幻电影《阿凡达》中人类不远万里跨越星海来到潘多拉星球的目的，就是要开采星球上价值连城的室温超导矿石。

在人类如大海捞针般寻找新的理想本征超导材料的征程中，拓扑量子学也为获得这个金灿灿的"圣杯"提供了另外一种可能路径。

目前，人们已经可以在由常规超导体和拓扑绝缘体组成的异质结界面处实现拓扑超导，进而优化超导的实现条件。不仅如此，通过适当的掺杂和诱导，甚至还可以从原本不超导的拓扑材料中调制出拓扑超导态，将拓扑绝缘体或拓扑平庸的超导体转变为拓扑超导体。科学家们还发展出了栅极调制、元素掺杂、高压调制和硬针尖点接触等多种技术，成功地在许多拓扑绝缘体和半金属中诱导出了超导特性。

2017 年，张首晟教授带领斯坦福大学的研究团队在《科学》杂志上发表了他关于马约拉纳费米子的最新发现。马约拉纳费米子是超导体中存在的激发准粒子，一旦发现属实，可以大幅推进拓扑超导体的研究。只可惜，一年后张教授在美国不明原因自杀身亡，这篇论文也于五年后被《科学》杂志以实验无法复现为由撤稿。随着这起神秘意外的发生，拓扑超导体的落地实现又成了一个难解的谜团。

在美苏"冷战"导致险些错过了量子点发现的几十年后，中美之间的大国博弈又一次给科学事业的进步蒙上了一层阴霾。所以说到底，科学还是政治的延伸，科学进步是全人类面临的共同任务和时代使命。要向未知的领域进发，就必须构建好整个人类命运共同体。只有营造了良好的国际环境，跨国技术合作才能实现，创新和突破才有可能。

但是，人们对美好生活的向往和追求总是相同的，对于未知领域的求索和开拓也是跨越国界的。从更宏观的时间尺度来看，地缘政治的纷扰只是暂时的，科学技术的进步是不可阻挡的。在可以预见的将来，我们必将大踏步进入量子时代，迎来属于量子材料的新纪元。

第二章

量子破缺：
全同粒子不相同

第一节　原子光谱与候鸟迁徙

⚛ 一、全同而又不同的量子

（一）世界上有完全相同的粒子吗

戈特弗里德·威廉·莱布尼茨出生于 17 世纪的神圣罗马帝国萨克森选侯国。莱布尼茨不仅是有名的数学家，发明了沿用至今的微积分符号 $\int$、dx；而且他还是喜欢研究哲学的知名律师。莱布尼茨最有名的一句哲学名言是："世界上没有两片完全相同的树叶。"

这句话对于宏观世界来说总是成立的。因为宏观尺度下的物体总是由许许多多的细节和纹理构成，细节有无穷多种排列方式，纹理有无穷多种组合形式，于是乎整体就有了无穷多种可能性，彼此间绝不可能完全相同。

就像人类单一指纹对比重复的概率大约是 1/640 亿。考虑到世界上有 80 亿人，每个人有 10 只手指，对应 10 个指纹，两个人指纹完全重复的概率是 1/（640 亿）^{10}，基本可以认为这种指纹完全重复的情况不可能发生。

植物的叶片和人类的指纹一样，都是由遗传基因决定的。现代生物学研究表明，决定生物生长发育的，是细胞核染色体里脱氧核糖核酸（DNA）中承载的一串串遗传密码。DNA 是一种具有双螺旋结构的生物大分子，两条相互缠绕的长链以碱基对连接。碱基可以是腺嘌呤、胞嘧啶、鸟嘌呤或是胸腺嘧啶，分别记为 A、C、G、T。一般情况下，A 只与 T 配对，而 C 只与 G 配对，A-T 和 G-C 两个碱基对组合就像是计算机里的 0 和 1，以二进制的语言记载着全部的遗传信息。

如果把单个碱基对的取值看作计算机里的 1 比特的话，那么基因组所占比特数的多少就可以近似表征遗传信息的多样性。被子植物基因组大小的平均值约为 1.5Gb，即包括 1.5 吉个碱基对，其中多年生草本植物基因组最大，达到了 2.5Gb。与其他后来出现的陆生植物相比，石松类和蕨类植物在地球上演化的时间更长，因而染色体数目更多，基因组更大。2024 年发现的一种名为 Tmesipteris oblanceolata 的蕨类植物拥有当时已知最大的基因组，大小高达 1.6Tb，包含 1600 亿个碱基对。

每一对碱基对承载的还只是有关蛋白质合成的基本信息，同样的基因信息在不同的环境下也可能发育出大相径庭的表现性状。只有拥有完全相同的基因组，同时在完全相同的环境里历经完全相同的生长发育过程，才有一丝可能演化出模样差不多的叶片来。就算在同一棵大树上，不同位置的叶片感受到的阳光雨露、汲取的营养成分也不可能完全相同。在信息和环境的共同作用下，世界上就不可能存在两片完全相同的树叶。

但是如果是在微观量子领域里呢？世界上会有两个完全相同的量子吗？

从携带信息的角度来说，量子本身就是物质最基本的组成单位，无法再细分到更小的尺度了。一个量子就是单纯的一个量子，没有杂乱无章的信息的干扰。只要是同一种类的量子，都携带着完全相同的信息。

（二）所有粒子都是量子场的激发

现代量子场论告诉我们，所有的量子都是全同且不可分辨的，它们是量子场的不同激发形式的物理表现。

每一种基本粒子，都对应着一种场的激发。光子是电磁场的激发态，电子是电子场的激发态，质子是质子场的激发态，希格斯玻色子是希格斯场的激发态，马约拉纳费米子是马约拉纳场的激发态。

这些量子场无处不在，是世界固有秩序的一部分。在真空中，所有的场都处于能量最低的状态，没有能量，就没有场的激发，因而也就没有可以观测到的物质。

所有场的能量都是量子化激发的，其能量取值只能从一个个离散的分立台阶中选择。当场的能量发生阶跃，量子场就递进一个激发态，对应地就在真空中增加了一个粒子。粒子的产生和湮灭，是不同场通过相互作用交换能量的结果。

> 电子总是在电场影响下运动，磁子总是会趋近于磁场，羽毛球总是会掉到羽毛球场上。
>
> ——场论笑话一则

从携带的初始信息上来看，所有量子都是全同且不可分辨的，但是根据所处环境的不同，它们也是有可能表现出属性上的差异。

打个比方，每个人在刚出生的时候都如同一张差不多的白纸，而后天不同的成长环境和教育经历会在经年累月间潜移默化地塑造出人们迥异而多彩的人格，进而构成熙熙攘攘的人类社会。

一对双胞胎在同一对父母的养育下长大成人，理论上他们是全同且不可分辨的。他们的遗传基因和家庭环境完全相同，没有共同生活经历的外人根本无法区分他们。

而这原本全同且不可分辨的双胞胎总是要离开家走上社会的。在这个过程中，两兄弟总会面临不同的处境，体验不同的经历。长此以往，他们的人格和特点会逐渐产生差异，从而变得越来越容易区分。经历的环境条件越是悬殊，接触的社会圈层越是不同，两兄弟之间的差异就越是明显。

在物理学中，这种类似特定环境条件下原本全同的两个人出现差异的现象叫作对称性破缺。当对称性破缺发生时，原本的对称群会裂解为互有差异的子群，因此需要一个额外的物理量来描述新出现的子群状态。

（三）对称性破缺

从物理本质上讲，虽然所有量子归根结底都是全同的，但是在一些极端条件下，量子场会发生自发的对称性破缺。每发生一次对称性破缺，就需要额外引入一个物理属性，才能描述破缺后的量子行为。

最早关于对称性破缺的假说是杨振宁与李政道在 1956 年提出的。他们假设，在涉及弱相互作用时，宇称的对称性可能会被打破，原本完全相同的粒子有可能自发产生两种截然不同的变化。也就是说，全同的量子在特定的情形下可能变得不同。

这一假说彻底震惊了整个理论物理界，杨振宁、李政道也在短短的几个月之后就获得了 1957 年的诺贝尔物理学奖，刷新了诺贝尔奖获得者从理论提出到最终获奖的最快纪录。

> 他们对所谓的宇称不守恒定律的敏锐的研究，该定律导致了有关基本粒子的许多重大发现。
>
> ——1957 年诺贝尔物理学奖获奖理由

现在人们已经知道了，量子具有什么样的状态，完全取决于其所处的环境条件。在某些极端的环境条件下，所有量子彼此间都是全同且不可分辨的，而在另一些不同的环境条件下，每一个量子都有可能具有完全不同的内禀特性。

按照宇宙大爆炸理论，现今人类生活着的这个宇宙诞生于距今约 137 亿年前的一次大爆炸。初生的宇宙温度很高，物质密度也很大，就像是一锅浓汤，炖着各种大杂烩。那时，宇宙里的各种量子就处于全同状态，根本无法区分彼此。

爆炸发生之后，新生的宇宙很快冷却下来，环境条件的变化也就导致了对称性的自发破缺，因而诞生出了种种不同类别的基本粒子。最先出现的是希格斯场和希格斯玻色子，它们是所有物体质量和引力的来源。大约在 1 微秒之后，宇宙就进入了强子时期，此时手征对称性被自发性打破，强相互作用力被分离出来，夸克与夸克可以结合在一起成为中子、质子和各种介子。等到温度降低到 1000 万亿℃的时候，电磁力与弱核力也分离开了，分别对应轻子和光子的出现。

百亿年之后的现在，宇宙的温度已经冷却到了 2.725K（K 代表开尔文温标，0K 相当于 -273.15℃）。这样低的温度相对于初生时的高温而言，已经可以认为是一种极端的环境条件了。现在我们已知的标准模型一共包含四大类共 61 种基本粒子（图 2-1），这些粒子彼此排列组合，穷尽近乎无限的丰富度和多样性，才构成了这个生机勃勃的大自然。

图 2-1　标准模型中的基本粒子

但是对于每一个种类的基本粒子而言，如果环境条件再一次改变，粒子也可能表现出全新的特性和丰富的变化。对外界微小变化的极度敏感，是量子系统有别于经典系统的又一大重要特征。

二、正常和反常的塞曼效应

（一）塞曼效应的发现

温度与磁场都是可以让原本全同的微观粒子表现出不同性质的环境条件。

在绝对零度的环境里（即温度为 0K，-273.15℃），所有粒子都被冻结在原地一动不动，谈论粒子的运动模式根本没有意义。而在温度非常高的环境里（就像宇宙大爆炸时），所有的粒子又几乎都以光速运动，难以区分彼此。只有在较高但又不那么高温度的环境中，不同的粒子才可能表现出不同的运动特点，进而才有质量、电荷等物理属性上的区别。

磁场是运动的电荷产生的效应场。磁场只会影响在磁场中移动的电荷，以及自身带有磁性的磁矩，而对于静止且无磁性的物质几乎没有影响。

给原本不处于磁场中的物体突然施加一个外加磁场，物体中原本全同的微观粒子就有可能变得不同，依照与磁场发生相互作用的程度，展现出不同的物理化学性质。

1896 年，荷兰物理学家彼得·塞曼发现，金属钠的光谱在外加磁场的作用下会发生分裂，从平时的一条谱线分裂为距离相等的三条谱线。这是人们首次发现磁场可以直接造成物质物理化学性质发生改变的现象。

随后，塞曼的老师、荷兰物理学家洛伦兹用当时最新的电子理论来分析，成功解释了这种谱线分裂。洛伦兹认为，电子的轨道磁矩在空间上是有方向的，这个取向可以与磁场方向平行、反平行或是垂直，因此光谱便会分裂为三条，分别对应受磁场增强影响、受磁场减弱影响和不受磁场影响的情况。谱线两两之间的能量差正好等于磁场对电子能级的影响。

这个解释很快被科学界所接受，洛伦兹和塞曼也因此获得1902年的诺贝尔物理学奖。

> 为纪念他们在研究磁性对辐射现象的影响所作的特殊贡献。
>
> ——1902年诺贝尔物理学奖获奖理由

（二）反常塞曼效应与量子数

一年之后的1897年，有人报告称，在很多实验中观察到光谱线有时并非分裂成三条，间隔也不尽相同。洛伦兹的理论完全不能解释这种现象。于是，人们就把这种光谱线不规则分裂的现象称为反常塞曼效应，与之相对的，原来可以解释的现象称为正常塞曼效应。

如此直接的区分法也不是完全没道理的。毕竟当时的人们不可能知道，反常塞曼效应是一种量子现象，是经典理论框架完全不能解释的。

1925年，两位年轻的荷兰物理学家进一步发展了洛伦兹的电子取向论。他们把原子磁矩的两种取向看作是电子绕着原子核旋转的两个方向，成功地在上下、左右、前后的三维空间移动之外再次找到了表征量子运动的第四个维度——自旋。

在这个物理模型里，电子不仅是空间里简简单单的一个量子，它还是在不断旋转着的。既然是旋转，就有顺时针和逆时针两个方向。把我们的右手握拳，当四只手指沿着逆时针方向的时候，大拇指一定是向上的，这就记为自旋向上（↑）。反之，顺时针对应着大拇指向下，记为自旋向下（↓）。两个方向正好对应着电子磁矩在空间上的两种不同取值，也就对应着正常塞曼效应里分裂出来的向上和向下的两条额外谱线（图2-2）。

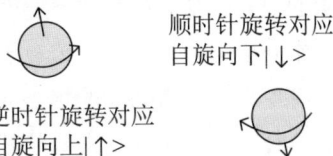

图2-2　电子自旋的两个方向的对应关系

从严格意义上来说，这个电子绕着原子核转的物理模型非常不严谨，但是又非常生动形象，所以在多次修订之后，自旋作为电子运动

"二值性"的说法也就保留了下来。实际上，"旋转"的是电子本身，每一个电子都有着向上（↑）和向下（↓）两种可能的自旋状态，只有自旋不同的两个电子才能共享同一个轨道能级（↑↓）。电子的轨道磁矩和自旋磁矩耦合成总磁矩，并且这个总磁矩的空间取向是量子化的，只能沿着特定的几个朝向，在磁场中不同朝向受到的影响不同，因而才有了塞曼观察到的谱线分裂。

自旋是电子的一种内禀属性，是其与生俱来的一种量子化的角动量。

电子的自旋严格意义上来说不能描述为上（↑）和下（↓），而应该描述为具有 1/2 的自旋。电子自旋的量子化取值可以取为 +1/2 与 −1/2。也就是说，电子每旋转两周，才能与自身重合。

这种自旋为半整数、旋转两圈才和自身重合的粒子统称为费米子，与之对应的是自旋取值是整数的玻色子。电子、质子、中子都属于费米子，光子属于玻色子。两个全同费米子对于粒子交换具有反对称性，所以相同的费米子在同一个量子系统中永远无法占据同一量子态，这称为泡利不相容原理。

在标准模型中，所有的夸克和轻子都是费米子，四种规范玻色子及希格斯粒子属于玻色子。依照组成粒子的自旋不同，复合粒子可以是玻色子或费米子。多个玻色子可以同时占据相同的量子态。

除了自旋，量子还有许许多多其他内禀属性，这些属性在整个动力学过程中保持守恒，是表征一个量子系统的状态参量，称为量子数。

对于原子内的单个电子来说，除了对应自旋和角动量的自旋量子数，还有对应轨道层级的主量子数、对应轨道角动量的角量子数、对应角动量取向的磁量子数等。

在一般条件下（室温、无磁、低密度、大气压力），拥有不同量子数的量子彼此之间的状态差异非常小，表现在实验测量中，就是互相混杂在一起，难以区分。

但是如果暴露在某种极端条件下，量子数的不同所带来的性质差异就会被放大，造成宏观物理化学效应上的差异。

比如外加磁场时，如果只是出现轨道量子数的差异，那么只有原子上能级会分裂，出现正常塞曼效应。若是轨道量子数和自旋量子数都有差异，两者之间的耦合会导致上下能级同时分裂，从而出现反常塞曼效应（图 2-3）。

外部环境条件的改变，会导致原本全同的量子系统依量子数的不同而显现出内生差异。这便是复杂多变的客观世界在量子动力

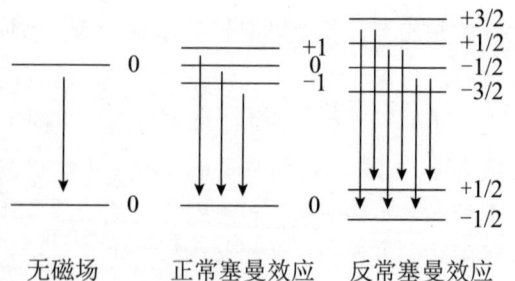

图 2-3　正常赛曼效应和反常赛曼效应

（图中标注）无磁场　　正常塞曼效应　　反常塞曼效应

$+3/2$
$+1/2$
$-1/2$
$-3/2$

$+1$
0
-1

$+1/2$
$-1/2$

学中的直观反映。

依据量子特性随外界环境改变的这一特点，量子系统可以成为非常灵敏的传感器，帮助我们感知到最细微的环境变化。

❈ 三、候鸟的"量子导航"生物罗盘

（一）孔雀为何东南飞

1935 年，巴黎大学文学院大厅里，中国年轻的留学生陆侃如正在进行他的博士论文答辩。

答辩会上，考官提出了一个刁钻的问题：孔雀为什么向东南飞，而不是向西南或西北飞？

《孔雀东南飞》是我国古代民间文学中的光辉诗篇，与《木兰诗》并称"乐府双璧"，讲的是汉末建安年间，庐江府小吏焦仲卿的妻子被恶毒婆婆赶回家后宁死不改嫁，最后投水而死，焦仲卿闻讯后"自挂东南枝"，随妻而去。该诗首句以孔雀为喻歌颂了忠贞的爱情，"孔雀东南飞，五里一徘徊"。

陆侃如略加思索，从《古诗十九首》中引经据典。他答道，为什么孔雀不往西北飞？因为"西北有高楼，上与浮云齐"。

这个机智的对答引起满堂喝彩，也传为了一段文坛佳话。

只不过在场的考官和考生绝对想象不到，这个问题的真正答案非常深奥，候鸟其实是利用了量子自旋对于磁场变化高度敏感的这一特性，才在万米高空中能准确找到回家的路。

事实上，除了孔雀，世界上大约 1/5 的鸟类都会进行季节性的迁徙（图 2-4）。斑头雁在每年从蒙古国到印度的越冬迁徙中，可以在没有任何顺风的帮助下，利用不到海平面氧气含量 10% 的可用氧气，飞越喜马拉雅山脉，最高飞行高度可达 7000 米。

2022 年，一只编号为 B6 的斑尾塍鹬从美国的阿拉斯加出发，以每小时 48 公里的平均速度，连续飞行了 1.3 万公里，一直飞到澳大利亚塔斯马尼亚州的越冬地，中途未停歇一次。目前，只

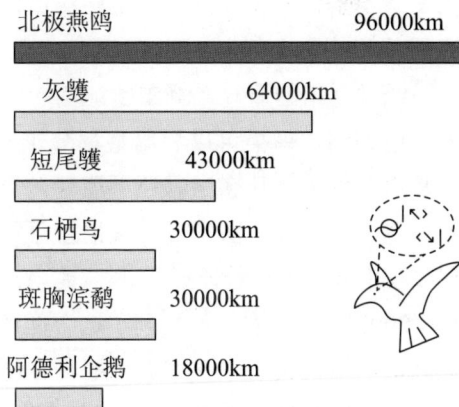

图 2-4　已知鸟类的最长迁徙距离

北极燕鸥　96000km
灰鹱　64000km
短尾鹱　43000km
石栖鸟　30000km
斑胸滨鹬　30000km
阿德利企鹅　18000km

有波音 777 这一种人造航空器可以在中途不加油的情况下不间断飞行这么长的距离。

为了在这样长的旅程里不偏离预定航线，鸟类会采用三种导航方式。在白天，鸟类可以依靠太阳在天空中的位置获得方位信息，确定东西。在晚上，它们还会像古代远航的水手一样，用星星指引方向，保持正确的航线。

这两种方式相结合，大体上可以确保不飞回头路。

而第三种导航才是真正的独门秘诀——鸟类脑子里还有一个"量子罗盘"。在量子罗盘里，原本成对的电子按照自旋的不同而分开，对环境磁场的变化极为敏感，可以提供相当高精度的地理坐标。

（二）一个科学家的大胆猜想

1978 年，德国普朗克生物化学研究所的科学家克劳斯·舒尔滕突然有了一个灵感。虽然大多数电子在原子轨道中以上下自旋的方式成对出现，但要是结合成了分子，这些外层轨道中的电子就有可能不成对，存在单独的孤电子。这些孤电子的存在使得化合物的净自旋可能不为零，有可能会使得化学分子对外界磁场变化变得敏感。

这种外层孤电子不成对的化合物分子活性非常强，在化学上称为自由基。当两个自由基通过化学反应同时产生时，就产生了一个自由基对。每个自由基对中总是会有两个不成对的电子（每个自由基中一个），它们有可能具有相反的自旋（↑↓），或是平行的自旋（↑↑），称为单重态和三重态。

在化合物的内部磁场（同样来自不成对的电子自旋）影响下，自由基中的孤电子对会表现出微弱的响应差异，因而开始由单重态变成三重态，再由三重态变回单重态，每秒发生数百万次变化，每次变化持续时间长达几微秒。舒尔滕认为，这种微妙的量子效应在适当条件下可以受到外部磁场的影响，从而对外界磁场变化做出反应，反应灵敏度比不考虑量子效应时弱上 100 万倍，正好等同于地磁场的变化。

经过几年的研究，舒尔滕证明了波动的磁场会改变自由基对在静磁场中的动力学行为。他预测，鸟类可以利用某种分子来达到这一条件，以实现长途迁徙中的量子导航。但是这个分子是什么当时还不清楚。舒尔滕后来移民去了美国，在理论化学领域干得相当出色，只不过他从来没有忘记自己年轻时提出的这套稀奇古怪的理论，仍然在业余时间孜孜不倦地收集着证据。

2000 年，人们终于找到了这个问题的答案。这一年，生物学家们发现了一种名叫隐花色素的蛋白质，广泛存在于植物、昆虫、鱼类、鸟类和人类体内。隐花色素中的一种叫作黄素腺嘌呤二核苷酸的化学分子可以吸收蓝光，并将光能转移到邻近的色氨酸里，创造出具有化学活性的自由基对。

隐花色素是唯一已知的可以在脊椎动物体内自然产生的光感受器，单单在候鸟的眼睛中，人们就发现了六种不同的隐花色素大分子。

2004年，舒尔滕的学生以欧洲知更鸟为实验对象，证明了电气设备产生的微弱射频噪声会干扰鸟类的生物罗盘，进而影响量子导航，令其丧失方向感原地打转。这一实验首次揭示了量子效应在鸟类环球导航中的重要作用，研究成果发表在该年度的《自然》杂志上。

2020年，德国奥尔登堡大学的研究小组证明，当某些夜间迁徙的鸟类使用生物磁罗盘进行量子导航时，其大脑里一个叫作N团簇（Cluster N）的区域最为活跃。这是一个负责接收和处理视觉信息的脑部区域。如果将欧洲知更鸟大脑中的N团簇切除，那么知更鸟仍然可以依靠太阳和星星粗略定位，只是无法使用地球磁场精确导航。该研究直接表明，鸟类的视网膜里存在可以进行量子导航的生物磁罗盘。

2023年，密歇根大学的研究人员发现，相关记录中鸟类迁移的频次，与监测站测得的地磁活动强度显著相关。在太阳耀斑爆发或是其他因素导致地球磁场出现大幅度变化的日子里，可以发现迁徙的鸟类数量明显减少。人类无法感知这些磁场，所以一直以来我们无法察觉这些天文事件。但是鸟类不同，它们一直都在用生物罗盘去"观察"这些地磁活动，以便在每年的迁徙中找到回家的路。

至此，鸟类脑子里"量子罗盘"的存在终于得到了证实。

（三）也说"量子"产业

鸟类使用磁场进行量子导航的能力是它们与生俱来的能力。候鸟从一个地方飞到另一个地方，在飞行中感受地球磁场在不同经纬度上的细微变化，再将这些变化与基因库里记载的目的地进行比对，进而确定每年的迁徙方向。如果雄鸟和雌鸟各自具有不同的基因编码的导航方向，那么它们的后代最终会表现出混合的中间态，一只向西南迁徙的鸟与一只向东南迁徙的鸟杂交，那么它们的后代就会向南飞行。

我国民间一直有赛鸽的传统，把一群鸽子运到千里之外，在同一时间放飞，最后较量谁家的鸽子最先完成长途跋涉回到家中。

1961年，国家体委正式把赛鸽列为陆上运动项目。1984年，中国信鸽协会成立，各地开始举办有组织的赛鸽赛事。截至2021年年底，省、市、县三级信鸽组织已达1300多个，注册中国信鸽协会会员超过40万人，中国信鸽协会所辖会员单位93家。全国各地拥有赛鸽公棚和赛鸽俱乐部达1400多个，年足环销售量已突破2000万枚。

2013年，陕西省一鸽棚在公开赛之后举行了获胜鸽的拍卖会，一场拍卖会就拍出了1100万元的总销售额，前两名赛鸽单只身价都在几十万元以上（表2-1）。

表 2-1　2013 年陕西威力公棚赛鸽拍卖数据

比赛名次	赛鸽足环	赛鸽羽色	隶属协会	成交价（万元）
1	13-10-160174	灰	江苏南京	70
2	NL13-1312549	雨点	荷兰	80
3	13-05-560015	灰	内蒙古包头	16
4	13-12-281642	灰	安徽滁州	14
5	13-26-230166	雨点	神木	14

（数据来源：中国赛鸽信息网）

2021 年一年我国的赛鸽足环（相当于赛鸽的身份证）销售额便高达 2877.36 万元，超过世界各国足环销售额的总和。当年度全国举办赛事 21842 场，赛事奖金总额有几十亿元之多，再加上鸽药、鸽粮、鸽钟、器材等附加产业，整个赛鸽业总产值超过百亿元，已经成为我国国民经济的重要一环。

从某种意义上说，信鸽产业也不失为最朴素的"量子"产业。

第二节　自旋电子学产业革命

⚛ 一、自旋和计算机存储

（一）自旋与磁效应

自旋是人们发现的第一种量子内禀特性，也是研究得最为透彻的一种。

在自旋被发现之前，人们对于电子的研究主要集中在电子的数量和运动上。带电的电子运动形成电流，电流的通断可以驱动电器在开与关两种状态间切换。

由此，人们构建起了基于 0 和 1 的集成电路，建立起了辉煌灿烂的信息文明。

而自旋的发现又开辟了一片全新的天地，现在人们不仅可以调控电效应，还可以基于自旋对磁场的敏感性，随心所欲地操纵和利用磁效应。

其实在发现之初，电流的磁效应并没有引起人们多少重视。原因很简单，磁场只会吸引带磁性的金属，对于非金属的物体很难造成什么影响。

以人体为例，电气行业规定的安全电压为不高于 36V，安全电流为 10mA，差不多相当于 20 节南孚电池串联在一起。超过这个数值，人体就会受到明显伤害，轻则被电流灼伤，重则当场变成焦炭。

但是磁场的影响就小得多了，要对一个成年人造成明显伤害，磁场强度至少要达到 200T。T 代表特斯拉，是国际单位制中磁感应强度的单位，定义为 1A 恒定电流的直长导线垂直放在均匀磁场中，导线每米长度上受到 1N 的力时对应的磁场强度。

在实际使用中，特斯拉是一个非常大的单位，人们一般采用一个小得多的非标准单位高斯（G）来表示磁场。特斯拉和高斯之间的换算关系是 1T=10000G。地球磁场强度差不多在 0.25～0.65G，安检用的通过式金属探测门的磁场强度不超过 1G。水电站里用的大型电动机定子磁铁表面的磁场强度大约为 1100G。哪怕是保健店里的磁疗床，在广告里的标称强度也就 6000G。

高斯这个单位得名于 18 世纪的德国天才数学家卡尔·弗里德里希·高斯，他被誉为数学王子、有史以来最伟大的数学家之一。但是好巧不巧，特斯拉这个单位是高斯的 10000 倍，所以无形中人们就总是认为特斯拉是比最伟大的数学天才还聪明 10000 倍的超人类，为这个发明交流电的美国工程师蒙上了一层神秘的色彩，以至于马斯克在进入电动车市场时还毕恭毕敬地选取了这个名字，为他的初创公司命名。

虽然几十上百高斯的磁场，对于非金属的物体来说，几乎起不到什么作用，但是相比于电流必须靠持续不断地通电来维持，磁场有一个显而易见的优势，那就是金属可以在相对较长的时间里保持磁化。哪怕在移除了外部磁场之后，磁性介质还可以在很长一段时间内保持原有的磁化方向。

所以人们很早就认识到了磁性的重要。古代的中国人把天然磁铁加工成针状，让其自由旋转，磁针在地磁场的作用下就会指向地球磁场的北极（大致对应着地理上的南极）。指南针后来成为"中国四大发明"之一，对人类的科学技术和文明的发展，起到了无可估量的作用。

后来，又有人逐渐意识到，除了与地磁场相互作用指示方向，磁性材料可以在很长时间内保留磁化方向和磁化强度，这一特性还可以用于存储记录信息。现在有记录可查的最早有关磁存储的文章是一篇发表在 1888 年 9 月 8 日的英国《电气世界》杂志上的评论，文章作者建议"采用磁性介质来对声音进行录制"。十年后的 1898 年，丹麦工程师瓦蒂玛·保尔森发明了第一台实用的磁性声音记录和再现设备。

利用磁性介质存储声音的原理非常简单。声音的声信号转换为电信号后传输到磁头，带动磁头磁化介质。声音越大，电流就越强，对应区域的磁性材料被磁化得就越彻底。读取时，磁头从磁性材料中获取磁场的变化，并将它们转换成强弱不一的电信号，这些电信号最终被转换为声音输出。

1928 年，德国工程师弗里茨·普弗勒默发明了录音磁带，可以存储几乎一切形式的模拟信号。他发明的磁带就是盘成卷状的长条纸带，纸带上用胶水均匀地粘着一层磁粉。磁带上每个位置的磁粉用于记录一段信号，通过磁头在磁带上写入和读取磁性痕迹来进行数据的存储和读取。

再后来，电子计算机出现的时候，工程师们亟须找到一种存储媒介，来存储计算机里 0 和 1 组成的二进制数字信息。这时候，人们又想到了磁带。磁场磁化除了有强弱有方向，可以向上或者向下，电子自旋也是有上和下两个方向取值的，正好对应着数字电路里的 0 和 1 的二进制取值。于是，人们又把磁带划分成一个个区域，用每个区域中无磁和有磁（或者磁化的不同方向）来代表 0 和 1，这些区域排列起来就是二进制的数字信息。

（二）磁与储存

IBM 公司在 1956 年推出的第一款磁盘驱动器 IBM 350 可以存储 500 万个 6 位字符（相当于 3.75MB），只不过长 1.5 米，高 1.7 米，重达 1 吨，必须用叉车搬运，稍远点就只能用专机来运输。

1970 年推出的 IBM 3330 直接访问存储设备，代号"梅林"，是当时容量最大、体积最小的存储设备，市场寿命达到了惊人的 13 年。与型号少一位数的前辈相比，经过十来年的迭代，3330 系列磁盘已经可以存储多达 100MB 的数据了，体积也小了许多，但还是相当于两台洗衣机那么大，售价为 56000 美元。要知道当年美国还未退出布雷顿森林体系，美元直接与黄金挂钩，可谓是货真价实的"美金"。

时至今日，磁带仍然是长期存储大容量数据的不二选择。目前最新式的存储磁带上涂抹的是纳米级磁性颗粒，不仅单位面积的有效存储颗粒变多了，而且物理性能更加稳定。一台现代立式磁带机有几百个磁带盘插槽，可以提供约 10PB 的物理存储空间，而且只需更换磁带就可以廉价扩展存储空间。一卷磁带的有效保质期长达 30 年，可以耐受各种极端环境的考验，是大数据时代性价比最高的数据备份方案。

但是在之后微型计算机向家家户户普及的大浪潮里，作为存储介质的磁带却遇到了一定的瓶颈。

瓶颈来自磁带易读不易写的特点。对于磁带来说，写入比读取要麻烦得多。读取信息只需要用带金属的磁头去试探磁带的对应区域有无磁性即可，但是要想写入信息，就需要引入一个强大的磁场，来把对应区域的磁信息覆盖掉并重新磁化。一方面，磁场越强成本越高，写入信息的设备成本要远远高于用于读取的设备成本，这对于大型计算机的目标客户来说不算什么，毕竟付出一点额外成本就能显著提高数据持久保存的稳定性是一笔划算的买卖，但是微型计算机的目标客户主要是价格敏感型的个人消费者，成本上能省一点是一点。另一方面，写入时使用的高强度磁场的影响范围势必也很大，很容易就把目标区域周围的地方也给覆盖影响了。这就导致了磁带的磁域密度不能太高，一段磁带只能存储那么多信息，再多的话写入时就会互相干扰了。

高昂的写入成本和笨重的存取设备，使磁带成了只适用于特定用户群体的专用设备。更普及的信息技术呼唤着更先进的存储设备。

二、巨磁阻效应和硬盘革命

（一）巨磁阻效应可用于信息存储

时间来到 1988 年，莱茵河两畔的法国和德国的物理学家艾尔伯·费尔和彼得·格林贝格在各自的实验室里分别独立发现了一种全新的自旋量子磁效应。

他们把分别只有几个原子层厚的具有磁性的铁和没有磁性的铬重复堆叠，组成类似三明治的铁铬多膜结构，这种多层结构在外加磁场下，每一层铁的磁矩方向都会发生变化，根据磁化方向的不同，会对电流造成显著的阻碍效应，表现为电阻随磁化方向发生巨大变化。

要知道在量子力学里，材料的磁化与材料中电子的自旋息息相关。如果各处的电子自旋取向杂乱无章，整体平均下来净自旋就是零，这对应着大多数没有磁性的材料。要是自旋取向高度一致，那么材料就会对外界磁场有反应，也就是有了磁性。一般来说，磁性材料的磁化方向与整体的自旋取向相同。

既然磁性材料中的电子自旋方向高度一致，那就说明有某种量子机制导致了这些电子在自旋上实现了宏观尺度上的同步。不管这个机制是什么，总会导致一个确定性的结果，那就是材料会表现出对沿着另一个方向自旋的电子的排斥。

现在我们考虑两层互相平行的铁磁金属层（图 2-5）。如果这两层铁磁金属层的磁化方向相同，那么总会有一个自旋方向的电子容易通过，而另一个自旋方向的电子会被散射。表现在电阻上就是材料具有一定的电阻，但又不至于大到完全隔绝电流。

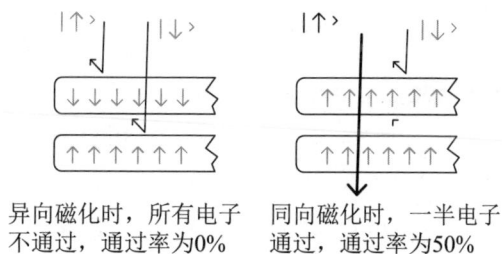

异向磁化时，所有电子不通过，通过率为0%　　同向磁化时，一半电子通过，通过率为50%

图 2-5　巨磁阻效应示意图

要是这两层铁磁金属磁化方向不同呢？这时候不管外界电子的自旋沿哪个方向，总会遇到一层方向不同的磁性层，从而被散射。这种情况下，材料就具有非常高的电阻，电流几乎无法通过。

通过简单改变表层铁磁金属层的磁化方向，可以让材料在容许一半电子通过的半导通状态和散射全部电子的绝缘状态之间切换，其电阻变化幅度高达50%，这种效应因而得名巨磁阻效应。

如果再引入额外的量子机制，那么这个电阻效应还会被进一步放大。2018年，美国华盛顿大学和麻省理工学院的课题组在《科学》杂志上刊文称，如果把三明治结构中的铬层替换为二维磁性绝缘体，巨磁阻效应的电阻变化率甚至可以提高到19000%，一跃提高400倍。

与传统的通过磁头磁化来读写数据相比，这种新型方式只需要改变其中一层几个原子厚的磁性材料的磁化方向就可以写入数据，而且读取时还不需要依赖磁场，只靠通电检测电阻变化即可。如此一来，磁盘的磁头只需要非常微小的磁场强度就行了，信息密度的限制也随之得以突破。

（二）硬盘存储容量的大跃进

20世纪90年代开始，巨磁阻磁头开始被大量应用于硬盘当中，带动了信息存储密度的大幅提升。

1991年，IBM推出采用磁化写入、磁阻读取技术的首款3.5英寸硬盘0663-E12（不到一本书大小），存储容量突破1GB，标志着民用存储领域正式进入GB时代。

1997年，IBM推出代号为"泰坦"的3.5英寸硬盘，第一次采用全套巨磁阻读写技术，存储容量达到16GB。到2000年为止，巨磁阻技术在全球硬盘生产中的渗透率达到100%。

2007年，日本日立公司引入垂直存储技术，推出了第一款容量突破TB级的民用硬盘。同年，巨磁阻效应的发现人彼得·格林贝格和艾尔伯·费尔荣获该年度的诺贝尔物理学奖。

> 以表彰他们发现巨磁电阻效应的贡献。
>
> ——2007年诺贝尔物理学奖获奖理由

在数字多媒体中，文字和音频对存储空间的要求非常小。一个中文汉字只需要两个字节来存储（采用GBK编码），100部世界名著加在一起差不多需要100多MB的存储空间。音频文件的大小与声道和采样率有关，记录的声道越多，音频流的采样率越高，音频文件的大小就越大。通常而言，一首常规的 mp3、wav 等压缩格式的歌曲文件在 3MB 到 10MB 之间，如果是 ape、flac 等无损压缩格式的话，一首歌差不多占据几十 MB 的空间。

视频文件通常要占据更大的存储空间。一般来说，一部两小时左右的电影，如果是 720P 的标清分辨率，压缩之后的大小在 1GB 左右；如果是 1080P 的高清分辨率，压缩后大小差不多是四五 GB。网络上可以下载到的清晰度最高的原盘电影指的是原版电影不进行任何修改和压缩的直接拷贝，一部原盘电影大概要占据 50GB 的存储空间。

所以从消费级硬盘在存储空间的演变中，就可以窥见信息产业消费市场的变化。当硬盘主流容量只有 MB 级别的时候，人们只能在电子设备里存储一些短篇幅的文本信息，再深度的内容就塞不下了。当主流容量演变到 GB 时，面向个人的数字文化消费市场刚刚兴起，人们可以在自己的电脑里保存几十首歌曲和上百部小说，差不多刚好能满足个人的文化娱乐需求。这个时候就算有少数先行者意识到了视频多媒体的重要性，也很难突破存储容量的限制让消费者接触到足够高清的视频流，人们还是要去影碟店里租碟观看电影和电视剧。

而巨磁阻技术的出现让计算机硬盘实现了从 GB 到 TB 的突破，TB 级的硬盘可以存储几百部高清电影，足以满足上千个小时的娱乐需求。到了这个时候，人们才第一次可以往自己的电脑里随意地下载电影和电视剧，视频才真正成为接受度最高、附加值最大的多媒体载体。

在几十年的时间里，自旋电子学的发展让计算机硬盘的容量增大了 5 万倍（图 2-6），体积减小了 99.99%，每 MB 字节的存储成本从 1956 年的 9200 美元（考虑通胀后差不多是现在的 68000 美元）降低到人民币 1 分钱。

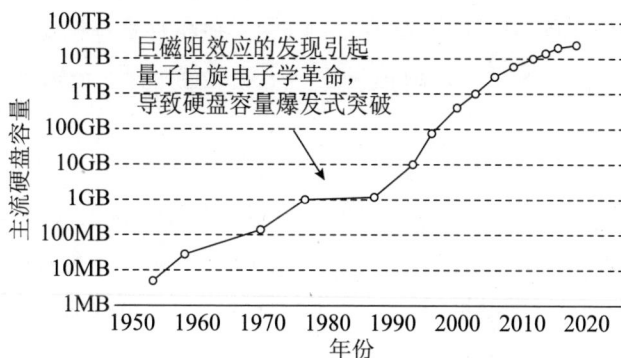

图 2-6　1950—2020 年计算机主流硬盘容量变化图

由此，计算机才有了小型化的可能，为如今人们随时携带的手机、平板、笔记本等便携设备的出现奠定了基础，真正走进了千家万户。

⚛ 三、从电子学到自旋电子学

（一）计算机存储设备

从一般意义上理解，电子信息工程主要是通过控制集成电路中的电荷流动和电流通断来实现信息处理和通信交互，其研究主要聚焦于电子的电效应方面。

巨磁阻效应的发现标志着电子信息领域正式从电子学研究迈向了自旋电子学研究，除了电子运动产生的电流，电子的自旋同样至关重要，能够影响集成电路的整体状态，实现电信号和磁信号的相互转换。

通过结合电与磁各自在信息处理、存储、传感和逻辑上的相对优势，自旋电子器件可以作为现有半导体电子设备的有力补充，在扩展性、功耗和数据处理速度等方面实现更多的突破。

在信息存储方面，越来越快的芯片处理速度和越来越高的信息水平使得对于数据存储的需求近几年以指数级的方式增长。

现代计算机所采用的存储设备主要分为两种，即内存储器和外存储器，简称内存和外存。上文提及的硬盘就属于用于存储程序数据信息的外存。

而内存是直接供中央处理器所使用的存储空间，保存的是计算机在运行过程中至关重要的中间数据。为了确保数据的读写速度能跟得上中央处理器的运行速度，内存最重要的性能指标是运行频率，也就是每秒钟可以读写多少数据。

目前，最主流的内存设备是动态随机存储器（dynamic random access memory，DRAM），也就是我们通常所说的内存条。一根内存条由许多存储颗粒组成，每个存储颗粒里面都包含着若干个记忆单元，通过记忆单元里电容所保存电荷数量的多少来判定当前处于 0、1 中的哪个状态。

DRAM 的结构相对简单，性能也很可靠，采用 DDR-5 标准的 DRAM 内存可以达到每秒 4800 兆次的读写效率，已经能够跟得上很多处理器的运行速度了。2021 年 DRAM 的销售额占全球存储器市场规模的 61.2%，已经超过了半数。再考虑到存储器市场在半导体产业中通常占比约 1/3，DRAM 占据了整个半导体产业总市值的 1/5。

但是 DRAM 有一个核心缺陷，它严重依赖于外部通电，是典型的易失性存储器。一旦断电，不仅所有的存储信息都会立即丢失，而且记忆单元中电容的意外放电还有可能对芯片造成损坏。

从 1990 年开始，人们就开始研发磁阻式随机存取内存（magnetoresistive random access memory, MRAM）作为 DRAM 的替代。与 DRAM 相比，MRAM 采用磁效应作为数据存储机制，可以不依赖于外部电源保存数据。一旦研制成功，计算机内外存分立的局面将成为历史，人们可以在同一张芯片里保存数据、处理信息，这将引发电子设备产业的结构性变化。

2006 年，卡尔飞思公司推出了第一款商用 MRAM，容量为 4Mb，但是受限于磁场的变化频率，其读写速度只有每秒 2 亿次，比同期的 DRAM 低了不少。目前，这款产品仍在军事、太空等对速度要求不高但对稳定性要求极高的场景里发挥着作用。

新一代的 MRAM 放弃了磁场读写方式，改为直接操纵电子自旋进行数据的写入、读取，这可以大幅提高读写效率，从源头上解决了核心问题。

2022 年 10 月，三星公司研究人员在 14nm 的逻辑工艺平台上实现了磁性隧道结堆叠的 MRAM 制造，这是目前世界上尺寸最小、功耗最低的非易失性存储器，每写入 1 比特数据仅消耗 25 皮焦，读取功率要求为 14 毫瓦，以每秒 54Mb 的数据速率写入时的有功功率要求为 27 毫瓦，与市售的 DRAM 产品相比，功耗减小了 100 倍之多。

2024 年 1 月，台积电宣布研发出采用自旋轨道转矩读写的 MRAM 产品，读写速度达到 0.1 纳秒级别，可以实现 7 万亿次读写的高耐久度，提供超过 10 年的数据存储寿命。目前，台积电正在基于这款产品研发 10nm 工艺的 MRAM 生产线。

虽然 MRAM 离最终投入实用还有很长的一段距离，但是这是最有可能替代 DRAM 的先进存储设备，在可以想见的未来，它必将再次掀起一场辞旧迎新的内存革命。

（二）自旋电子学

谈及电磁传感领域，在过去的十年里，基于隧道磁阻效应研制的自旋电子学磁场传感器逐渐取代了基于巨磁阻效应和传统霍尔效应的传统电磁传感器。与前一代巨磁阻传感器相比，隧道磁阻传感器在保持尺寸不变的情况下，可以达到 10 倍以上的灵敏度和工作范围，只需要万分之一不到的功耗，兼具优异的温度稳定性、极高的灵敏度、极低的本底噪声、超低功耗、高分辨率、较大的动态范围、更小的尺寸等特点，是固态传感技术的下一个发展方向。

为了在原本不具有磁性的功能材料中激发出磁学效应，人们还开发出了"自旋注入"的技术，从外部向非磁性材料中注入自旋电子，以提升材料的自旋极化率。近年来，科学家们在石墨烯等二维量子材料中通过自旋注入引入了外部极化电流，成功实现了长程磁性。未来，几乎所有的先进材料都必然是新型自旋电子学材料，它们在原有功能基础上，还兼具处理、存储电磁信号的能力。

自从电子自旋被发现以来，自旋相关的基础科学突破和交叉领域技术突破已获得 14 次诺贝尔奖，对现代社会和技术体系产生了极其深远的重要影响，带动了一次又一次的技术突破和产业革命。

> 自旋电子学是新一代信息技术发展和产业变革的驱动力量。自旋电子学具有明显的学科交叉特征，需要数学、物理、化学、材料、信息等多学科知识的深入融合，靠"单打独斗、各个击破"很难解决该领域的重大科学问题，需要各领域专家密切合作、协同攻关。
>
> ——2021 年国家自然基金委"走向自旋的未来信息时代"论坛主题

四、核磁共振和磁共振成像

（一）核磁共振成像

1938 年，波兰裔物理学家以色列·拉比（后来他为了和犹太人划清界限，改名为伊西多·拉比）开发了一种观测原子核的新技术。

拉比用电磁铁和线圈产生了约 0.2T 的主磁场，然后再把氯化锂分子束打进真空室，由此测得了氯元素和锂元素的共振吸收谱。

拉比所用的主磁场强度比地球磁场高了 10 万倍，比常见的磁场都强出许多（表 2-2）。在这种强磁场作用下，不同元素中电子磁量子数的差异会被显著放大，这时候再外加一个振荡着的射频磁场，就可以根据不同元素的原子核对射频磁场不同的选择性吸收，测得每种元素的具体位置和含量。

表 2-2　常见的磁场强度

磁场源	磁场大小
神经元细胞间磁场	0.5 pT
地磁场	80 μT
第一台核磁共振	0.2 T
商用核磁共振	0.5～30 T
最大人造磁场	730 T

拉比把他的发明称为核磁共振（nuclear magnetic resonance, NMR），并因此于 1944 年获得了诺贝尔物理学奖。

1945 年，美国物理学家费利克斯·布洛赫和爱德华·珀塞尔把拉比的核磁共振技术推广到了固体和液体成像上。他们发现，当主磁场的磁感应强度超过 0.7T 时，氢原子核对辐射的吸收会急剧增加，大幅提高了成像的清晰度和分辨率。

1952 年，珀塞尔和布洛赫获得了当年度的诺贝尔物理学奖。

> 为纪念他们发现了核磁精密测量的新方法及由此所作的发现。
>
> ——1952 年诺贝尔物理学奖获奖理由

1969 年，美国医生雷蒙德·达马迪安提出，核磁共振既然可以有效检测活细胞中钠和钾的组成占比，那么根据这几种元素丰度的不同，或许可以区分出生物活体内的癌细胞和非癌细胞。达马迪安成功地用老鼠实验证明了他的假设，不同类型的组织确实具有不同的磁响应行为，肿瘤的弛豫时间比正常组织长得多。

1972 年，达马迪安开始把这个想法付诸实践。因为核磁共振这个名字含有"核"，听起来就像有核辐射，很是让人害怕，所以他把核磁共振改名为磁共振成像技术（magnetic resonance imaging, MRI），并设计制造出了第一台磁共振成像仪。达马迪安给他的研究生助理拍摄了史上第一张人体磁共振成像，耗时 4 小时 45 分钟，图像里心脏、肺部、骨骼和肌肉清晰可辨。

磁共振成像的原理是对处于强静磁场中的人体施加特定频率的射频脉冲，脉冲波与氢原子核发生核磁共振而被吸收，进而检测出氢原子的分布。由于人体组成成分的 70% 都是水，身体各处都分布着不同浓度的氢原子，依据丰度和含量的不同，医生可以从图像中区分出不同类型的组织。

在磁共振成像进入临床应用之前，获取人体内部三维图像的唯一方法是使用计算机轴向断层扫描，也就是通常所说的 CT 扫描。CT 扫描尽管效果很好，但是有个致命的缺点，就是依赖放射性的 X 射线，X 射线对人体有辐射影响，并且还没法穿过骨骼，很难看到骨头附近的毛细血管和微小神经。

与 CT 不同，磁共振成像可以一次显示多个平面的图像，其检查精度堪比直接解剖。同时，通过切换使用不同的脉冲信号源，还可以实现对脂肪、水和蛋白质等不同类型组织成分中的氢原子进行针对性高精度成像，从而很容易看到生物组织的细微变化。

（二）敲开脑海的大门

除了氢原子核对磁共振具有特定吸收特性，生物组织自带的磁化率也会引起强磁场下的影像差异。在人体中，组织磁化率主要由血液里含铁的血红蛋白决定，因此，磁共振成像可以直接探测到血流量分布的细微差异。

1992 年，贝尔实验室开始使用磁共振成像研究人类大脑结构。戴着脑部扫描仪的志愿者被要求参与各种活动，进行各种想象、唤起不同情绪。与此同时，研究人员实时检测他们大脑皮层中不同区域的血氧浓度变化。大脑中哪个区域处于活跃状态，流向那里的血就最多，携带的血氧也就最浓。这种研究方法被称为"功能性磁共振成像"（fMRI），它帮助我们迈出了揭开人类大脑神秘面纱的第一步。

目前，人们已经可以将人的几种基本情绪对应到不同的脑功能区，仅仅通过观察受试者的大脑磁共振成像情况，就能预测出受试者此时此刻脑海里正在想什么。2016 年，美国杜克大学统计了基于脑部扫描结果的情绪匹配结果与真实情绪之间的交叉对比，发现预测准确度达到了 75%。

把这些脑功能成像的结果匹配起来，我们就可以得到关于人类大脑活动模式的计算机模型，进而精确读取大脑中的意识和想法。这方面最直接的应用就是脑机接口，通过植入式芯片直接将人脑的电活动或其他的生理信号转化为计算机可理解的指令或控制信号，实现人脑和计算机的直接连接。

2024 年，马斯克创立的脑机接口公司 Neuralink 完成了首例人体植入实验。志愿者是一个 29 岁的青年，他因一次潜水事故而高位截瘫，生活不能自理。在植入脑机接口芯片后，他已经可以直接用意识控制电脑鼠标，甚至还玩起了电脑游戏。

目前，脑机接口已成为新型医疗和下一代信息技术的重要一环，未来势必将带来全新的创新动能，带动相关技术跨界融合发展，其潜在市场规模在 2030—2040 年有望达到400 亿美元至 2000 亿美元。

> 脑机接口是结合材料技术、电子技术、信息技术、制造技术等多学科为一体的前沿技术，能实现多种疾病诊断、干预和治疗，在医疗、工业、教育、航天航空、交通等多个领域具有广阔发展前景和巨大市场潜力，是未来产业的典型代表。当前，全球脑机接口产业加速演进，为抢抓产业"奇点"机遇，打造高水平脑机接口产业高地，制定本行动方案。
>
> ——《加快北京市脑机接口产业发展行动方案（2024—2030）》

目前，磁共振成像已成为医学检查，尤其是脑部医学检查必不可少的诊断手段。与其他成像手段相比，磁共振成像不仅能更早地在疾病发展阶段检测出肿瘤，还能揭示大脑、小脑和脑干中如阿尔茨海默症、帕金森病、亨廷顿舞蹈症和多发性硬化症等各种退行性疾病的早期症状。

（三）磁共振设备的国产化之路

2021 年，全球磁共振设备市场规模达到 325.73 亿元人民币，其中，中国的磁共振设备市场规模突破百亿元大关。预计到 2027 年，全球的磁共振设备市场规模将接近 500 亿元。

改革开放以来，我国高度重视医疗产业与国际接轨，致力于为人民群众提供优质贴心的诊疗服务。但是由于高端医学磁共振仪器制造难度大、周期长，一直以来我国只能高度依赖设备进口，进口设备价格昂贵，维护困难，导致仪器长期紧缺，病人检查需要长时间排队等待，一时间磁共振甚至成为特需医疗的代名词。

1987 年，我国第一台永磁磁共振仪 ASM-015P 研制成功，虽然磁场强度只有区区 0.15T，但该成果随后被列入了 1989 年十大科技事件之一。

1992 年，我国引进了第一台 1.5T 磁共振仪。八年后，深圳一家公司通过核心部件外采、系统集成国产的方式艰难研制出了中国首台 1.5T 磁共振仪，并于当年投入使用。

2002 年，我国磁共振装机量同比增长 46%，创下了史无前例的 220 台，其中 66 台 1.5T，4 台 3.0T。

2013 年，我国磁共振装机量达到 4376 台，这个数字在十年后增长到 13242 台（图 2-7）。目前，我国相关技术企业已经在很大程度上实现了国产化替代，2023 年我国 MRI 国产化率达到 33.51%，这已经是相当可观的数字了，每台磁共振仪的平均成本已经由进口时的最低 3000 万元降低到了国产后的最低 260 万元，降幅接近 90%。

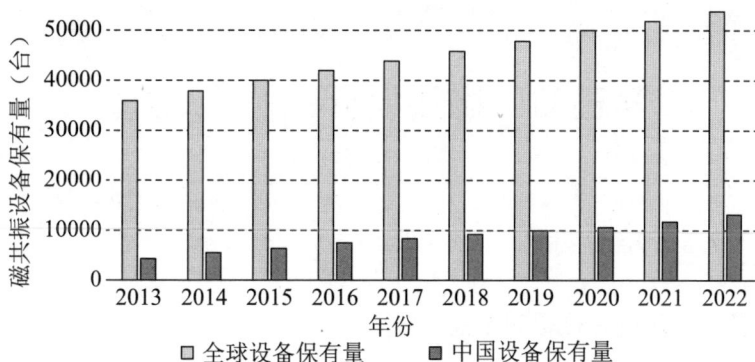

图 2-7　2013—2022 年全球与中国磁共振设备保有量变化图

（数据来源：华经产业研究院）

但是，我国在人均磁共振设备保有量上与发达国家仍然差距巨大。目前，我国每百万人拥有 9.38 台磁共振设备，不足主流发达国家平均数（约 30 台）的 1/3，距离排名第一的日本（57.4 台）更是差距悬殊（图 2-8）。我国先进医疗设备跃进之路仍任重道远。

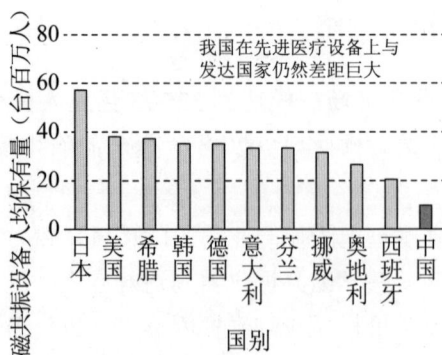

图 2-8　各国磁共振设备人均保有量
（数据来源：华经产业研究院）

> 发展智能化、远程化、精准化、多模态融合的高端医学影像装备，鼓励填补国内空白的创新影像设备产业化。重点突破核医学影像、超导磁共振成像……
> ——《北京市医疗器械产业提质升级行动计划（2024—2026 年)》

但可以相信的是，在不久的将来，我国必将迎来全面国产磁共振时代，届时我们必将实现真正意义上的"磁共振自由"。这项基于量子效应的医疗技术，已经带来了 3 次诺贝尔物理学奖、2 次诺贝尔化学奖和 1 次诺贝尔生理学或医学奖，也终将助力广大中国人民实现最真诚最朴素的愿望——身体健康，长命百岁。

第三节　微观世界的微观表征

⚛ 一、量子与量子精密测量

（一）量子态对环境变化极其敏感

量子有很多不同的特性。在宏观尺度下，这些特性间的差异非常小，以至于通常被人们所忽略。

但是，如果在一些极端情况下，让某种环境条件逼近量子效应的尺度，这些量子特性之间的差异就会被放大，进而表现为物体物理化学性质的不同。

如果我们人为地创造一个极端的量子态，使其恰巧处在不同特性和模式跃变的临界值上（就像站在跷跷板的中点，稍加摇晃就会上上下下），那么这种量子态就会对周遭环境极为敏感。一点点微小的改变就会引起量子态的剧烈变化，从而导致测量仪器上可见的示数变化。

通过这种手段，我们可以实现对特定环境变量的精密测量。这就是量子精密测量的基本原理。

研究人员可以用某种手段将单个的原子或离子分离出来，将其置于真空环境中封装，并冷却至低温。这种被孤立的量子就可以作为量子精密测量的精密探头，通过施加激光并追踪荧光模式的变化，我们就可以得知探头有没有发生量子态的改变，进而测量得到目标环境条件的变化情况。

1997 年，美国加州大学圣巴巴拉分校的研究团队报道了一种全新的量子测量方法。他们在天然钻石里发现了一些微小的瑕疵，这种瑕疵的大小只有几个原子那么大，瑕疵处的碳原子意外被替换成了氮原子。如此微小的原子级缺陷被致密稳定的钻石严密地保护起来，形成了一个绝佳的量子系统。同时，钻石还是高度透明的，外界光照可以直接穿透外层的钻石保护层，与包裹在其中的量子缺陷产生相互作用，进而实现量子测量。

这种利用钻石中的天然缺陷作为探测手段的量子系统称为金刚石色心结构（钻石在化学和工业应用中称为金刚石）。

在室温下，金刚石色心是具有毫秒量级的相干时间的固态单自旋体系，可以用光学共聚焦系统进行初始化和状态读出，并且能利用交变磁场实现单个自旋量子态的调控。基于金刚石色心可以实现极高灵敏度的磁信号量子探测器。

2013 年，德国斯图加特大学和中国科学技术大学的联合团队合作发现了如何使用金刚石色心结构实现室温大气环境下的有机体质子自旋测量。研究团队采用深藏在钻石表面 7 纳米以下的原子级缺陷，实现了对 125 立方纳米空间范围内超过一万组质子自旋的测量，这一成果标志着金刚石色心正式成为实用的量子探测器。

2024 年，合肥市举办了全国首届量子精密测量赋能产业发展大会。会上，国仪量子公司发布了全球首台商用低温版量子钻石原子力显微镜。该显微镜可以实现对新材料表面纳米级的精密测量，能精准识别出仅相当于地磁场十几分之一的磁信号，可用于 2 ～ 300K 宽温区下高分辨、高灵敏、定量无损的磁学测量。

> 量子计量筑基新质生产力，促进可持续发展。
>
> ——2024 年"世界计量日"中国特别主题

（二）量子测量穿透大地

如此高的测量精度，使得基于量子测量原理研制的精密量子传感器能够以前所未有的灵敏度和精确度探测自然，不仅可以获得前所未见的物理图像，有时还会带来意想不到的收获。

2004 年，欧洲航天局启动了一项代号为"蜂群"（Swarm）的地球探测计划，预计将发射三颗配备氦光泵量子磁力仪的卫星，在距离地面 450 ～ 530 公里的轨道上运行，目标是根据不同角度上地球磁场的强度、方向和变化，来绘制地磁场的详细地图，以便更好地研究地球的构成和地球内部的演变。

结果，传回来的地磁数据中，除了科学家们感兴趣的地球内部磁场演变相关数据，还显示全球各地的地表以下有分布不均的地磁干扰。这些干扰源来自何处呢？难道是好莱坞大片里躲藏在地底的史前怪兽？又或者是不见天日的外星人遗址？

一般人可能会沉溺于这些天马行空的猜想，但是不少聪明人马上就行动起来了。人们很快意识到，数据显示的这些地磁扰动，很可能就是大家梦寐以求的地下金属矿藏！

很快，嗅到商机的勘探公司立马大举跟进。2011 年，德国耶拿物理学高技术研究所研制出了低温亚微米级直流超导量子干涉器（SQUID）。这种超导量子干涉器以超导约瑟夫森结为基础，在实验室环境中可以达到 fT 量级的测量灵敏度。耶拿物理所很快把这个传感器投入运用，在海洋、地表、深空等多种环境的矿藏探测中大展身手。他们在西班牙探测到了世界上储量最大的黄铁矿床，又在德国图林根森林检测到了地下 800 多米深的白云榄岩侵入岩，还在芬兰北部拉普兰绿岩带发现了 1200 米深的镍铜铂矿床并准确绘制出了矿体分布形状。

2013 年，日本超导传感技术研究协会把超导量子干涉器技术推广到室温环境，并与日本金属矿业事业团携手开始了全球范围内的探矿，探测深度可达地下几公里。日本人的探测主要集中在东南亚和大洋洲，他们于 2017 年探测到了埋在澳大利亚南部 150 米深地下的铜、银、金、铅、锌等多金属矿床，次年还在泰国成功探测到一片两公里深的新油田。

与日本和德国不同，英美两国的量子测量走的是检测重力的技术路线。

地下矿藏的密度比一般的泥土要大得多，在重力场上也会引起差异性的扰动，只不过相对于磁场扰动来说要小得多。虽然重力测量对测量灵敏度和探测器技术要求更高，但是在探测范围上要广得多，可以探测几乎一切不限于金属在内的地下资源。

美国是全世界最先开展超导重力梯度仪研究的国家。斯坦福大学在 20 世纪 90 年代就开始了冷原子干涉重力仪的研究工作，这项工作的最早目标是进行引力波探测、空间重力测量等基础物理研究。2002 年，马里兰大学研发出了地面超导重力系统，可以实现比传统探测器高几百上千倍的测量精度。2019 年，加州大学伯克利分校把这套系统缩小到了车载规模，可以用皮卡车拉着跑，实用性更强，灵敏度更高。

2018 年，英国伯明翰大学研制出了世界上第一台具有实用价值的量子重力梯度仪样机，并成功进行了样机测试实验。2022 年，英国国家量子技术中心主持进行了世界上第一次在实验室条件之外的量子重力梯度探测实验。他们成功地在野外环境里找到了埋在地表下一米深处的户外隧道，这标志着量子测量迎来了又一个历史性时刻，人们终于可以以米级的精确度看穿水底和地下，能够用科学和技术赋予我们的另一只眼睛来看世界了。

目前美国规定，灵敏度优于 20pT 的量子磁力仪对我国严格禁运。在量子精密测量和地球物理探测方面，我国要想突破关键领域的"卡脖子"技术，依然任重而道远。

> 聚焦高精度量子操控与探测技术及其应用，发展量子增强的新原理、新方法，推动精密测量技术进步；突破量子操控与探测技术在高精度、高复杂度和可扩展性等方面的技术挑战，实现高精度量子地球物理探测；充分发挥量子平台和工具的优越性，突破经典技术探测极限，推动量子科学与各个领域的交叉研究。进一步提升我国量子科技基础研究的原始创新能力，为实现我国量子科技自立自强提供支撑。
>
> ——2024 年国家自然基金委《高精度量子操控与探测重大研究计划》

在磁力、重力传感以外，量子精密测量技术还在精密计时、长距离干涉探测、量子高精度温度测量、高特异性化学物质检测和高分辨率材料成像传感等方面颇有建树。

✸ 二、国际基本单位的量子化

（一）国际基本单位

人们对量子运动认知的加深及量子精密测量技术的不断发展，目前国际单位制中的各项基本单位已经全部替换为了量子化的定义表述。

国际基本单位又称公制单位，是世界上最普遍采用的标准度量系统。这套系统以长度、质量、时间、电流、热力学温度、物质的量、发光强度七个基本单位为基础，由此建立起了一系列相互换算关系明确的度量衡体系（表 2-3）。

表 2-3　国际基本单位制

物理量	常用符号	基本单位	对应中文
时间	t	s	秒
长度	l	m	米
质量	m	kg	千克
绝对温度	T	K	开尔文
电流	I	A	安培
发光强度	I_v	cd	坎德拉
物质的量	n	mol	摩尔

长度、质量及时间的国际基本单位是米、千克和秒。米和克的最初定义来自 1795 年法国大革命期间国民公会颁布的度量衡法案。1 米的定义是"经过巴黎的 1/4 经线（北极点至赤道）总长度的 1/1000 万"，1 克是"在冰融化时的温度下，体积等于边长为 1 厘米（1/100 米）的立方体的水的绝对重量"。

由于定义拗口、复现困难，1799 年，上台后的拿破仑效法两千年前的秦始皇，组织科学家统一法国的度量标准，铸造了一批标准的度量衡器。这批标准度量衡器采用白金制造，精心保存在法国国家档案馆里，不到万不得已绝不示众。但就算这样，标准度量衡器在几十年之后还是出现了一些锈蚀和偏差。1889 年，法国在举办纪念法国大革命100 周年的巴黎世界博览会时，又推出了一批新的铂铱合金制成的度量衡器，包括国际米原器和国际千克原器，这批衡器随后在当年的第一届国际计量大会上亮相。

秒的传统定义是太阳两次经过正午时刻的时间间隔的 1/86400。1956 年，这个定义又被修改为"自历书时 1900 年 1 月 0 日 12 时起算的回归年的 1/31556925.9747 为 1 秒"。与采用国际米原器和国际千克原器定义的米和千克一样，秒的定义同样是非常主观的，很难精确说明 1 秒到底有多长。

（二）量子化的国际基本单位

量子物理学建立起来后，人们发现量子世界里的状态变化原来是如此的微不足道而又严丝合缝。以电子为例，原子里的所有带负电的电子都是围绕着带正电的原子核运动的，每个电子根据自身能量的不同，占据着不同的运动轨道。每一条电子轨道都严格对应着一定的电子能量，同时也严格对应着一种特定的电子运动模式。

第一个被量子化的基本单位是长度单位米。1960 年，国际计量委员会通过决议，将米的定义修改为"氪 -86 原子在 $2p^{10}$ 和 $5d^5$ 量子能级之间跃迁所发出的电磁波在真空中的波长的 1650763.73 倍"。比起原本的国际米原器，这种量子化的定义更加稳定也更加普适，不仅不会随着时间自然变化，而且放之四海皆准，同样一个氪原子，不会因为它身处法国巴黎还是南美亚马孙雨林而改变自身的跃迁波长。这是真正的国际标准单位。

1983 年，米的定义又被修改为"光在 1/299792458 秒内在真空中行进的距离"。从这个定义出发，光在真空中的速度就严格是 299792458 米每秒，是一个精确到个位的 9 位整数。

1 秒是 1 分钟的 1/60，1 分钟是 1 小时的 1/60，而 1 小时是 1 天的 1/24。时、分、秒这些计时单位原本是为了更好地把一天等分成更精确的间隔，但是当时的人们绝对不会想到，地球的自转和公转也是有偏差的，每一天的长度都不甚相同。

由于月亮的存在，地球自转其实是一个非常复杂的动力学过程。天文记录显示，自公元前 8 世纪开始，每过一个世纪，地球自转周期就变长 2.3 毫秒，也就是说地球越转越慢了。

地球绕太阳的公转比地球自身的自转还要复杂许多。太阳的位置并不是一成不变的，整个太阳系也在围着银河系的中心进行着大公转，大公转的周期约为 2 亿多个地球年。同时，由于太阳通过核聚变不断损失质量，导致其引力减弱，地球轨道随之逐渐外移。根据推测，目前地球每绕太阳一圈，日地之间的距离就增加 6 厘米，公转也越来越慢。

为了更精确地计算 1 秒到底有多长，人们只能把目光从传统的天体运动上移开，转向更小更精确的量子世界中去。利用原子、分子的微观运动来标记时间的仪器就被称为原子钟、分子钟。

1949 年，美国制成了一个氨分子钟。这个分子钟使用氨分子的电子跃迁计时，精度可达 1/100000 秒，每 100 年才会出现 1 秒误差。

1955 年，英国国家物理实验室利用铯原子的电子跃迁，制造出了第一个真正意义上的原子钟。铯原子钟每隔 1.38 亿年才会积累 1 秒的计时误差。

1967 年的第十三届国际度量衡会议通过决议，将秒的定义修改为"铯 -133 原子基态的两个相邻的超精细能级间跃迁对应辐射的 9192631770 个周期的持续时间为 1 秒"。我们生活中的每一分每一秒，已经天然地和铯原子两个量子态之间的量子跃迁挂钩在了一起。

2014 年，中国计量科学研究院研发的"NIM5 铯原子喷泉钟"成功通过国际计量局的审核，正式成为国际原子时授时标准钟。国际原子时是由国际计量局主导的一种协调世界时，从全球 53 个国家 70 多个时间实验室的 400 多台原子钟获取数据，通过加权平均得到最终的授时结构。国际原子时授时标准钟是国际认可的精度最高的几台原子钟，负责对国际原子时进行最后的调试校准。除中国外，仅有法国、美国、德国、意大利等 7 个国家的 14 台铯原子喷泉钟获国际计量局认可，作为国际原子时授时标准钟。

科学家们仍在不断追求更先进的计时技术。2023 年，欧洲核子研究中心成功制造出铯原子的反物质——反铯原子，并通过对正反铯原子取平均的方法制备出了"反原子钟"，显著降低了计时误差。2024 年，美国国家标准与技术研究所利用钍 -229 的原子核跃迁开发出"原子核钟"，这种钟在 150 亿年内误差不到 1 秒。

2011 年，第 24 届国际计量大会全票赞成通过决议，将量子力学中的普朗克常数 h 定为 6.62607015×10^{-34} kg·m^2·s^{-1}，与此同时完成米和克的定义。

安培（A）、开尔文（K）、摩尔（mol）是衡量电流、热力学温度和物质的量的国际基本单位。在 2019 年启用的最新标准里，这三个单位和米一样，都是通过物理常数的方式定义的。其中，安培的定义与电子电荷有关，单个电子所带电荷定义为 $1.602176634\times10^{-19}$ A·s；开尔文温标与玻尔兹曼常数有关，玻尔兹曼常数等于 1.380649×10^{-23} kg·m^2·s^{-2}·K^{-1}；1 摩尔等于 6.02214076×10^{23} 个粒子，对应新的阿伏伽德罗常数。

坎德拉（cd）是表征发光强度的国际基本单位，原本的定义是"一根蜡烛所发出的光的强度"，目前最新的定义为"频率为 5.4×10^{14} 赫兹的单色光源在特定方向上辐射的发光强度"。

至此，国际单位制里的各个度量衡单位完成了彻底的量子化，见表 2-4。

表 2-4　国际基本单位制的量子化

物理量	基本单位	早期定义	量子化定义
时间	秒	一天时长的 1/86400	铯 -133 原子在基态下的两个超精细能级之间跃迁所对应的辐射的 9192631770 个周期的时间
长度	米	从北极至赤道经过巴黎的子午线长度的 1/1000 万	真空中光在 1/299792458 秒内前进的距离
质量	千克	在冰点下体积为 1 立方分米的纯水的重量	千克
绝对温度	开尔文	摄氏温标将 0℃和 100℃分别定义为水的熔点和沸点，0℃ =273.15 K	由玻尔兹曼常数所定义

续表

物理量	基本单位	早期定义	量子化定义
电流	安培	在半径为1厘米、长度为1厘米的圆弧上流通，并在圆心产生1奥斯特磁场的电流	由单个电子所带电荷定义
发光强度	坎德拉	整个辐射体在铂凝固温度下的亮度，定义为60坎德拉每平方厘米	频率为5.4×10^{14}赫兹的单色光源每球面角辐射强度为1/683瓦时的发光强度
物质的量	摩尔	物质的克数等于其分子量时的分子数量	由阿伏伽德罗常数所定义

⚛ 三、量子助力"穿墙"和"透视"

（一）人通过光的传播来看见物体

我们是怎样"看见"物体的？

要实现视觉感知，就要有外在光源。光源可以是太阳光、灯光、荧光，也可以是手电筒、手机或手表的光。

光源发出的光照射在物体上，被物体的表面、边缘和棱角散射。这些散射出来的光子携带了关于物体三维形态和空间位置的信息，在空间中传播一段时间后到达我们的视网膜，引起相应的生物化学反应，最后变成可以被大脑处理的电信号。

由于光线通常是沿直线传播的，要想看清，物体就需要处在我们的视线范围里，不能有遮挡。

但是很多时候，发生视线的直接接触是有风险的，就像尼采所说的那样，"你在凝视深渊的同时，深渊也在凝视着你"。士兵想要看清楚远处的敌情，就必须冒着脑袋被轰掉的风险把头探出战壕。要想知道诡异的门背后有什么，就必须首先把门打开。

为了看清拐角后面是什么，人们发明了镜子。光线遇到镜子会发生镜面反射，进行大角度的拐弯而保留大多数信息。把两面平行的镜子组合在一起，就形成了潜望镜。潜望镜让士兵们躺在战壕里就能进行战场侦察。

现代的光纤摄像头可以让光线在一次又一次的全反射中通过蜿蜒的光缆，最后成像。只要留有一条门缝可以塞入光缆，我们就可以看到门背后的景象，而不用冒着暴露的风险去打开门。目前，医学上用的内窥镜的管道半径最小已经可以做到几个毫米了，长度可达 10 米，可以在各种各样的难以接触、难以探查的环境中胜任成像任务。

从镜子到潜望镜，再从潜望镜到内窥镜，我们还能更进一步吗？

答案是可以。虽然在我们视线之外的物体散射出的光没法沿着直线直接到达我们的眼睛，但是这些光子是向四周均匀扩散的，要是遇到了各种障碍物，它们还会发生二次、三次甚至更多次的散射，散得更开、更稀疏。这些光子在反复的碰撞、反射、散射中也有可能沿着稀奇古怪的光路被我们所接收，只不过相比起背景光强，这些经过多次散射光子的数量实在是太少了，所以没法形成稳定的图像。

但是探查微弱现象正是量子测量的专长。如果能把这些散射的光子收集起来，精心分析，理论上我们甚至都不需要借助潜望镜、内窥镜等外部光路辅助，直接就能透过门缝，看清门背后到底有什么。

（二）利用量子测量看见拐角后的物体

2009 年，波士顿大学的研究团队在《自然》杂志上发文称，他们通过光子捕捉和计算机视觉重建，实现了对"恢复不透明物体的位置及看清物体后面被物体完全遮挡的场景"的成像测量。他们将相机和待测物体用一堵墙隔开，仅保留了一个拐角，让光线能够透出来。在拐角处，研究团队没有放镜子，而是又放了一堵刷着白漆的墙（图 2-9）。

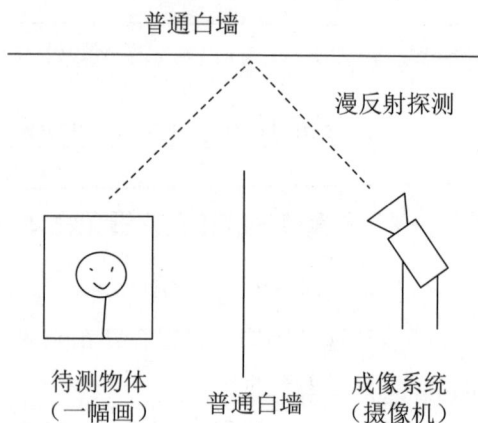

图 2-9　光子捕捉和计算机视觉重建系统示意图

正常来说，来自待测物体的光线遇到白墙会发生漫反射，向四周均匀散射，这种现象表现在人眼里就是略带光泽的高光白。但研究团队发现，这些看起来毫无章法的白光里，其实还是夹带了不少携带物体信息的光子。他们开发出了一套算法，将这些微量光子积累起来，最后居然重建出了墙背后待测物体的大致影像。

2015 年，麻省理工学院的研究小组改进了这项技术，改进后的系统增加了一个 LED 光源，可以实时检测到墙背后人体的复杂动作。最关键的是，这套系统不需要多么昂贵的高端镜头，仅仅用了一个 Xbox 360 游戏机的 Kinect 体感镜头，市场售价折合人民币才几百块钱，可见量子测量远比我们想象的更加便宜、更加实惠。

2022 年，英国格拉斯哥大学的研究团队将这种量子测量技术运用于汽车的激光雷达，成功地将传统的毫米级车载激光雷达的分辨率提高到了 7 微米。在可以预见的未来，车载雷达的预警范围将会更大、更远，甚至可以绕过拐角看清盲区里的行人。届时，自动驾驶将会迎来真正意义上的大爆发。

（三）量子测量的军事应用

量子测量技术就像游戏里的外挂一样，能"穿墙"，能"透视"。在战场上，信息至上，情报为王，谁能更早一步地看透迷雾，谁就能掌握战争的主动权。因此，几大军事强国都将量子技术视为国之重器，量子技术堪称下一代军事技术的"制高点"。

法国国防部从 2006 年起就开始不间断地资助量子重力仪的研发，并于 2016 年造出了第一台样机。与英美一门心思探矿的同行不同，法国对于量子重力测量的关注主要集中在水下气泡探测方面，首台重力仪生产出来的目标就是大范围绘制欧洲近海的海底地图。2020 年欧洲智库的一篇简报显示，法国的水下量子重力仪不仅可以用于检测海底形貌，还可以用于水下潜艇的特异性侦测。这种侦测不依赖声音，也不需要特定的动作模式，直接针对潜艇与周围海水的密度差进行侦测，侦测范围覆盖了目前所有型号的水下潜艇。

2022 年，法国政府通过了一项特别法案，继续拨款 18 亿欧元用于国防领域里的量子技术研发，其中的"重头戏"就是水下量子重力探测。靠着这笔经费，法国已经开始了重力仪的工业化生产。

2018 年，美国发布了《国家量子倡议法案》(*National Quantum Initiative*)，并于 2023 年将其补充到总统财年预算中。同年，美国国家科学和技术委员会依据法案，提出了在未来八年内将量子传感器付诸实践的国家战略报告。报告中概括了 5 类最有发展潜力的量子传感器，包括原子钟、原子干涉仪、光学磁力器、利用量子光学效应的装置和原子电场传感器。美国将继续探索这些量子测量技术的现实可行性，并大力扶持这些技术走出实验室，实现小型化、集成化、实用化，最终转化为实实在在的战略技术优势。

> 下一步的关键是制定总体机构方案、整合政策并提出具体发展计划，这些计划将整合到未来十年的总体战略计划中。具体计划包括：开发实现具体计算应用的量子处理器，用于生物技术和国防的新型量子传感器，用于军事和商业应用的下一代定位、导航和计时系统，通过量子信息理论理解材料、化学甚至重力的新方法，机器学习和优化的新算法，以及变革性的网络安全系统。
>
> ——美国联邦法律《国家量子倡议法案》

2023 年，欧盟发布了《欧洲量子技术宣言》，提出要共同创建一个横跨欧洲的顶级量子技术网络，使欧洲成为世界的"量子谷"，成为全球领先的量子创新地区。目前，27 个欧盟成员国中除爱尔兰以外的 26 国都签署了该宣言，并各自拿出了可观的资金资助相关实验室和研究团队，以促进欧洲高质量的量子研究成果转化为具有巨大经济和社会价值的市场化设备和应用。

> 统一和（或）协调欧洲主要国家和地区在量子技术方面的研究发展计划和倡议并开展合作活动，欧洲将与国际合作伙伴和相关政府标准化机构共同制定量子标准，致力于在全球量子研发领域成为领导者和标准制定者。……在量子计算和模拟、安全通信以及量子传感和计量等方面参与集体建设未来泛欧洲量子基础设施（包括在地球和太空上）的活动。
>
> ——欧盟国家间协议《欧洲量子技术宣言》

四、更高更快更强的粒子加速器

（一）极端环境中才能探索新规律

不同的量子在宏观尺度下难以区分，但是在极端条件下却能展现出截然不同的特性。

人为地在短时间、小范围里创造极端的高温、高压环境，就可以迫使量子演化出平时观察不到的特性和行为，进而发现全新的物理学基础规律。

1954年，意大利物理学家费米提出了粒子对撞机的最早设想。如果沿着地球赤道铺设一圈轨道，以6000km为偏转半径，让粒子在其中做圆周运动，再施加2T的加速磁场，就可以把电子能量加速到几太（10^{12}）电子伏特（电子伏特eV是衡量加速器能量的常用单位），再冲击标靶，就可以上演一个小规模的"大爆炸"，创造出未知的新粒子。

考虑到当时的技术水平，费米提出的"地球加速器"造价大约1700亿美元，需要40年工期。这乍一听起来高得不可思议，但是算起来也才不到美国在"二战"中投入成本的1/20，要是能联合起几个主流大国或许也不是不可能。只不过当时以美国为首的资本主义阵营挟"二战"胜利之余威，一头栽进了朝鲜战争的泥潭，这项世纪工程也就不了了之了。

"地球加速器"泡汤了，但是小一点的缩水版加速器还是可以造的。1962年，意大利弗拉斯卡蒂实验室抢先建成了世界上第一台正负电子对撞机，能量为250MeV，比费米的设想小了1万倍。次年，美国和苏联的对撞机也建设完成了，能量分别达到500MeV和130MeV，粒子物理正式进入了对撞机时代。

> 国际大科学计划和大科学工程是人类开拓知识前沿、探索未知世界和解决重大全球性问题的重要手段，是一个国家综合实力和科技创新竞争力的重要体现。牵头组织大科学计划作为建设创新型国家和世界科技强国的重要标志，对于我国增强科技创新实力、提升国际话语权具有积极深远意义。
>
> ——国务院《积极牵头组织国际大科学计划和大科学工程方案》

1983 年，美国建成了万亿电子伏特加速器。顾名思义，这台加速器可以通过长达 6.3 公里的加速轨道，将正反质子对加速到 TeV 级别，相当于光速的 99.99999954%。1994 年，万亿电子伏特加速器成功合成出顶夸克，这是目前已知最重的基本粒子，质量是质子的 100 倍以上，仅在宇宙大爆炸初期的几分之一秒内以自然状态存在过。

2008 年，欧洲大型强子对撞机（LHC）建成。这个庞然大物在来自全球 85 个国家的 8000 多位资深物理学家的通力合作中诞生，耗资超过 40 亿瑞士法郎。加速器周长 27 公里，贯穿了法国和瑞士的边境。通过直线加速器、质子同步推进器、超级质子同步加速器和主加速器的串联叠加，LHC 可以将质子加速到 6.5TeV，达到了费米构想能量目标的两倍还多。

爱因斯坦的质能方程可以写为 $E=mc^2$，其中 c 代表真空中的光速，物体的能量等于其质量与真空中光速平方的乘积。电子的静止质量大约为 9×10^{-31} 千克，即差不多 1 亏克，换算到静止能量相当于 0.511MeV。质子质量大约为电子质量的 2000 倍，相当于 GeV 级别的静止能量。加速器的能量越大，就越有可能凭空创造出全新的粒子。

2012 年，大型强子对撞机在一次对撞实验中发现了质量为 125.3GeV 的希格斯玻色子，从实验上证实了标准模型的正确性。提出该猜想的英国物理学家彼得·希格斯也于次年获得了诺贝尔物理学奖。

> 理论性发现了一种机制，有助于我们理解亚原子粒子质量的起源，最近欧洲大型强子对撞机 ATLAS 和 CMS 实验所发现的预测中的基本粒子对其进行了确认。
>
> ——2013 年诺贝尔物理学奖获奖理由

未来，欧洲核子中心还计划建设一台直径达到 100 公里的环形正负电子对撞机，起步能量就是希格斯粒子的能量，以期创造更剧烈更极端的环境，发现更多更基本的新粒子。

中国第一台高能粒子加速器北京正负电子对撞机于 1988 年建成，可以实现 150MeV

的正负粒子对撞，标志着我国实现了加速器领域大科学装置"零"的突破，正式跻身高能物理强国行列。在接下来的十多年里，我国取得了诸如 τ 轻子质量精确测量、R 值测量和 X 粒子发现等举世瞩目的成就。

2009 年，北京正负电子对撞机进行了新一轮升级，加速能量达到 6.4GeV，勉强追上了世界进度。

2018 年，中国科学院发布了关于新一代环形正负电子对撞机的《概念设计报告》，该项目预计耗资 400 亿元人民币，耗时 10 年。设计中的建设轨道直径同样为 100 公里，直接对标欧洲计划中的未来环形对撞机，只不过能量更高，功率更大。这台对撞机一旦建成，将成为人类在地球上所建设的最大的科学实验装置，费米的"地球加速器"设想在半个世纪后终于迎来了新的曙光（图 2-10）。

粒子加速器对撞能量

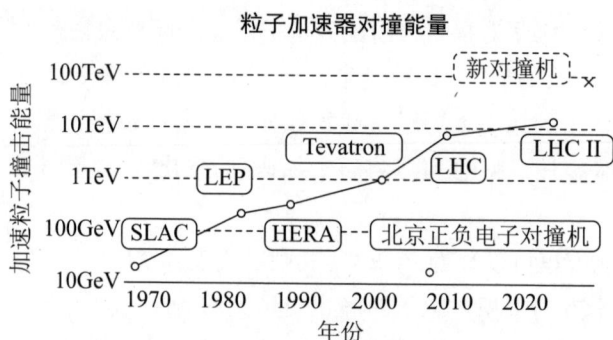

图 2-10　1970—2020 年粒子加速器对撞能量变化图
（数据来源：中国科学院）

（二）大型加速器的跨界应用

大型加速器不仅可以用于探索新的基础物理规律，其本身就是极其尖端的超大型综合性科学实验平台，可以实现诸多附加功能。

2021 年，清华大学的研究团队向国家发展改革委递交了一份项目建议书，首次提出了"稳态微聚束极紫外光源"的概念。稳态微聚束技术是直接利用加速器加速电子束流，以激发出高功率、高重频、窄带宽的相干辐射，波段可覆盖从太赫兹到皮赫兹。这给国产光刻机的极紫外光源攻坚提出了一个全新的替代思路。

所谓光刻机，就是以光为媒介，在芯片晶圆基底上雕刻出复杂的电路图案。光刻机所使用的光源波长越短，对应的能量就越高，就可以实现更高的加工精度，刻蚀出更精细的高性能芯片。

当前我国的芯片尖端产能停留在 7 纳米附近，主要原因就是没有国产化的极紫外（extreme ultraviolet, EUV）光刻机光源。极紫外光是一种波长只有 13.5 纳米的超高能量的激光，需要在真空下将熔融的锡滴喷射成等离子体，再由等离子体引导发出这种激光。我国只能制造深紫外（deep ultraviolet, DUV）光源的光刻机，深紫外光的理论最低波长是 203 纳米，比更先进的极紫外光的波长大了 10 倍。用深紫外光加工芯片，就像是用一把钝了 10 倍的锉刀在鸡蛋上雕花，其难度可想而知。以深紫外光为光刻光源的话，需要配合多重曝光等复杂技术，以牺牲良品率为代价，才能勉强做出精度在 10 纳米以下的芯片。

目前，全球的极紫外光源只有一家生产厂商，即总部位于荷兰费尔德霍芬的 ASML 公司。2019 年，荷兰签署了《关于常规武器与两用产品和技术出口控制的瓦瑟纳尔协定》，将最先进的极紫外光刻机列入出口管制，从此开启了对全球高端芯片供应链的"卡脖子"模式；2024 年，荷兰又将这一出口管制禁令扩大到了深紫外光刻机，叫停了 257 台设备的出口，总价值超过 7500 亿元人民币。

清华大学提出的"稳态微聚束极紫外光源"提供了一种全新的替代思路。既然我们的精密加工技术不够，造不出尖端的光刻机光源，而我们在大科学装置上的建树和造诣可是全球领先，那么在这样的情况下，我们完全可以彻底改换思路，不去想着怎么一级一级地放大激光能量，而是直接从大型粒子加速器中引出一股能量更高的粒子流，以层层减速的方式解离出一大堆波长各异的光束，再从其中挑选我们想要的极紫外光。

就好比说，从零开始用人工合成技术培育一颗足够大的宝石非常困难，但是如果我们本来就能挖出更大尺度的宝石矿，把宝石矿从大到小切削到适合配搭的尺寸显然是要容易得多。

这种光刻技术路线唯一的缺点就是没法做到 ASML 的光刻机那样精致小巧，必须背靠一个至少是几个足球场那么大的粒子加速器装置。但是，这至少为我们的技术发展开辟了一条全新的道路，中国的产业技术完全有能力开辟出独属于自己的中国道路！

我国是世界一流的科技大国，拥有世界一流的科研机构，理应做出世界一流的学术贡献，取得世界一流的科研成果。在国家科技创新体系中，大科学装置是最能体现国家竞争力的科研基础设施，不仅可以产出重大成果，还能带来极强的技术溢出效应，是培育新质生产力发展的关键支撑。

第三章

量子隧穿：
不可阻挡的量子

第一节　量子力学的隧穿效应

❀ 一、穿越一切的量子隧道

（一）两点之间直线最短

很多人说，高铁的出现彻底变革了传统的路桥专业。

这是因为，原本修桥修路，不仅要考虑设计的荷载能力和预定的起止点位，更是要结合地形起伏和山川走势，怎么样拐更多的弯、分更大的岔，以便少打一条隧道，少修一座桥梁。

怎么样拐弯、分岔，是一门手艺活。一般的混凝土公路，几万块钱就能修一公里，但是要是打隧道的话，这个价格可能也就只能勉强打一米多的隧道。所以要想省出成本，用有限的本钱修建尽可能长的公路，就要仔细规划，沿着山势转弯。越是山区人迹罕至处就越需要这样的精打细算，云南昆明市有一条盘山公路，短短 7 公里拐了 68 道弯，刷新了"弯最多"公路的世界纪录。

但高铁的修建是不计成本的。车速达到每小时几百公里时，轨道上哪怕稍微大一点的拐弯和起伏都有可能对动车组的正常行驶造成影响。所以，高铁的设计规划也就非常简单粗暴了，直接拿尺子在两点之间画条直线，遇山开山，遇水过水，弯弯绕的那些传统手艺活因而也就彻底失去用武之地了。

正因为如此，中国高铁年均 3000 公里的增长速度才震惊了全世界，只有最有实力、最具家底的泱泱大国才能支撑这样的手笔。

2008 年，我国建成了第一条高铁——京津城际铁路，全长 113 公里，设计时速 350 公里，将北京、天津两大直辖市间列车由原来运行 2 小时左右缩短至 30 分钟左右。

此后，中国高铁实现了从追赶到并跑，再到领跑的历史性发展。单单 2023 年一年，我国铁路网就新增了贵南高铁、广汕高铁、丽香铁路等 34 个项目，新线路里程增加了 3637 公里，其中高铁 2776 公里，占比超过七成。截至 2023 年，国家《中长期铁路网规划》提出的"八纵八横"高速铁路主通道已建成投产 3.64 万公里，约占设计总规模的 80%。预计最迟到 2025 年年底，我国高铁总里程将突破 5 万公里大关。

纵横全国的高铁网络的背后，是遇山开山、遇水架桥的魄力。截至 2023 年，全国共建成高速铁路隧道 4178 座，总长 7032 公里（图 3-1）。

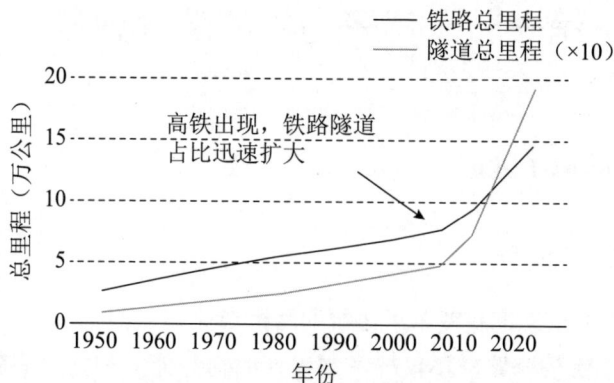

图 3-1　1950—2020 年中国铁路及铁路隧道里程变化图
（数据来源：国家统计局）

这是个什么概念呢？如果把全国高铁隧道单拎出来，在世界铁路里程排行榜上可以排到第 28 名，仅次于匈牙利（全国铁路总里程 7945 公里），比横跨亚非的地区性大国埃及（全国铁路总里程 7024 公里）还多。

但是如果是在量子世界里，这却是稀松平常的状态。

（二）量子有概率无视障碍前进

衡量一个微观粒子运动能力的标准是粒子的能量。一个粒子具有的能量越高，其运动能力就越强，自由运动中能够到达的范围也就越大。

在经典物理学中，粒子能否逾越障碍，取决于很简单的数值大小比较。每一个障碍都可以表示为一个具有一定能量的势垒，要是粒子的能量高于势垒的能量，那就可以穿过，否则就会被阻挡。

就像我们走在路上遇到了路面塌陷，只要塌陷的深坑的宽度小于我们小跑一下一步能够跳过的距离，那我们就能顺利越过深坑。反之，如果我们跳不远，而坑又太深太宽，那显然就只能另想办法，绕路走了。

而在量子物理学中则不然。量子力学认为，粒子穿越障碍的行为纯粹是一种概率性结果。粒子的能量与障碍势垒的高度越是接近，这个概率就越大。要是能量不足，障碍太高，这个概率就会降低。

也就是说，哪怕粒子的能量高于障碍势垒的高度，粒子也不会 100% 地有把握越过。我们只能说，高于势垒能量的粒子有较大的概率（可能是百分之九十九点很多九）越过障碍。

从另一方面而言，粒子穿越障碍的概率不管怎么降低，总归不会降到零。无论粒子的能量是高是低，遇到的是什么样的屏障，总会有一定的概率直接无视能量壁垒，径直穿越而过。

这个效应叫作量子的隧穿效应。

一维方势垒的隧穿概率公式：

$$T = \left[1 + \frac{e^{kL} - e^{-kL}}{16\varepsilon(1-\varepsilon)} \right]^{-1}$$

隧穿概率 T 与传播参数 k、障碍物距离 L 和粒子能量 ε 有关。

粒子发生隧穿的概率与障碍物距离成反比，与粒子携带的能量成正比。只要障碍势垒的高度是有限的，粒子总有一定的隧穿可能性。

讨论物理变化的时候，经典物理是线性、连续的，量子物理是非线性、离散的。而到了谈论可能性的时候，经典物理又变成了绝对离散的对与错，而量子物理反倒论起线性过渡的概率分布了。

✷ 二、波粒二象性和物质的概率波

（一）总是能穿透屏障的粒子

量子隧穿效应是人们最早发现的量子力学效应。

1899 年，新西兰物理学家欧内斯特·卢瑟福在研究放射性物质时第一次发现了辐射。经过整理，卢瑟福把他发现的辐射归为三大类，分别用三个希腊字母来命名，称为 α、β 和 γ 射线。

三种射线的穿透力一个比一个强。α 射线在空气中的射程非常短，一张薄薄的 A4 纸就可以阻挡。β 射线可以穿过纸张，传播得更远，只有几毫米厚的铝板才能有效隔绝 β 射线。而 γ 射线穿透能力更强，几乎可以穿过已知的大多数物质。

以表彰对元素蜕变以及放射化学的研究。

——1908 年诺贝尔化学奖获奖理由

后来经过后续实验，人们发现，所谓的 α 和 β 射线其实是两种粒子。α 粒子由两个质子及两个中子组成，与氦的原子核组成相同；而 β 射线其实就是原子衰变时放射出的高

能、高速的电子。γ 射线则不一样，它是波长不足 0.01 纳米的高能电磁波，是真正意义上的射线（图 3-2）。

这个发现随即又引发了几个问题。

首先，如果 α 和 β 线是实打实的粒子的话，那为什么它们可以穿越物体屏障呢？粒子撞到金属板，难道不该像人撞到墙一样发生碰撞弹回来吗？

对于这个问题，经典物理学的解释是原子与原子间其实是有一定空隙的，致密的原子核只占原子总体积的一小部分。如果将原子比作

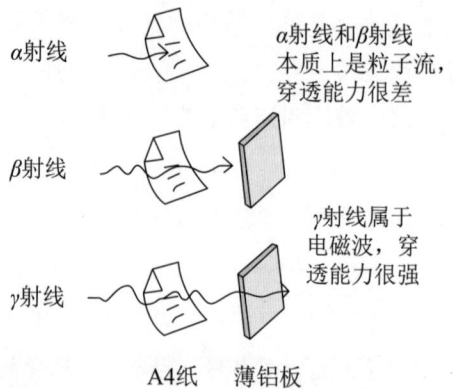

α 射线和 β 射线本质上是粒子流，穿透能力很差

γ 射线属于电磁波，穿透能力很强

A4 纸　薄铝板

图 3-2　α、β 和 γ 三种不同的辐射射线

地球，那么原子核差不多就只有操场大小，所以体积很小的 β 射线（高能电子）可以轻松穿过，而体积大一些的 α 粒子透射能力就差一些。

其次，既然 α 粒子也是由质子和中子组成的，本身就是致密原子核的一部分，那么它肯定是牢牢束缚在原子内部的。观测到的 α 粒子动能远远小于它被束缚在原子核里的势能，那为什么在衰变过程中 α 粒子还能逃逸出原子核，变成 α 射线辐射呢？

经典物理学对此便束手无策了。虽然温度高低会对微观粒子的动能产生一定影响，但是总体上也高不到哪里去。致密原子核里的原子核力和结合势能就是一道不可逾越的屏障，把质子和中子牢牢地束缚在一起，使它们不得分离。

量子隧穿效应就在这个背景下隆重登场了，这是唯一能够成功解释原子核 α 衰变的理论，因而很快就得到了学术界的广泛认可，成为最早被人们认识的量子力学效应。

从字面上理解，量子隧穿指的是量子化的微观粒子在遇到障碍时，有一定概率可以在屏障上打一个"隧道"洞穿而过，就像现在的高速公路穿山而过，而不用再费劲地在盘山公路上转圈圈。

（二）量子世界的波粒二象性

但这种理解方法其实并不是非常严谨，仍未脱离经典物理学的思维惯性。要更深入地感受量子隧穿的实质，就必须理解量子世界里的波粒二象性。

波粒二象性最早是光学中的一个术语，指的是光既可以看成由质量为零的光子组成的粒子流，又可以视为以光速传播的电磁波。这个概念虽然令人费解，但是可以很好地解释光学实验中发现的诸多现象，因而慢慢地也就成为大家的共识。

1924 年，一个年轻的法国物理学家路易·德布罗意在他的博士论文里提出了一个大胆的想法。德布罗意提出，如果光既是粒子也是波，那么这个结论有没有可能对于一切物质都是适用的。每一个物体都同时既是粒子又是波，光可以是光子或是光波，电子也可以对应着一种电子波，人也同时是人波。只不过大多数粒子太大太重了，所以我们很难观察到它们的波动性，只有质量非常小的微观粒子在一些特定条件下才会表现出可被观测的波动行为。

很快，德布罗意预言的电子衍射就被实验证实了，这个看起来荒诞不经的理论也因而成为后来量子力学的基础。五年后，年仅 37 岁的德布罗意就获得了 1929 年的诺贝尔物理学奖。

> ……发现了电子的波动性，以及德布罗意对量子理论的研究而颁发此奖。
>
> ——1929 年诺贝尔物理学奖获奖理由

（三）物质既是粒子又是波

物质的粒子性是很容易理解的。粒子就是小球，体积越小、能量越高的粒子就会以越快的速度运动，要是撞上了其他东西就会发生碰撞，导致弹性或非弹性散射。这和我们日常生活里的直观感受是一致的。

物质的波动性反映的是其像波一样传播扩散的一面。物理意义上的波指的是可以传递的振动模式，水波、声波都是波的一种。与粒子相比，波最大的不同之处就是波是具有波长的，可以在一定程度上绕过传播过程中遇到的障碍物。波长越长，波绕过障碍物的能力就越强，越能传递到更远的地方。

一些长波的波长可以达到几十甚至上百公里，这种波称为甚长波，仅仅是发射这些长波的天线可能就长达几公里，功率动辄几十万瓦。长波的绕射和穿透能力非常强，绕过大山大河都不在话下，连百米深的海水都可以穿透，可以和长期深潜在海底的潜艇保持通信。出于这个原因，可以接收发射甚长波的长波电台也就成了非常重要的军事设施，是衡量一个国家海军实力和海洋控制力的关键标志。

与长波相比，短波的穿透力就弱得多了。短波无线电的波长通常在几米到几十米的范围，相应地在传播中也只能绕过尺度在这个量级的障碍物，遇到大一点的山、高一点的楼可能就没办法了。采用中短波作为传播媒介的多为地方广播电台，覆盖范围一般也就一个地级市，稍远一些的距离就需要多个电台级联转发。这也导致了从广播时代进入电视时代后，我国的有线电视也多是以地方电视台为主体，这种情况在很多幅员没那么辽阔、山地占比不是那么突出的国家里很难见到。

波长再短到毫米量级，就是红外光了，温度高于室温的物体发出的热辐射就对应着这个波长范围。也正是因为波长比可见光要长，红外光对障碍物的穿透性更好，红外热成像常常被用于紧急状况下的环境侦察。消防员可以利用热成像搜救仪，穿过浓烟在火灾中精准找到被困的人员；驾驶员可以利用红外防眩光装置，更好地看清路况安全驾驶；黑夜环境中的特种作战，也需要依赖红外热成像来识别敌情、看清环境。

总结起来，波长代表了波的穿透能力。波长越长，透射能力越强，但携带的能量越低；波长越短，越难以绕过障碍，因而在性质上也就越像实物粒子。最短波长的电磁波已经和粒子没什么两样了，以至于在很长一段时间里，人们一直把 γ 射线（波长小于0.01 纳米的电磁波）叫作 γ 粒子。

德布罗意所提出的波粒二象性理论其实正是这个逻辑的进一步推广。我们生活中所见的各种物质、各类粒子，可以看作波长非常短的物质波，正是由于波长极短，因此在一般情况下很难观察到穿透障碍的波动特性（图 3-3）。

量子世界本身就不是一般情况。微观粒子的质量越小，对应的德布罗意波的波长也就越大，因而也就具备了一定的波动性，面对障碍时就有可能发生量子隧穿。

从严格意义上来说，量子化的物质波其实是一种概率波，对应的是粒子在空间中不同地方分布的可能性。既然是波，概率波就有波峰和波谷，分别对应粒子最有可能和最不可能出现的地方。从物质波的角度来看，一个运动的粒子可以表示成一道在空间中传播的概率波，随着时间的推移，粒子最有可能出现的地方（即概率波的波包）在不断移动，对应着粒子发生的空间位移。

长波无线电波长可达几公里

电子的波长大约是几皮米

可见光的波长大约是几百纳米

石头的波长只有零点零零几亏米

图 3-3 不同波长的电磁波和物质波的对比

这时候，如果在粒子的运动路径上，也就是在概率波的传播方向上出现了一个障碍，只要障碍对应的能量壁垒不是无限高的，那么总是有那么一小部分概率波可以穿透障碍，继续传播到障碍后方的自由空间里。这部分透射过去的概率波分布就对应粒子洞穿障碍的概率（图 3-4）。也就是说，只要障碍是有限的，粒子总是有概率发生量子隧穿的，隧穿概率与障碍物的能量与长度成反比。

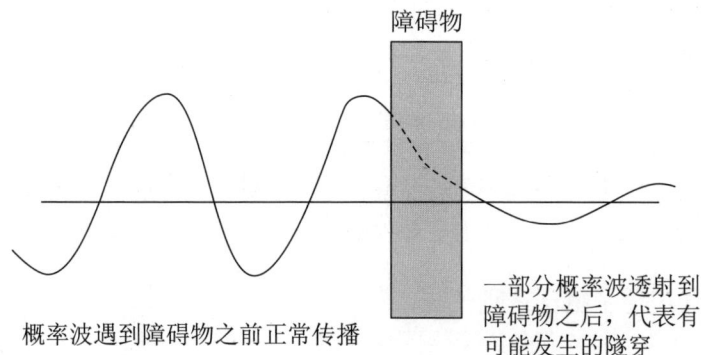

图 3-4　物质概率波的透射导致量子隧穿效应

量子隧穿效应同样也是海森堡不确定性的直接体现。粒子在空间上的位置是不确定的，一个有限的壁垒只能在一定程度上约束粒子的分布，而不能彻底地将其禁锢。

既没有绝对的不可能，也没有完全的确定性，这就是量子力学的本质所在。

三、嗅觉背后的量子原理

（一）嗅觉源自感官的神经冲动

人有五种基本的知觉感官，称为五感，分别是视觉、听觉、嗅觉、味觉和触觉。

其中，嗅觉或许是最不起眼的一种知觉，如果没有受过特殊训练的话，很多人可能都说不出自己到底能闻出多少种不同的气味。2020 年暴发的新冠病毒的一大并发症就是暂时性的嗅觉失灵，北京地坛医院的临床数据表明，约有 32% 的新冠阳性患者伴有不同程度的嗅觉失灵症状。但是大多数人甚至根本没有意识到自己嗅觉功能的弱化，对生活也没有造成多大的影响。

但是从基因图谱上看，嗅觉系统对应的基因组成在人的全部基因组里占到了接近 3%。在所有其他生理系统中，只有负责清除异物、守护生命健康的免疫系统才有这么高的基因量。为了实现嗅觉，人体费了九牛二虎之力才维持起一套庞大且精密的感官通路，把空气中的微量气味分子转化为神经信号。

1991 年，美国科学家理查德·阿克塞尔和琳达·巴克从编码气味受体的基因入手，发现了哺乳动物识别气味分子的受体。他们在人体中一共发现了 347 种嗅觉感受器，每一种感受器对应一类特定的气味分子，多种感受器相互配合可以产生超过一万种独特的嗅觉神经信号。这是人类第一次揭示了嗅觉形成的生理机制，两位科学家因而获得了 2004 年的诺贝尔生理学或医学奖。

> 以表彰他们在人体气味受体和嗅觉系统组织方式研究中作出的杰出贡献。
>
> ——2004 年诺贝尔生理学或医学奖获奖理由

人体感知不同分子的感受器找到了，对应不同气味的气体分子也找到了，嗅觉形成的源头和终点都已经明确了，唯独需要解答的问题：两者之间是如何联系起来的？

（二）我们通过量子隧穿辨别气味

这最后一块欠缺的拼图正是气味分子中电子的量子隧穿效应。

当我们深吸一口气的时候，吸入的气流便会裹挟着各种气味分子进入我们的鼻腔。这些气味分子由不同数量的原子组成，具有独特的形状，也有着独特的振动模式。就像拨动粗细不同的琴弦会产生不同频率的振动一样，形状、质量都不同的气味分子在运动的时候也会表现出不同的振动频率。

我们鼻腔里分布的许许多多嗅觉感受器各自有不同的本征频率，在呼吸带来的气流影响下，这些感受器同样以不同的频率振动着。如果某一种感受器正好与具有相同振动频率的气味分子相匹配，这两者就会发生共振。在相同的振动频率作用下，气味分子和嗅觉感受器之间的距离越拉越近，最终达到了可以触发量子隧穿的阈值，使得电子从气味分子里逃逸出来，洞穿到了鼻腔内的感受器中，进而引发神经元放电，形成特异性的嗅觉神经信号（图 3-5）。

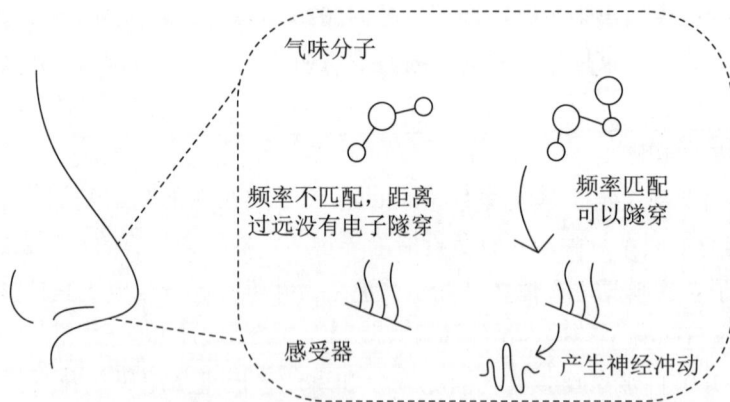

图 3-5　鼻腔中的嗅觉感受器通过量子隧穿感受气味分子

如果感受器和气味分子的振动频率不一致，那么它们之间的距离是时远时近不断变化着的，很难锁定到足够近的距离，相应地也就几乎没有发生隧穿的电子。

也就是说，我们的鼻子可以闻出来的，其实是来自不同振动模式的气味分子上隧穿而来的电子。换句话说，我们闻到的其实是各种分子的振动频率。

（三）根据分子结构定制香味

一旦了解了原理，嗅觉也就没有那么神秘了。我们完全可以从各种化学分子的结构入手，直接推算出它们对应的空间构型和振动频率，并由此推断出可以触发共振的嗅觉感受器。

所有化学式中带有苯环的碳氢有机化合物都具有"芳香性"，因而闻起来都应该具有类似香料的芳香气味。酒里的乙醇（C_2H_5OH）和含甲醇（CH_3OH）的工业酒精在分子结构上都有一个羟基（-OH），所以两者闻起来也应该非常相似，不真正喝上几口，即使是再厉害的酒鬼也很难分辨出掺了甲醇的黑心假酒。假如乙醇的羟基（-OH）被替换成了形态完全不同的巯基（-SH），那么其振动频率就会发生相应改变，气味也会明显不同，会从美酒的浓香变成类似臭鸡蛋的恶臭。

如此一来，气味的鉴别就从完全主观的评价，变成了有客观标准的化学式判别了。只要摸清了量子隧穿和分子振动之间的关系，我们或许就可以直接按需设计出具有特定气味的物质来。

香味和气味的评鉴迄今为止还属于一个非常高端的奢侈品产业。2022年，全球化妆品市场规模超5600亿美元，其中仅香水一项就占据了将近10%的市场份额。香水是效果看不见、摸不着，只能远嗅而不可近观的气味产品，要调制出新的香水，只能依靠变换配方不断尝试，所以一直以来香水都是各大奢侈品厂商最核心的业务。单单香奈儿一家的香水产品，就依据男士、女士、商务、日常等几大分类划分为十个香型和上百种香味，其产品线之复杂、分类评价之烦琐，让不少试图插足香水市场的潜在竞争者望而却步。

从某种程度上说，烟、茶、酒也是高度依赖嗅觉感受的消费品。红酒、白酒等高度酒里除了令人陶醉的酒精，往往还混杂着上百种不同的化学分子，这些分子具有不同的味道和气味，混杂在一起就构成了神秘莫测的口感。

为了评鉴酒的口味，酒厂还必须聘请专门的品酒师和侍酒师，就是为了把发酵过程中相关分子的细微变化通过专业化的评价量化为相对客观的参考指标，以便更好地调节后续生产工艺。一旦能摸索出一款口感清香、味道醇正的酿酒配方，往往就能沿用百年，成为造福一方的非物质文化遗产。

2020年6月，贵州茅台以1.8万亿元人民币的总市值和营收、利润"双千亿"的惊人业绩一举超越工商银行，成为A股市值最大的上市公司。越是经济不景气、人们对未来预期不乐观的时刻，就越能凸显出精心钻研味道和气味的传统产业的魅力。

在未来，等到人们对量子的运动行为能有更进一步了解的时候，我们将可以直接根据实际需要，随心所欲地"设计"出想闻的气味、想品的清香，到那时，香水、美酒这些手工业都能迎来各自的量子化升级，量子产业的革命浪潮也将更彻底地重塑我们生活的方方面面。

⚛ 四、世界起源的偶然和必然

（一）加速的基因变异过程

量子隧穿效应意味着在量子的尺度上，一个粒子永远无法被真正禁锢起来，我们充其量只能以较大的概率在较长的时间内将特定粒子保持在某个特定的位置。时间一长，再小的逃逸概率也会累积起来，粒子也就会发生隧穿突破能量壁垒，回到自由运动的状态。

物质总是在运动着，物理规律总是能为自己开辟前进的道路。在绝对的不可能中寻求相对的可能，这正是生命意志的魅力所在。

事实上，生命意志的动力在很大程度上也源自量子效应。

记载生物生长发育信息的是细胞 DNA 里以碱基对形式保存的遗传密码。自 20 世纪 50 年代发现 DNA 结构以来，科学家们就一直在寻找导致 DNA 变异的根本因素。

要知道，DNA 是一种自带备份的双保险结构，两条螺旋长链上的碱基两两结合，互为备份。如果一条链上的碱基在复制时出现小偏差，就没法和另一条链上对应的碱基互补结合了，这种朴素的纠错机制确保了只有两条长链上的碱基同时发生变异，对应的遗传信息才会产生相应的变化。

在如此严密谨慎的自纠错机制的作用下，导致生物进化的基因突变又怎么会发生呢？人们只能把这些突变归结为环境辐射和病毒入侵导致的 DNA 损伤，只有在保护机制被某种因素破坏的情况下，遗传基因才有可能变化，从而产生出不一样的后代。

早在 1963 年，就有人开始从量子力学角度思考生物的遗传变异问题。DNA 里两个碱基的配对本质上是一个化学过程，两个化学分子之间交换质子，进而形成氢键，将两个碱基牢牢地结合在一起。质子既然是一种量子尺度的微观粒子，那就必然遵从量子力学定律，如果在氢键聚合时用于交换的那个质子发生了量子隧穿，那两个碱基之间就有可能出现空隙，从而容许突变发生。

进入 21 世纪后，计算机的大发展让科学家们终于可以仿真模拟大分子在量子尺度上的动力学行为了。

2014 年，科学家借助计算机模拟，首次发现了 DNA 中的质子转移现象。在 DNA 形成过程中，质子会在碱基对的两端进行隧穿跳跃，从 DNA 链的一侧跃至另一侧，这种隧穿跳跃的频率比人们想象的要高得多（图 3-6）。

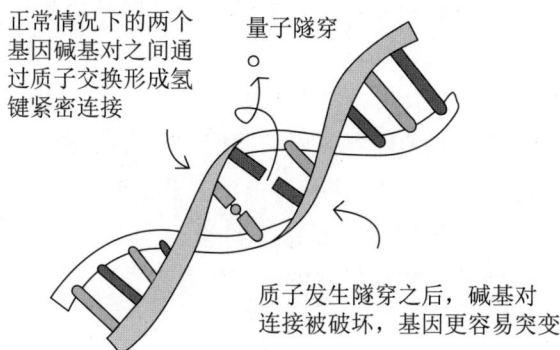

正常情况下的两个基因碱基对之间通过质子交换形成氢键紧密连接

量子隧穿

质子发生隧穿之后，碱基对连接被破坏，基因更容易突变

图 3-6 量子隧穿过程加速基因突变

2017 年，又有人提出了更为完善的模型，计算得出这种量子隧穿导致的 DNA 不稳定性虽然持续时间很短，但是发生频次非常高，以至于在任何给定时间里，一个细胞的 DNA 中可能同时存在数十万个隧穿导致的不稳定互变异构体。而且 A-T 碱基对之间质子隧穿的反向势垒要比 G-C 碱基对低得多，前者更容易发生量子突变，而后者更能稳定保存遗传信息。

2020 年，美国杜克大学的研究团队通过往 DNA 分子里引入同位素的方式，首次观察到了证实 DNA 中质子转移的实验证据。他们发现，质子隧道的存在打破了人们一直以来对于 DNA 结构稳定性的看法，量子效应会抑制 DNA 碱基对中互相连接的氢键，让原本一成不变的化学结构变得充满活力，产生大量的量子突变。这些量子突变虽然转瞬即逝，但大概每一千个量子突变中就会有一个留存下来，最后成为稳定的基因突变。当这样的基因突变积累到一定程度时，最终才能导致进化的发生。

（二）量子世界里没有不可能

量子效应不仅使基因的突变和遗传成为可能，而且在各种对生命活动至关重要的生物化学反应过程中扮演着重要角色。

在一些蛋白酶催化的反应过程中，只要涉及质子转移和氢键形成，都有可能出现量子隧穿效应，进而大幅提高反应速率，加速物质合成或是代谢分解的过程。从 2003 年开始，所有涉及生物酶反应的计算机模拟算法都必须加上表征质子量子隧穿的修正效应，否则计算出来的反应效率就会远低于实际结果。

在漫长的进化过程中，我们的身体已经变成了熟练掌握量子规律的"量子大师"，巧妙地借助物理规律以最优的成本和最高的效率维持着各项生命活动的有序进行。

量子隧穿最大的魅力，就是善于在不可能中创造可能。量子力学效应不仅让生物在极其稳定的代际传承中开辟出了变异进化的前进道路，而且还是我们所生活的这个世界最初诞生的根本原因。

在遥远的宇宙空间里，温度极低，物质极度稀疏，粒子与粒子之间的距离极其遥远，以至于任意两个粒子都没有足够的能量克服彼此间的真空阻隔而互相作用。所有的反应都无法进行，因而也就没有新物质的生成和转换。这里没有一点生机，只有无尽的死寂。

这是被称为"热寂"的关于宇宙前途命运的假说。在这一假设描绘的可怕图景中，由于宇宙的不断膨胀，物质会不断地远离彼此，终有那么一天，一切都将被遥远的距离所阻隔，万物终归于寂寥。

我们所生活的这个宇宙的前途和命运真的就早已注定了吗？一切发展的终点只有永恒的寂寥吗？

> 人类问："瓦克，一切都结束了吗？宇宙还能不能从混沌中重新变回原来的样子？到底能不能？"
>
> 瓦克说："数据不足，无法获取答案。"
>
> 人类的最后一个意识融进了瓦克。整个宇宙只剩下停留在超时空的瓦克。
>
> ——艾萨克·阿西莫夫科幻小说《最后的问题》

（三）星系和天体经由隧穿而诞生

但凡有绝对和注定出现的地方，量子效应总是能带来意外的可能性。

2008年，美国科罗拉多大学在《科学》杂志上发表了一项新的研究成果。科学家们发现，即使分子冷却到几乎处于无碰撞运动的状态，彼此之间仍可发生化学反应。在分子之间几乎完全不可能发生接触的极端情况下，量子隧穿效应仍然有可能发生，分子总会有一定的概率，穿越重重屏障，结合形成新的大分子。而大分子又会带来大的引力和势场，进一步增加新反应的可能。

这项研究表明，哪怕在最极端最寒冷的无尽死寂里，量子隧穿效应也保证了物质之间反应发生的可能，绝对的不可能中总是能孕育新的可能。

科学家们用极为稀疏的氢离子和氘离子进行了模拟实验，他们将气体密度稀释到极低程度，又把环境温度降到仅高于绝对零度几百纳开尔文的温度。在这种情况下，离子平均每移动 1000 亿次，才有可能发生一次隧穿。但就是这极小的概率，让原本绝无可能发生的化学反应有了那么一丝希望。随着实验时间不断延长，发生隧穿的离子越来越多，无数的偶然累积在一起就成了必然。最后，几乎所有离子都发生了反应，彼此结合产生了新的产物。

量子隧穿确保了物质在极端条件下仍有变化和发展的可能，这对于天体的早期形成至关重要。

由于星际介质非常寒冷，经典的离子碰撞和化学反应几乎不可能发生，但粒子在低温下移动得更慢，这反而增加了发生隧穿的概率。只要时间足够长，星际间游离的气体离子也能互相作用，尘埃聚集成团块，团块构成星球，共同形成更致密更庞大的天体。

量子效应的本质是无法抑制的运动和变化。基于量子规律构筑起来的这个世界，也因而在不断地发展和前进。运动是一切物质的根本属性，是一切生机和活力的根本来源。

要真正认识这个运动着的世界，就要深入认识物质运动的基本规律和客观准则。而要认识物理运动的规律和法则，就必须认识其背后最微观、最本质的量子规律。

第二节 量子探针开启了纳米大门

⚛ 一、扫描隧道显微镜

（一）距离越近，电子越可能发生隧穿

扫描隧道显微镜（scanning tunneling microscope, STM）是量子隧穿效应最直接也是最成功的应用。

量子隧穿的概率取决于障碍物的势垒高度和距离。两个物体间的距离越远，隧穿的概率就越低；反之，距离越近，就越有可能发生隧穿。

如果用一根极细的针尖靠近物体表面，那么电子就有可能从带电的针尖上隧穿进入物体中，形成隧道电流。隧道电流的大小直接取决于针尖与物体表面的距离，距离越近，隧穿的电子就越多，形成的隧道电流也就越大。

如果把这个针尖固定在电机上，让其可以上下移动，通过改变针尖高度来调节针尖和材料之间的距离，进而让针尖和材料之间的隧道电流保持不变，在这种情况下，针尖与物体表面的距离就是恒定的，针尖的上下移动反映的正是扫描过程中物体表面的起伏。如是，我们就得到了关于物体表面原子级精度的形貌图（图 3-7）。

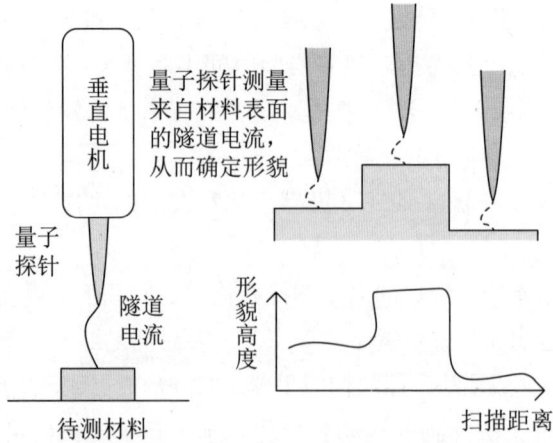

图 3-7　扫描隧道显微镜工作原理

更简单的做法是让针尖以一个恒定的高度从物体表面扫描而过，测量所得到的隧道电流的变化情况，电流的变化直接反映了物体表面的形貌起伏。但是，如果物体表面凹凸不平的话，针尖就有可能撞上某处凸起，从而造成损坏。

这两种测量方式对应着扫描隧道显微镜的恒电流模式和恒高度模式。

第一台扫描隧道显微镜于 1981 年由德国物理学家格尔德·宾宁及海因里希·罗雷尔在 IBM 位于瑞士苏黎世的苏黎世实验室发明，两位发明者因此与电子显微镜的发明者恩斯特·鲁斯卡一同分享了 1986 年的诺贝尔物理学奖。

（二）非接触式的高精度扫描

在扫描隧道显微镜发明以前，人们通常使用扫描电子显微镜（scanning electron microscope, SEM）或透射电子显微镜（transmission electron microscope, TEM）来进行高精度的分辨表征。这两种仪器都依赖高精度的电子流作为探测光。电子束的波长比光波短得多，因而可以看得到更深入的空间细节。

当电子束照射到物体表面时，根据物体表面形貌的不同和导电性的高低，电子可能发生反射、散射、透射或折射，通过测量电子的散射（扫描电子显微镜）或是透射（透射电子显微镜），就可以得到物体表面的高分辨图像。

与这两种电子成像显微镜相比，扫描隧道显微镜有几方面的优势。

首先，扫描隧道显微镜的扫描针尖始终与物体表面保持一定的距离，二者足够接近却又没有发生实际接触。这就意味着测量过程不会对被测物体造成破坏，该测量方式是理想的非接触测量。与之相对的是，在电子成像过程中所使用的高能电子束往往会击穿样品，在探测位置留下不可逆的损伤。

其次，扫描隧道显微镜的分辨率完全取决于带动针尖扫描的步进电机。由于测量的是样品不同位置的高度差，因此只要步进电机以纳米级的精度逐点扫描，那么就可以获得原子级别的高分辨图像。而要实现同样的分辨效果，电子成像必须将电子束聚焦到非常小的范围，这不仅需要很高的设备成本，而且可能会使单位面积内的电子密度过大，导致样品进一步被破坏。

最后，在低温下，扫描隧道显微镜还可以突破距离限制，利用探针尖端直接接触、操纵、移动单个分子或原子。在这种情况下，扫描隧道显微镜不仅可以作为纳米精度的显微镜，更是可以化身为纳米精度的加工仪，直接实现物体表面的原子级微纳加工。

在研发出扫描隧道显微镜三年后，宾宁又在其基础上加以改进，提出了原子力显微镜（atomic force microscope, AFM）。与扫描隧道显微镜相比，原子力显微镜不仅可以探测针尖与样品间因量子隧穿产生的隧道电流，还可以测量范德华力、毛细力、静电力、磁力、卡西米尔效应力等多种原子间作用力。这些效应导致的针尖微小起伏通过一组精心设计的光学镜头组得到放大，变成可以量化表征的测量结果。原子力显微镜也因此成为精度更高、适用性更强的新一代高精度显微镜。

扫描隧道显微镜、原子力显微镜、扫描电子显微镜和透射电子显微镜合称四大显微设备，是纳米工业中表征原子级精度最常用的分辨仪器。

目前，人们还在不断改进扫描隧道显微镜，使其具备更多功能，以便进一步揭开原子世界的神秘面纱。近常压扫描隧道显微镜可以运行在各种气体甚至液体环境里，可以对样品表面上进行着的各种化学反应和物理变化进行实时成像。超高真空超低温扫描隧道显微镜则与之相反，运行在极高真空和极低温度环境中，这时样品表面的原子热运动基本停止，可以进行长时间扫描，实现极高分辨率的表面成像。时间分辨扫描隧道显微镜集成了超快激光探测系统，可以利用激光的超快脉冲特性同时实现时间和空间上的高精度测量。

二、通往原子世界之路

（一）量子探针直接操纵原子

1990年4月，在位于硅谷的IBM公司阿尔马登研究中心里，一群科学家正在鼓捣扫描隧道显微镜。他们用扫描探针一点点地挪动原子。每次挪动一小段距离，就重新进行一次扫描，以确定原子的实时位置。

经过 22 小时的连续奋战，科学家们成功实现了对单个原子的重新排列，首次在一小片镍晶体上用 35 个氙原子拼出了该公司名称"IBM"3 个字母，字母宽度在 3 个纳米内。这几个字母的高度只有印刷体字符的 1/200 万，相邻原子间间距仅 1 纳米。此举打破了之前由斯坦福大学创造的世界最小字母的书写纪录，这也标志着纳米工程的诞生。从此，人们终于掌握了直接操纵微观原子的技术。

借助扫描隧道显微镜，人们可以把一个原子放大到一个乒乓球的大小。这相当于放大了整整八九个数量级，差不多相当于把一个乒乓球放大到地球那么大。

靠着如此强大的放大能力，人们可以直接在原子层面上操纵物质，取得了很多原本想都不敢想的成就。

1999 年，康奈尔大学的研究人员使用专门设计的扫描隧道显微镜，夹取出单个一氧化碳分子，并将其移植到铁原子上。移植过来的一氧化碳分子与铁原子在 13K（−260℃）的低温下发生了成键反应，形成了连接彼此的化学键，形成了 $FeCO$ 和 $Fe(CO)_2$ 分子。

几年后，又有人实现了更复杂的原子级化学反应。人们将碘代苯分子牢牢地固定在铜单晶表面的原子台阶处，利用纳米针尖将碘原子从分子中剥离出来，再把留下来的苯活性基团推到一起，就形成了新的联苯分子。

纳米探针不仅可以将分子聚集在一起发生化合反应，还可以从已经形成的化学分子中把特定原子基团挑出，在原子层面上随心所欲地构建想要的化学结构。

这相当于我们可以直接把课本里的化学反应规律全部抛诸脑后，对于任意一个化学式，只需要从不同的原料里把化学式中所需的各个原子和基团挑拣出来，凑到一起，就可以直接得到对应的化学产物（图 3-8）。

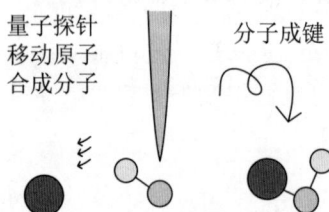

图 3-8　量子探针移动原子直接合成化学分子

如果给扫描隧道显微镜的纳米针尖通电的话，那么在测量原子形貌的同时，还可以测量样品表面的能态密度分布。配备多根探针的多探针扫描隧道显微镜（MP-STM）将多个扫描探针集成在一起，在保持测量隧道电流的同时，利用余下的几根探针充当电极，进一步探测、表征、操控原子级的空间能势分布。

2013 年，美国橡树岭国家实验室的研究团队开发了一款采用四探针并行测量的扫描隧道显微镜，两个外部探针提供电流，两个内部探针测量电压，实现了对原子级缺陷周边的电子散射情况的可视化高分辨成像。

2017年，北京大学的研究团队成功研制出国内首台超快扫描隧道显微镜，实现了飞秒级时间分辨和原子级空间分辨，并捕捉到金属氧化物表面纳米尺度的动力学行为。这是人们首次在原子尺度下观察到了环境对化学反应的重要影响，为后续新型功能材料的开发提供了全新的思路。

（二）材料学进入了超高精度时代

在超薄二维材料中，像空穴和掺杂这类不到1纳米尺度的原子级缺陷，都有可能对邻近的电子传输造成显著影响，进而改变材料整体性能。这时候，扫描隧道显微镜就可以展示出它的强大之处了——它不仅能将这些原子级缺陷以极高的分辨率展示出来，还可以像美颜相机一样直接修复缺陷，移去混入的掺杂元素，填上缺失的原子空穴，直接在原子尺度上进行修补。

人们已经证实，外加偏压脉冲的纳米探针可以与p型掺杂的石墨烯反应，产生局部高电场，进而对钙、钴等带正电荷的杂质元素产生排斥力。带电的探针在扫描石墨烯形貌的同时，可以像挑毛豆一样将石墨烯上吸附的钙元素和钴元素给打出去，从而实现对石墨烯材料边探测边修复的保真成像。同样，在单层石墨烯－六方氮化硼的异质结构里，六方氮化硼的电荷可以与纳米探针上的电场发生相互作用，人们可以在扫描的同时对局部范围里的氮化硼施加偏压脉冲，从而通过调控六方氮化硼缺陷的电荷态，来进一步精细控制石墨烯的局部掺杂。

除了可用来探测和操控材料表面的分子，扫描隧道显微镜也可以配合如非弹性电子隧穿等技术进一步对分子进行"微创手术"。在施行手术时，研究人员将往扫描隧道显微镜的纳米针尖里注入带电载流子，这些带电粒子流就像一把把精细的"分子手术刀"，轰击到样品表面，从而使得原子或分子发生解吸附、结构变化或解离，进而实现对分子间反应的操纵。

2017年，美国橡树岭国家实验室的科学家们采用这一方式，成功地给碳氢化合物做了一场原子级的"整容手术"，在原位操纵并表征了有机物聚合物转变为石墨烯纳米带的全过程，同时制备出多种拥有可控界面的纳米结构带。研究发现，在有机物里，碳原子和氢原子之间是以各种各样的化学键相连接的，而纳米探针带来的带电粒子流可以精准切割开这些化学键，在聚合物链的任意位置触发脱氢环化反应，进而诱导产生出一个个局部石墨烯纳米带。这个强大的工具不仅可以助力制造石墨烯纳米带和异质结，还可以对由这些材料构成的器件进行性能检测，特别是其电子输运性能。

在半导体表面运用扫描隧道显微镜进行原子级操纵，可以说是让很多早已被研究透彻的半导体材料"老树开新花"，展现出全新的性质与现象。以硅和锗的晶面为例，其在高真空条件下进行原子级表面重构的技术已经非常成熟，可以制造出很多带有未饱和化学键的二聚原子序列。这种活性表面非常活泼，对空气中的游离分子有很强的吸附效应，依据吸附的原子种类不同，还可以表现出不同的物理化学新性质。

在低温下，扫描隧道显微镜还可以精准实现氢刻蚀和氢再钝化的自动化过程。研究指出，电压脉冲可以调控刻蚀过程，而再钝化则可以利用较小偏压的线性针尖运动实现。在这些过程中，隧道电流可以作为最直接的反馈信号，实现控制精度和响应速度的指数级提升。通过这种信号控制，研究人员增强了电子器件制备过程中的自我纠错能力，并成功制造出密度更高的原子级存储单元，从而实现了纳米尺度的高精度加工。

（三）通往原子世界的大路

如果说基于光学放大原理的光学显微镜给人们打开了微观世界的大门的话，那么基于量子隧穿原理的扫描隧道显微镜的发明则是实实在在地铺就了通往原子世界的大路。

> 纳米科技是指在纳米尺度（1～100nm）上研究物质的特性和相互作用，以及利用这些特性的科学和技术。它是在80年代末逐步发展起来的交叉、前沿科学领域。纳米科技将大大拓展和深化人们对客观世界的认识，使人们能够在原子、分子水平上制造材料及器件，导致信息、材料、能源、环境、医疗与卫生、生物与农业等领域的技术革命。
>
> ——科技部《国家纳米科技发展纲要（2001—2010）》

从1999年开始，美国就把纳米科技研究列为21世纪需要举国聚焦的重大关键领域之一，在2001年、2004年、2007年、2011年、2014年、2017年、2021年先后七次发布了国家纳米技术计划，对美国的纳米科学技术发展战略做出规划部署。经过三十多年的发展，纳米科技已经成为汇集多学科前沿技术的重要交叉领域，开辟了全新的领域，成功吸引了全球质量最高的科研资源。它是现代世界中的游戏规则改变者，关乎未来的关键技术。

从2000年到2019年，全球在材料科学、化学、化工、物理和天文学四大基础学科中，所有与纳米科学相关的科学成果超过了总量的10%，这说明纳米科技的研究，已然影响到广泛的学科领域。在全球科研领域的960个研究热点中，与纳米科学工程相关的就占了89%，可见纳米研究对全球科研产出的贡献也呈现出稳健的攀升势头。

20 年的时间里，全球学术产出中 4.2% 与纳米相关，贡献了全球 6.4% 的文献引用量。全球被引用次数最高的前 5 万篇文章里，超过 1/10 都是关于纳米科技领域的。2009 年到 2018 年，各国累计投资了超过 13.22 万个纳米科技工程项目，约占全球项目总投资的 3.6%，投资总金额高达 423 亿美元。

从早期开始，我国就高度重视纳米科技的发展，对纳米科技进行前瞻性规划，制定了一系列对纳米科技发展有着重要指导意义的政策和计划。

1987 年，中国科学院化学研究所成立纳米科技研究实验室，并于次年成功研制出中国第一台扫描隧道显微镜，仅比国际前沿落后几年。随后，各种纳米实验室在全国各地相继落地生根，这为纳米科技的研究和发展奠定了坚实基础。

目前，全球纳米科学研究产出排名前 20 的机构中我国占 11 席，产学研合作方面前 20 名里占 6 席，我国已经在世界范围里享有不可忽视的强大话语权。我国纳米科技的专利申请和授权都位居世界前列。自 2008 年以来，我国发表的国际纳米科技论文总量居世界第一；过去 20 年，申请的纳米专利总量占全球总量的 45%。2000—2020 年，纳米科技共获得国家自然科学奖 146 项，占比 20%，其中一等奖 4 项。从 2014 年开始，我国纳米产业总产值以每年 15% 的平均增速高速增长，并于 2024 年正式突破 2000 亿元大关（图 3-9）。

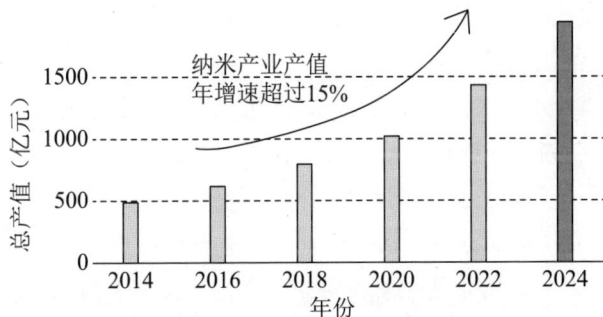

图 3-9　2014—2024 年全国纳米产业产值增长曲线图
（数据来源：前瞻产业研究院）

纳米产业已经成为当前最具颠覆性的新兴产业之一。

三、纳米齿轮、纳米马达和纳米汽车

（一）最小的无人机和最小的分子机器

2024 年 7 月，北京航空航天大学在《自然》杂志上发表文章，公布了刚刚开发的一款叫作 CoulombFly（静电飞行器）的太阳光驱动微型飞行器。这台飞行器采用太阳光供能，使用静电发动机带动飞翼旋转。整台飞机翼展 20 厘米，只有巴掌大小，重量仅 4.21 克，还不到一张 A4 纸那么重。其尺寸和重量分别是此前世界最小、最轻太阳能飞行器纪录保持者的 1/10 和 1/100，一举刷新了两项世界纪录。

作为对比，水的密度是 $1000kg/m^3$（即 $1g/cm^3$），而这台无人飞行器的密度只有水的 1/10 左右，这在包含所有飞行和能源系统的情况下，确实可以称为现代无人机工业的瑰宝。

但是，要论及尺寸之小、效率之高，人造的产物与大自然的造物相比还是要逊色不少。

在我们身体的细胞里，分布着一种称为分子马达的高分子蛋白聚合物。它们由几百个原子构成，尺寸只有几纳米到几十纳米，却承担着非常重要的生理功能——将储能分子水解产生的化学能转换为线性或旋转运动，进而为整个细胞提供动力。

人体内的各种组织、器官，以及作为个体的全部行为和运动，最终都归结为这些分子马达在微观尺度上的运动。分子马达从摄入的营养物质里获得能量，在身体里的各个角落昼夜不停地运转，带动着一整套生理反应和生命功能的正常进行。

从能耗水平来说，这些分子马达的效率高得惊人。只需要水解一个化学键，就可以驱动一个蛋白做直线或杠杆运动。这是经过亿万年的生物进化才沉淀下来的高效引擎，远超仅有几百年历史的工业机器。

> 深化科技创新引领，加强核心技术攻关，推动各板块进一步优化纳米新材料产业结构，完善产业创新集群生态，着力提高纳米新材料产业的核心竞争力和规模化水平，全力打造具有国际竞争力和全球影响力的纳米新材料产业创新集群。
> ——《苏州市纳米新材料国家先进制造业集群培育提升三年行动方案（2023—2025）》

（二）分子构成的轴承和轮胎

在扫描隧道显微镜发明之后，人们第一次有了观察原子的"眼"和操控原子的"手"，也第一次可以窥探并复刻这些生物学的奇迹。

1991 年，也就是量子隧穿探针问世十年后，英国化学家弗雷泽·斯托达特开发出了第一款略显粗糙的分子机器。这种称为"轮烷"的分子，顾名思义，由一个像轮子一样的环状分子和一个穿过轮子的链状分子共同组成。链状分子的两端连着很大的化学基团，还可以和轮子发生反应，就像轴承一样将环状分子牢牢地固定在链状分子上。

最开始，斯托达特只实现了用酸碱度来驱动环状分子在轴承上来回运动，就像电梯一样可以上上下下。这是模仿细胞膜上的离子通道在外界化学信号的刺激下打开、闭合。这种第一代分子机器从周围溶液内分子间相互碰撞中摄取能量，通过氢键的打破和重建来完成整个运动过程，能耗几乎为零。

斯托达特很快就找到了这一发明的用武之地。他与加州理工学院的工程师团队合作，将几百万个轮烷聚集在一起，打造了一个长约 13 微米的分子存储器。在外界电压的驱动下，这些轮烷就像算盘珠一样，可以在不同的位置间来回切换，进而作为信息的存储载体。该分子存储器可以存储 16 万比特的信息，每比特对应几百个轮烷分子，相当于每平方厘米可存储约 100GB 的数据，已经可以媲美主流商用硬盘了（只不过其使用寿命还是不太行，原型产品反复读写了不到 100 次就自行解体了）。

1999 年，荷兰化学家本·费林加进一步拓展了斯托达特的工作。他把滑动的环状分子通过碳碳双键固定在链状轴承的两侧，搭建出一根带着两个轮子的车轴。同时，环状分子的表面还带有经过特殊设计的叶片结构，在大量光照的情况下会发生化学键断裂，轮子也会在叶片的带动下旋转起来。

这是最早的人造光化学驱动的分子马达，由一个三叶片三蝶烯转子（带叶片的轮子）和一个螺旋烯（链状轴承）组成，能够在光照下进行单向 120° 旋转。

2005 年，美国莱斯大学设计出了一款真正的分子汽车底盘，由三根呈 H 形咬合的链状轴承分子和四个充当轮子的富勒烯基团组成。

把这辆分子汽车放置在金片表面后，富勒烯轮子会附着在金属"基地"上，抓地力非常理想。将表面加热到 200℃后，富勒烯轮子与炔烃轴承间的碳碳单键就会断裂，轮子因而也旋转起来，带动着整台汽车前进（图 3-10）。科学家们通过扫描隧道显微镜的量子探针实时监测分子汽车的一举一动，录下了一整段"赛车"影像。

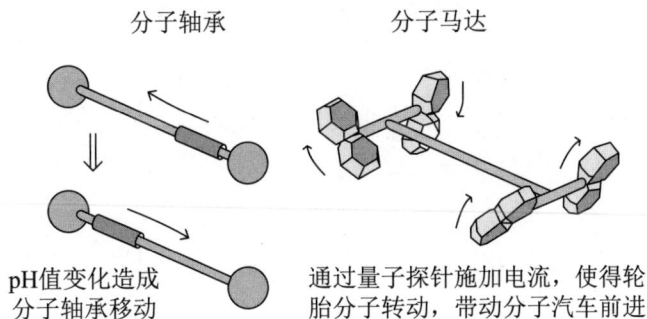

分子轴承

pH值变化造成
分子轴承移动

分子马达

通过量子探针施加电流，使得轮
胎分子转动，带动分子汽车前进

图 3-10 分子轴承和分子马达原理示意图

（三）实用化的纳米机器

有了轴承和马达，各式各样的纳米机器也就如雨后春笋般问世了。

2010年，纽约大学的科学家们开发出了第一款实用的DNA"人形机器人"。这一分子行走装置具有四只脚和三只手（都是由长链分子充当的），可以围绕着折叠DNA链组成的方形结构移动，将金属颗粒运输到不同位置。

2015年，基于人造分子马达的分子推进器问世。这些推进器可以安在几十微米长的塑料导管上，以分子马达上的锌与胃酸反应产生的氢气作为推进动力，每秒可以行进相当于自身长度1000多倍的距离。科学家们用这些装着分子推进器的导管向小鼠胃部运输金纳米颗粒，发现金纳米颗粒的送达效果比直接喂食要高出3倍。

或许未来，我们吃下的药片都会安着这些分子推进器，就像导弹一样精准命中患病部位，在显著降低服药剂量的同时，还能实现同样甚至更理想的疗效。

> 针对在新能源动力汽车、绿色印刷、能源、健康等领域的国家重大需求和行业迫切需要解决的关键技术问题，通过纳米材料的界面/组成/结构/电荷等调控，实现相应纳米材料的规模化生产和应用，推动相关行业的发展。
>
> ——中国科学院《纳米产业战略性先导科技专项》

2016年，德国慕尼黑大学的研究小组把光驱动的分子马达安装到了副作用强烈的强效抗癌药上，开发出了一种新型光敏化疗药物。传统化疗药物可谓是"杀敌一千，自损八百"，药物分子会无差别地攻击肿瘤细胞和健康组织，基本上就是让健康细胞和癌细胞比赛，看谁能在化疗药物的攻击下扛到最后。当药物分子装上分子开关后，药物在常态下呈惰性，不会攻击周围细胞，只有在受到特定颜色的光学照射后，分子开关才会被启动，进而发挥杀伤作用。如果利用柔性导管或是植入性装置来传递光信号，这种靶向控制可以在仅仅10微米大小的人体组织内实现，医生们可以只在肿瘤附近激活药物，实现对癌细胞的实时定点清除，显著提高化学疗法的成功概率。

同年，斯托达特又设计出了一款人造分子泵，可以把两个环状分子从一头的溶液里拉到另一头进行存储。这种分子泵就像传送带一样，可以将分子在不同的生产车间里接连传递。目前，基于轮烷分子开关和分子泵传送带设计出来的分子流水线工厂已经投入实用，1000条流水线同时运行36小时，可以制造出几毫克的多肽——这是历史上第一座分子工厂。

2016年，斯托达特和费林加因其在分子马达方面的工作获得了诺贝尔化学奖。

> 因其发明了行动可控、在给予能源后可执行任务的分子机器。
>
> ——2016年诺贝尔化学奖获奖理由

2017年，法国国家科学研究中心组织了世界上第一场纳米汽车竞速赛。这场赛事在法国南部举行，毗邻大名鼎鼎的勒芒24小时汽车耐力赛场，只不过，赛道不再是传统的汽车跑道，而是指甲盖大小的黄金底座。每条赛道的宽度比我们的头发丝还细5万倍，"赛车"的平均时速是每小时0.014毫米。来自世界各地的赛车要在这样的跑道上，顶着5K（约-268℃）的低温不眠不休地跑上38个小时，以决出最后的胜者。

得益于扫描隧道显微镜的进步，这些纳米赛车才得以在赛道上驰骋。竞速赛采用新型四探针显微镜，每根探针对应一辆赛车。这些探针不仅要读取从赛车车身量子隧穿过来的电子流，以便实时测量比赛进程，还需要为纳米汽车提供燃料，施加电压以驱动它们前行。当纳米探针接近赛车尾部时，尖端处的电子就有可能发生反向量子隧穿，从针尖跳到赛车上，这就给了赛车一个向前的推力，每次大约可以推动赛车前进0.3纳米。纳米赛车就这么一步一个脚印地向前推进。

目前，这场赛事已经举办到了第二届。第二届的比赛规则也相应地有了一些修改，对赛车的车身要求更高了，要求每辆赛车的原子量必须在100以上，车身更大，结构也更复杂。参赛团队各显神通，使用各种方法驱动汽车前进。有的团队准备提高流经探针的电子能量以引起分子振动，有的团队改用静电斥力作为主要驱动力，还有的团队直接把分子车设计得像蝴蝶翅膀一样，靠通电后扇动翅膀来前进。

这些原子跑道上的纳米汽车，承载着不仅是赛场上团队的热情，更是全人类对于未来科学技术发展的全部美好想象。

⚛ 四、新型纳米生物制剂

（一）金属纳米颗粒直接杀灭细菌

纳米技术最大的应用，还是在于新型生物医药制品的开发。

很多重金属对人体都有一定的毒性，但是如果制成纳米颗粒的话，这些金属元素就可以渗入人体，成为效用绝佳的新型抗生素。

我国自古就有用银器验毒的民间偏方，银纳米颗粒也是目前最广为人知的抗菌颗粒，可以用于杀灭多种耐药性极强的菌株。银纳米颗粒具备很高的化学稳定性、很强的伤口愈合能力，而且作为纳米颗粒，还有很大的有效接触面积，因而具有极为实用的抗菌活性。

沙特阿拉伯是全世界反对抗生素滥用最为激进的国家之一。就在几年前，沙特阿拉伯王室刚刚颁布了禁令，在全国范围内禁止非处方抗生素的配药，违者要负法律责任。由于王室禁令，当地很多医院不敢乱开抗生素，转而使用试验性的银纳米抗菌颗粒，恰巧为这种新型抗菌药物提供了宝贵的试验场。实践表明，纳米抗菌颗粒对芽孢杆菌、粪便肠球菌、表皮葡萄球菌、耐药金黄色葡萄球菌和大肠杆菌菌株等多种可能导致伤口感染的病原体都能表现出明显的抗菌活性，可以有效替代传统的抗生素药物。

除了通过直接接触杀灭细菌，这种新型抗菌药物还可以将容易附着在细菌表面、具有高生物亲和性的纳米颗粒包裹在抗生素药物分子的周围，制造出裹着抗生素的"特洛伊木马"。金属纳米材料与细菌之间的亲和性是非特异性的，也就是说它们不与细菌细胞中的特定受体结合，不会因定向杀菌导致选择压力的产生，这种新型纳米抗生素已经被证明可以有效防止疾病治疗中耐药细菌的产生。

金和铜就是高生物亲和性金属的典型代表，这两种元素与生物组织高度亲和，长期接触几乎不会产生明显的副作用，所以在古代也常常用于假牙制作，所谓有钱人镶金牙，穷人镶铜牙。

2021年，印度古吉拉特邦中央大学的研究人员利用曼陀罗叶提取物合成包裹纳米铜的化学分子，在大肠杆菌、巨大芽孢杆菌和枯草芽孢杆菌中观察到了显著优于标准氯霉素的抗菌活性。

2022年，印度理工学院玛德拉斯分校又用羊蹄甲叶提取物与氯金酸一道合成了平均尺寸在15纳米左右的金纳米抗生素颗粒，可以有效杀灭多重耐药的大肠杆菌和金黄色葡萄球菌。在用天然植物提取合成植物基"天然"纳米抗生素的领域里，印度已经积累了相当可观的研究成果。

基于这些成果，印度已于近年开展了一项国家计划，推动纳米金属抗生素纳入全国日常使用的抗菌药物中，以应对印度国内越来越严重的细菌耐药问题。

（二）超越抗生素的物理抗菌机制

沙特阿拉伯和印度之所以要迫不及待地上马这些刚刚问世不久的新型杀菌药物，都是因为其国内长期面临着抗生素滥用的困境。

抗生素是一种微生物代谢产物或人工合成替代物，其主要用途是抑制其他种类微生物的生长或将它们杀死。使用抗生素可以有效杀死致病细菌，抑制炎症，防止感染。

问世百年以来，抗生素药物已经从病魔手中拯救了数以亿计的生命。但是，随着抗生素的广泛使用，细菌也变得越来越耐药。金黄色葡萄球菌对常用抗生素青霉素的耐药率，在20世纪40年代初仅为1%，而到20世纪末就已经超过了90%。耐青霉素的肺炎链球菌在几十年前才刚刚发现第一例感染病例，而目前这种细菌在我国大城市医院的抽样调查检出率已经达到 22.5%，全国平均检出率已达 1.2%，而且个别地区状况极为严重（图 3-11）。

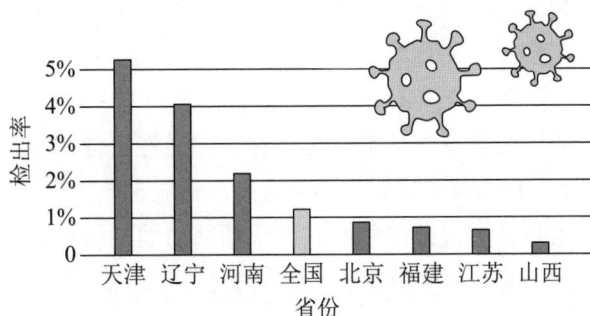

图 3-11　2022 年部分省份耐青霉素的肺炎链球菌检出率
（数据来源：全国耐药细菌检测网）

　　据统计，抗生素耐药性感染每年在世界各地夺走多达百万条生命，如果不加以遏制，等再过五十年，医生们可能会陷入"无药可用"的尴尬局面，世界又将回到抗生素发明前的黑暗时代。

　　我们日常生活中接触到的物品表面通常都覆盖着厚厚一层细菌生物膜，这层生物膜就像一个小生态系统，由多种细菌的群落交织而成。每当将抗生素应用于细菌生物膜时，药物的杀菌效果仅限于生物膜的顶层，对位于微菌落深处的细菌几乎没有影响，反而还会给深层的细菌打一针"疫苗"，让其在长期演化中逐渐产生对抗生素的耐药性。这是目前抗生素耐药性产生的最主要原因，一旦细菌生物膜形成，杀菌就会变得相当困难。

　　如果能够对物品表面进行纳米处理，使得其在初始阶段就能阻止细菌的黏附和生长，那么就可以在细菌生物膜形成之前实现杀菌效果。

　　最开始，人们把抗生素像油漆一样刷在物品表面，希望以化学涂层的形式阻止细菌生物膜形成。但是，在实际使用中抗生素涂层非常容易脱离，会导致进一步的抗生素环境泄露。此外，很多抗菌药物仅在水溶液中才有效，在没有液体介质的干燥状态下，几乎很难杀死空气中的细菌。因此，这种方法很快就被弃用了。

　　在前几章里，我们已经知道，纳米粒子在量子尺度下，很容易触发彼此间的量子隧穿效应，尤其是在吸收了外界光能量之后，高能电子会在纳米粒子与基底间来回跳跃，导致化学活性大幅提高。

　　这种量子效应不仅可以应用在化学反应的催化中，还可以加速细菌表面细胞膜的生化反应，导致细胞膜稳定性下降甚至碎裂，进而实现杀菌。

2015年，印度科学技术部下辖的纳米生物中心（印度尤其热衷于开发各种抗生素替代疗法）发现，暴露在光线下时，二氧化钛纳米颗粒里的氧元素可能游离出来，形成具有极高化学活性的氧空穴，这些空穴会与空气里的水分子反应，导致过氧化氢自由基的产生。过氧化氢是一种氧化性很强的弱酸，有可能穿透细菌的细胞膜，杀灭细菌。外界光照越强，二氧化钛纳米颗粒的杀菌能力就越强。

研究人员发现，只要将二氧化钛纳米颗粒暴露在紫外线下60分钟，就可以显著提高其对具有多重耐药性的铜绿假单胞菌的抗菌活性。如果将这种涂层广泛应用在有可能滋生细菌的各种物体表面，每天只要让它们晒晒太阳，就能有效防止细菌生物膜的形成。

纳米氧化铜颗粒也是目前抗菌作用研究得最频繁的纳米材料之一。当外界离子引入氧化铜基质时，纯氧化铜晶体的结构和形貌就会发生变化，表现出不同的物理化学性质。据观察，掺杂剂的离子半径在原子间相互作用中起着决定性的作用。如果接触到去离子水，水分子就会与纳米氧化铜发生接触作用，同样可以产生过氧化氢，破坏细菌细胞的正常代谢，并导致细胞死亡。

（三）纳米尖刺刺破细菌

不仅纳米颗粒可以通过激发量子效应的方式来干扰细菌的新陈代谢，同样是低维量子材料的碳纳米管也具有多种抗菌活性。

2008年耶鲁大学的一项研究表明，碳纳米管尤其是尺度更小、壁厚更薄的单层碳纳米管，具有极其显著的杀菌效果。研究人员精心培育出一管生机勃勃的大肠杆菌溶液，让这管大肠杆菌溶液分别通过单层碳纳米管、多层碳纳米管和普通的塑料制成的滤网。结果发现，通过普通塑料滤网的溶液仍然检出了超过90%的活性大肠杆菌，通过多层碳纳米管滤网的溶液中存活了70%的大肠杆菌，而通过单层碳纳米管滤网的溶液中只有不到20%的大肠杆菌还保留着生理活性。也就是说，单层碳纳米管仅仅通过物理接触，就杀灭了多达80%的细菌。

进一步研究表明，碳纳米管的主要杀菌机制在于它的尺度足够小，就像一根根钢针一样，可以对附着于其上的细菌的细胞膜造成损害。碳纳米管的尺度越小、壁厚越薄，就越容易与细胞膜发生作用，从而具有更强的杀菌效果。只要将富含碳纳米管的浆料刷在需要保持无菌的物品表面，就可以有效阻止微生物的黏附，从源头上杜绝细菌滋生。

> 发展重点为创新药物。加强创新及应用研究，鼓励利用基因编辑技术、人工智能、基因组学、纳米技术等前沿技术进行原始创新。
> ——《上海市宝山区生物医药产业高质量发展行动方案（2024—2026）》

事实上，这是大自然最常用的一种纳米抗菌手段。许多植物和昆虫都具有抗菌表面，可以保护它们免受致病细菌的侵害。通常，直径 50 ～ 200 纳米的纳米柱就可以胜任刺破细菌细胞壁的重任了，由大量这种纳米柱紧密排布的表面，自然就可以具备绝佳的抗菌性能，从源头上防止细菌的滋生。

2012 年，澳大利亚斯威本理工大学的研究人员在蝉翼上发现了对抗铜绿假单胞菌的天然杀菌表面。

科学家们发现，蝉翼上的纳米结构犹如一片密布的针林，每一个尖锐的纳米锥都拥有约 200 纳米的高度，其顶部和底部的直径分别是 60 纳米和 100 纳米，而锥与锥之间的间距大约为 170 纳米，聚积成了一种又一种奇特的纹理。

这些针林就像一格一格的蜂巢一样，极其疏水，但也容易藏污纳垢，细菌非常容易吸附在这些针林的间隙。只不过，等待它们的是一个死亡陷阱。蝉翼对细菌的毁灭极其高效，细菌在接触到蝉翼表面后几分钟内就会迅速死亡，每分钟每平方厘米可以杀灭约 2.05×10^5 个菌落单位。

通过扫描探针的原子成像技术，科学家们计算出蝉翼上纳米锥刺破细菌细胞壁的时间约为 3 分钟。也就是说，每隔几分钟，蝉翼上的细菌就会死一批，蝉抖抖翅膀，抖下无数细菌尸体。蝉翼也因而能在各种环境中始终保持晶莹剔透的优雅形态。

除了蝉翼，在很多动物身上也能找到类似的抗菌结构。壁虎皮肤上分布着密密麻麻的亚微米级凸起，像是一座座小山丘，每座山丘差不多也就十来纳米高。这对于细胞壁中富含脂多糖层的革兰氏阴性菌有着致命的杀伤力，当细菌的细胞壁碰到这些山丘时，就会像被针戳中的气球一样，承受不住拉伸力，破裂开来。

蜻蜓翅膀上的纳米柱直径约 90 纳米，呈 S 形排列分布。这些纳米柱能非常有效地杀死革兰氏阴性菌、铜绿假单胞菌、金黄色葡萄球菌等多种耐药细菌，每平方厘米的范围内每分钟可以杀灭 45 万个菌落单位。

蜂鸟鹰蛾是鳞翅目天蛾科的一种昆虫，其幼虫体表覆盖着一层角质层，角质层由直径小于 100 纳米、平均间距为 230 纳米的纳米柱构成。不同于蝉翼的疏水性，这种角质层表面具有亲水性，可以更容易地聚集细菌并将其杀灭，使得虫体表面始终覆盖着一层无菌的洁净水体，保护着幼虫柔嫩的肌肤。

科学家们希望通过模拟蝉和蜻蜓翅膀上这些令人印象深刻的自动杀菌结构，复刻这些来自大自然的优美几何和表面化学。

硅是一种物理化学性质优异且非常便于加工的半导体材料，它不仅是制造芯片的最佳基底，也是模仿这些天然杀菌表面的首选。

目前，人们已经可以利用反应离子刻蚀和光刻技术，在硅的表面刻出一道道凹槽。

这些凹槽首先会破坏硅表面光线的反射，让原本泛着蓝光的硅片变得一片漆黑，因此这种硅片被称为"黑硅"。如果将黑硅表面的纳米柱直径控制在 20～80 纳米，就可以得到既能降低反射率又能有效杀灭微生物的高性能纳米表面，其效果足以和蜻蜓翅翼媲美。

更有意思的是，当运动的细菌遇到这些纳米陷阱时，它们可能会演化出更多的抓地接触锚点来紧紧抓牢表面，软一点的纳米柱就有可能被细菌压弯，力度难以达到让细胞壁被拉伸到破裂的阈值。只不过，这样一来，细菌为了自保只好把自己牢牢固定起来，难以扩散到周边环境，从效果来说同样也实现了预期的除菌效果。

目前，一些制药公司已经将这些纳米杀菌表面应用于医用导管的开发，研制出了很多自带杀菌效果的医用导管，用于静脉注射、脓液引流、体内探查等。这些新型导管无须涂饰抗生素，也不需要酒精消毒，单纯依靠物理效应就能防止细菌滋生，可以有效抑制导管表面形成生物膜，大幅降低导管相关感染发生的风险，是当前发展进度最快、市场接受度最高的新型医疗器械之一。

（四）纳米分子替代人体激素

通过定向设计纳米结构，组装出来的人造颗粒可以与我们体内的生物受体相结合，这样也可以实现调控生化代谢过程的目的。

人吃饱肚子，就会感到一种发自内心的愉悦，这种饱腹感的背后是充分蠕动的肠胃分泌的肠促胰岛素在发挥作用。肠促胰岛素的分泌让我们的胰岛素水平上升，刺激相关的脑部回路，触发奖励反馈机制，进而让我们感到愉悦并获得奖励感。

在天然情况下，这种激素的代谢周期非常短。几分钟的时间，激素分子就会被血液里的酶分解，然后被肾脏清除。对于茹毛饮血的古人来说，这样的代谢过程已经足够管用了，毕竟在饥一餐饱一餐的日子里，吃一顿饱饭是难得的情况，快速分泌相关激素，适时自我代谢，已经足以调节饮食行为了。

但是在生活物资极大丰富的现代，哪怕最贫穷的人，也总能获得含有足够热量的食物来满足自己的一日三餐所需。这种时候，天然激素过短的寿命就成了一个问题。如果我们从早到晚不间断地吃小零食、小点心，每次吃的量又达不到一顿正餐应有的量，那么肠道就会持续不断地分泌肠促胰岛素，但是每次分泌的量又无法达到阈值，触发大脑产生饱腹感。于是乎，在这种情况下，人们就感受不到饱腹的反馈，进而管不住吃零食的嘴，肥胖也就由此产生了。

从 20 世纪末开始，制药公司就在根据人体内激素受体的分子结构，有针对性地设计可以取代天然激素的人造纳米分子。现在，市面上已经出现了由人造纳米颗粒构成的人工肠促胰岛素，这些人造分子不是由有机分子构成，而是靠无机元素颗粒拼装起来的，因此可以逃避血液里的分解酶，在长达一周的时间里稳定存在。

临床研究表明，这些人造分子可以有效激活大脑内的奖励回路，降低人们不受控制的进食冲动，从而实现减肥效果。有些激进的实验甚至还表明，这些分子还可以降低大脑对特定依赖性行为的愉悦奖励，在一定程度上能缓解药物成瘾。

将这些人造的无机纳米颗粒与生物大分子相结合，还可以实现生物矿化，即将无机矿物纳入生物体的有机基质内，能够显著增强结构的稳定性和持久性。生物矿化为癌症患者的治疗提供了很大的希望，因为矿化后的药物可以在血液里停留更久的时间，从而达到更彻底的疗效。

2024年，同济大学的研究团队通过对黑色素瘤肿瘤细胞的观察，证实了肿瘤细胞代谢重编程的存在。代谢重编程效应指的是，相比于正常细胞，肿瘤细胞里物质代谢、能量代谢等多种代谢通路都会发生显著变化。以黑色素瘤细胞为例，正常黑色素细胞的主要作用是利用周围组织提供的酪氨酸为底物，合成黑色素，供给其他细胞使用。但是在癌变的黑色素瘤肿瘤细胞中，这一合成过程被抑制，取而代之的是失控的疯狂生长——癌细胞把所有能摄取到的营养和能量全都用于自身的生长壮大了。

基于这一发现，同济大学的科学家们合成了人造的酪氨酸纳米颗粒。这种人造高仿分子很难被用于合成真正的黑色素，但是可以在细胞里长期稳定存在，反复重新激活黑色素瘤肿瘤细胞中受抑制的黑色素合成通路。通过激活这一通路，癌细胞的正常生理功能实现了部分恢复，失去了过剩的营养和能量之后，黑色素瘤也顺带地停止了壮大。

纳米科技让我们可以一比一地对照我们体内存在的各种生物分子，有针对性地设计、组装、制造高相似度的人造纳米颗粒。我们在利用先进科技改造自然的同时，也在不断地改造我们自身。

有朝一日，我们将可以把身体的定义权从低效且缓慢的自然进化手中彻底夺回来，完全按照我们自己的意志，塑造我们自己的身体，掌控我们自己的行为。

第三节　突破芯片制程的极限

一、逐渐失效的摩尔定律

（一）晶体管数量每两年增加一倍

"集成电路上可容纳的晶体管数目，约每隔两年便会增加一倍。"

这是由英特尔创始人戈登·摩尔总结出的一个经验定律。1975 年，摩尔在 IEEE 国际电子组件大会上提交了一篇论文，提炼出了 1950 年以来集成电路产业技术进步的平均速度。这条经验定律被称为摩尔定律。

后来，英特尔首席执行官大卫·豪斯根据实际的生产数据对摩尔定律做了一点小修正，把"每两年增加一倍"的说法修改成了"每 18 个月增加一倍"。于是就有了流传至今的摩尔定律，即"计算机芯片的性能平均每 18 个月将会提高一倍"。

摩尔定律是简单评估半导体技术进展的经验法则。其重要意义在于，如果芯片厂采用相同面积的晶圆作为原料，生产同样规格的集成芯片，那么每隔 18 个月，集成芯片的产出量就能增加一倍。换算为成本来看，由于生产工艺的迭代升级，每一年半，同样性能的芯片的生产成本就可以降低一半，平均每年降低 1/3。

20 世纪 60 年代初，单单一个晶体管的造价就要 10 美元。随着技术进步，晶体管越做越小，价格也越来越便宜，到了一根头发丝上可以放 1000 个晶体管时，这 1000 个晶体管的价格加一起才不到人民币 1 分钱。集成度越高，晶体管的价格越便宜，同样的成本购买到的计算机性能也就越高，这就是半导体产业的增长密码。

更直观的是芯片制程的突破，也就是我们所说的"多少纳米工艺"。

芯片设计和制造正是纳米科学的一个关键应用领域。在这个领域里，"纳米"非常关键，当长度进入纳米尺度时，物质的许多性质都会发生显著改变，这为设计和制造出性能更高性能、体积更微小的芯片创造了可能。

通常我们所说的芯片"纳米工艺"，指的是芯片上两个晶体管之间间隙的最小尺寸。这个尺寸越小，同样大小的芯片上可以集成的晶体管越多，这意味着芯片的能力也越强。同时，小的晶体管间距也可以显著缩短电流在晶体管内部的传输路径，从而降低功耗。

以显卡为例，英伟达在 2016 年发布的 GeForce GTX 1080 显卡采用的是 16 纳米制程，一本书那么大的显卡里一共有 120 亿个晶体管，额定功耗为 180W，需要外加两道独立供电。到了 2020 年，GeForce RTX 3080 显卡在同样的面积上集成了 283 亿个晶体管，数量翻了一番，同时功耗也达到了 320W，对电脑电源性能要求很高。2023 年发布的 GeForce GTX 4080 显卡又进一步发展，晶体管数量达到 459 亿个，性能方面较 GTX 3080 实现了接近 100% 的提升，而能耗仅仅高出不到 100W。

这几款显卡产品在发售的当年都是旗舰级的产品，而售价却大同小异。仅仅两三年时间，消费者就可以用同样的成本，买到性能高出一倍有余的先进芯片。

（二）面临失效的摩尔定律

摩尔定律引领了整个 20 世纪的半导体和集成电路的产业发展。在世纪之交的 1998

年，时任台积电董事长的张忠谋就感叹道，摩尔定律在过去 30 年相当有效，未来 10 到 15 年应依然适用。

但是在 15 年之后的今天，这个定律还依然适用吗？

以纳米来衡量制程的好处非常明显，可以让大众更清楚地知道技术发展的进程。几十年下来，芯片行业已经给人们塑造出了一种独特的"技术审美"，制程越小，纳米数越低，代表着工艺越先进、芯片越高级。

似乎只要我们不断缩小制程长度，从 100 纳米发展到 50 纳米、20 纳米，再加把劲达到 1 纳米、0.1 纳米，假以时日就能够到达未来技术的梦想彼岸。

但是这种过于抽象化的技术想象，却在一定程度上忽略了客观存在的长期技术变化。

事实上，栅极宽度与制程等比例变化、制程与晶体管密度等比例变化，这两个最重要的性能预测，仅仅只是 20 世纪 70—90 年代的短暂产物。

在那个美好的年代，摩尔定律确实是严格生效的。

英特尔公司于 1971 年推出了全球第一款商用微处理器，制程为 10 微米，标志着计算机芯片正式进入消费级市场。

大约在 1985 年至 1986 年期间，英特尔和 IBM 公司合力完成了 1 微米的制程工艺，这是第一个以互补金属氧化物半导体（CMOS）为主的制程。

1993 年 3 月，英特尔推出了大名鼎鼎的 x86 微处理器奔腾 CPU，这是 8086 兼容处理器系列的第五代产品。第一代奔腾 CPU 采用 800 纳米制程工艺，包含 310 万个晶体管，面积为 293.92 平方毫米。

1995 年问世的第三代奔腾是当年第一款采用 350 纳米工艺制造的商用微处理器，尽管晶体管数量与前代相同，但是在同样的面积上实现了更好的散热效果和更高的能效比，最重要的是价格几乎降低了一半。靠着这款产品，奔腾成了中低端消费级芯片的代名词。

1998 年，最后一代严格意义上的奔腾 CPU 问世，其芯片制程为 250 纳米。此后，英特尔推出了更便宜、更具性价比的"赛扬"品牌，继续抢占中低端消费电子市场。

黄金年代远去后，摩尔定律的发展之路就越走越窄了，最主要的原因是厂商过于追求栅极制程的缩小。它们为了追求更小的制程，在改进芯片工艺时把栅极大小列为最高的优先级，通过采用更好的材料甚至增加栅极的高度等措施，来达到更窄的宽度，进而提升晶体管的响应速度。栅极的缩小速度开始领先于芯片整体的缩小速度，很快就达到了几十纳米的量级（图 3-12）。

就尺度来说，几十纳米已经达到量子尺度了。也就是说，在这种制程规格下，量子效应出现了。

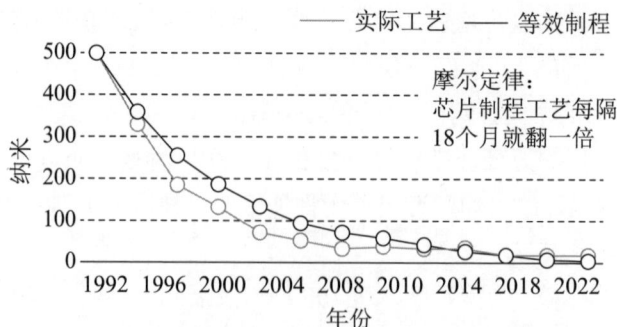

—— 实际工艺　—— 等效制程

摩尔定律：
芯片制程工艺每隔
18个月就翻一倍

图 3-12　1992—2022 年芯片制程工艺演进趋势
（数据来源：英特尔公司）

当两个晶体管之间的距离处于这个尺度时，电子便能在两者之间发生量子隧穿。无论中间的绝缘层加得有多厚、阻碍有多强，只要能量壁垒不是无限的，量子隧穿就必然会发生。这是不容篡改的量子定律。

于是，晶体管的缩小到了极限，这是物理学的边界。再缩小距离的话，两个晶体管之间会因量子隧穿引发漏电，进而造成信息的丢失。

（三）立体芯片和等效制程

从 2012 年开始，芯片大厂提出了"等效制程"的概念。

这一年，英特尔为突破量子效应的制约，彻底改变了传统的源极—栅极—漏极的平面三极管架构，转而使用鳍式场效应晶体管（FinFET）作为基本结构。鳍式晶体管与平面晶体管的不同之处在于，其漏极是像鱼鳍一样长在晶体管两侧的，是一种三维立体设计。

英特尔的设计思路很简单，如果在平面范围内晶体管间距离不能做得更小，那么就向"天空"拓展空间，把器件做成三维立体结构（图 3-13）。

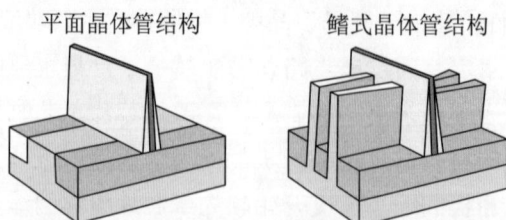

平面晶体管结构　　　鳍式晶体管结构

通过鱼鳍式设计，芯片从二维平面过渡到三维结构，
向天空要地，进一步延续了摩尔定律的有效期

图 3-13　平面晶体管与鳍式晶体管结构示意图

就好比，对于一块给定面积的空地，能盖多大面积的房子是有限定的。因为承重结构总是要占据一定的空间，每个房间也不能隔得太小，而且还要给绿化草地留足面积。不过，虽然平面上的结构设计受到了限制，但是大楼能盖多高却有很大的想象空间。几百层的摩天大楼和传统的大宅门四合院可能在占地面积上是相同的，但是前者可以实现高得多的容积率，能够提供更多的住房空间。

平面结构支撑了集成电路二十多年的发展，制程从 3 微米一直推进到 22 纳米。现在，大厂找到了新的思路，在不突破物理学边界的基础上，向天空要地，向立体进军，硬是延续了摩尔定律的寿命。

这个时候所说的制程就已经是"等效制程"了，也就是这种立体式的结构等效于平面结构里多小的晶体管距离。10 纳米芯片对应的最小器件距离（也就是真正意义上的制程）在 40 纳米左右，5 纳米芯片对应约 30 纳米，而最新的 3 纳米制程工艺大约为 22 纳米，这又回到了最初的技术极限。

这种结构上的创新又给摩尔定律续了十年命。鳍式立体结构一直支撑到了 3 纳米制程技术的出现。

这种方式的制程增加也不是没有代价的，立体芯片的加工成本比传统的平面结构要高得多。

随着芯片的等效制程越来越小，制造过程也越来越复杂，这就使得相关硬件和设施的成本不断上升。最新的 3 纳米制程工艺相当于要在水平和垂直两个方向上同时达到 22 纳米的极限制程，这对于光刻机等配套加工设备提出了很高的要求。结构越来越复杂，对光刻机加工分辨率的要求也就越来越高，这就需要更强大、波长更短的光源，以及更复杂的光学系统和控制系统，进而极大地增加了制造成本。

在百纳米制程时代，一座每月产能 5 万片 12 英寸晶圆的晶圆厂的建设成本约为 24 亿美元，每片晶圆的售价大概为 2000 美元，也就是说，差不多两年就能收回投资成本。这个时间正好与摩尔定律描述的更新换代时间相符，资本家投资一座晶圆厂的回本周期恰好能覆盖下一代技术的研发周期，因此才能不断地把利润投入研发和再生产，滚雪球般地扩大规模。

但到了 28 纳米制程时代，同等规格晶圆厂的建设成本达到了 60 亿美元，5 纳米晶圆厂的建设成本更是高达 160 亿美元。作为对比，台积电代工 28 纳米晶圆和 5 纳米晶圆的报价分别是 10 万元新台币和 30 万元新台币，折合约 3000 美元和 1 万美元（芯片晶圆主要采用美元作为结算货币，所以我们先将其换算为美元）。同样以月产能 5 万片作为估计产量，就可以算出 28 纳米晶圆厂和 5 纳米晶圆厂的回本周期分别为 40 个月和 32 个月（更先进的制程面临的竞争更少，相应的利润也就更高）。从最基本的投资回报分析来看，继续按照摩尔定律那样每一两年更新换代一次，根本就无法回本。

以苹果公司的芯片造价成本为例，在 5 纳米时代之前，芯片工艺每改进一代，造价成本差不多只提高不到两成。但是，2 纳米工艺芯片的造价成本比 3 纳米工艺芯片高出40%，几乎达到 4 纳米工艺的两倍（图 3-14）。

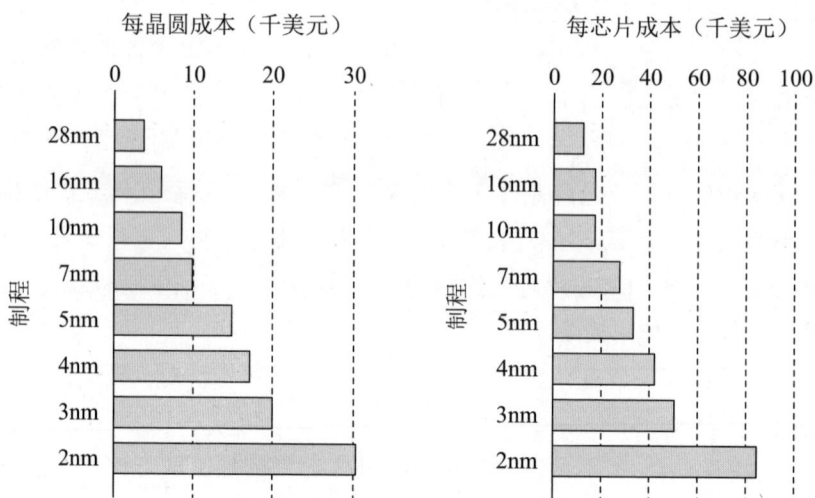

每晶圆成本（千美元）　　　　　　　　每芯片成本（千美元）

图 3-14　苹果公司芯片造价成本
（数据来源：苹果公司年报）

最近，韩国三星集团刚刚宣布了下一步的投资计划，预计投入 500 万亿韩元（折合约 4000 亿美元），在韩国首尔附近建设一个包括 13 家芯片工厂和 3 个研究设施的大型半导体集群，用以支持 2 纳米芯片的研发和生产。而同期韩国政府发布的《2024 年至 2028年国防中期计划》显示，2024—2028 年的五年时间里，韩国军费开支总额仅 2700 亿美元。也就是说，在亚纳米制程时代，推进一个芯片制程所需要的成本，甚至可以支撑一个中等发达国家五年的军费开支还绰绰有余。

随着实际制程再次逼近量子效应的极限，立体结构的晶体管工艺带来的产业增量也要逐渐耗尽了。

我们正在达到经典物理规则的极限，必须寻找新的科学突破和技术路径。我们所生产出来的产品的复杂度和精细度已经达到了原子层面，远远超出了我们所能理解和驾驭的认知边界。我们本想就此停下脚步，但摩尔定律及其背后的产业资本和金融资本对于技术进步和资本增值的要求却像钟表一样严格推进，驱使我们硬着头皮不断前行。

下一步怎么办？摩尔定律终结之后，芯片产业将去往何方？

或许只有带来限制的量子定律本身才能给我们答案。

❂ 二、量子时代的半导体产业

（一）成也量子，败也量子

其实从本质上来说，整个半导体晶体管产业的发展过程，从源头上就离不开量子效应。

现代逻辑电路中最重要也是最核心的电子器件是三极管。正如其名，三极管由三个电极组成，分别是源极、漏极和栅极。源极与漏极之间的通断可以由控制栅极的电压来决定，这是组成逻辑电路的全部逻辑门的基础。

最早人们使用的是真空电子三极管。真空三极管就像一个巨大的灯泡，由烧红的灯丝负责产生电子，由金属底座负责接收电子。控制极的电压决定了灯丝发射的电子的运动方向，如果控制极电压为正，那么这些电子就会跑偏，无法到达底座，源极与漏极之间也就断开了。反之，如果电子流可以正常通过，源极就可以认为与漏极相连。

真空三极管最大的问题是体积太大了，每个真空管都有灯泡那么大，集成起来的电路更不用说，充满了浓浓的"傻大黑粗"的工业美学气息。1964 年问世的第一台电子计算机 ENIAC 就是用 17000 个真空管搭建起来的，有一个房间那么大，而且平均每两天发生一次真空管故障，需要相当于整整一个连的人负责维护。

晶体三极管与真空三极管一样，也有源极、漏极和栅极三个电极。只不过，晶体管在源极和漏极之间加了一层薄薄的半导体，这种半导体经过特殊设计，电子的浓度不多不少，正好卡在导通与不导通之间的临界态。栅极作为控制电极可以外加电压，让半导体中的电子浓度增加或减少，这就直接导致了源极和漏极可以在通与断两个状态间来回切换。

从物理本质上来看，这未尝不是一种量子效应。源极和漏极之间能否导通，取决于电子能否顺利地从一头运动到另一头。也就是说，半导体基底中电子所在位置的不确定范围至少要达到一定大小。一旦栅极加上控制电压，就意味着基底中的电子将会在这个外加电场作用下定向运动，其动量和速度也就被确定了下来。依照海森堡不确定原理，速度确定下来了，位置就会变得不确定，因而电子就会突破半导体中局域势场的限制，在源极和漏极间自由运动，形成导通状态。

要是不考虑量子效应，完全在经典物理学的框架下看待这个场景，不管外加多么大的电压，半导体中的电子总是会被束缚在价带里，除非能量大到足以击穿带隙，否则很难实现电子的自由流动。从这个意义出发，场效应晶体三极管也未尝不是一种朴素的量子器件。

第一个场效应晶体管于 1934 年被发明，比真空管计算机出现的时间还早。但是由于效率低下、性能不佳，早期晶体管一直未能投入实际应用。直到人们发现，单晶硅暴露在富氧空气中时表面会发生氧化反应，生成一层稳定的二氧化硅层，该表面氧化层具有极高的介电强度和潜在电子迁移率，极其适合作为场效应晶体管的基底介质，由此，半导体时代迎来了迅猛发展，继碳之后，硅成了另一种与人们生活息息相关的化学元素。这种在地壳中储量仅次于氧的富饶元素成为芯片的原材料，开启了横跨半个世纪的摩尔定律时代。

（二）源自隧穿的固态硬盘

下一步怎么办？摩尔定律终结之后，芯片产业将去往何方？

打碎摩尔定律不断延续幻梦的是量子隧穿效应。在距离足够近的情况下，电流可以无视任何能量阻碍（现实中的阻碍一定是有限的），在两个电极之间无损隧穿。

因此，集成电路板上电子元件的小型化总归会走到某个尽头，到那时候，任意两个器件间的距离已经正好处在发生量子隧穿效应的阈值上，稍有不慎就会发生隧穿，导致不可控的器件漏电，影响整个系统的稳定性。

但是，并不是所有的量子隧穿都是坏事，只要应用得当，它们也可以化害为利，为我们的信息产业进步添砖加瓦。

对电子产品稍有关注的人都应该记得，从 2010 年前后开始，固态硬盘（solid state drive, SSD）逐渐兴起，大有取代传统机械硬盘（hard disk drive, HDD）的势头。

与机械硬盘相比，固态硬盘体积更小，速度更快，没有任何移动的部件，不受磁场的影响，并且能在受到冲击和振动的环境下比任何传统硬盘更出色地工作。

最重要的是，固态硬盘的读写速度远高于机械硬盘，对于任何一台超期服役的老爷机来说，更换固态硬盘永远是最能带来直观的性能提升的硬件升级方案。采用固态硬盘之后，电脑能在几秒内开机，大型软件的加载时间也会大幅缩短，堪称丝滑。

固态硬盘为何能产生如此神奇的效用？事实上，这正是量子隧穿效应在电子信息领域里最巧妙也是最成功的应用之一。固态硬盘所使用的闪存技术便是基于量子隧穿效应的原理开发的。

量子隧穿在堵上芯片制程革新道路的同时，又开辟出了半导体市场中一块新的最大细分市场，固态硬盘每年创造的市场交易总额已经超过了千亿美元。

从原理上来说，闪存技术要比机械硬盘所采用的巨磁阻原理容易理解得多。通俗说来，固态硬盘中的一个个信息存储单元可以看作一个个小笼子，每个笼子里关着一种状态的电荷，分别对应二进制的 0 和 1。信息存储中最关键的两个方面就是信息的持久保存和快速读写，也就是怎样把笼子密封得更好，让笼子里的电荷不要轻易溜出来，同时在想要读写的时候又能快速打开笼子，看看里面到底是什么状态。

持久保存和快速读写是一对基本矛盾，信息想要保存得久，笼子就要造得结实，最好能完全屏蔽外界，形成一个封闭世界。但是，把围墙造得太高，反过来又会阻碍信息的读写，笼子都打不开了，怎么能看到里面的电荷状态，又谈何改写呢？

基于巨磁阻效应造出的机械硬盘采用的是磁写入、电读取的方式。写入信息使用的是磁场磁化，改变了存储单元里的磁场朝向，而读取信息是使用电流进行读取，看的是通电后测得的电阻率。这就相当于给笼子开了两个独立的门窗，一道大门只管进出，一扇小窗负责探望。要改写信息时给磁头加上磁场，打开大门供信息进出，其他时候大门封闭，只通过小窗来读出电阻率。这在一定程度上可以缓解持久保存和快速读写之间的矛盾，只不过操作还是很烦琐，读写速度特别是信息写入的效率还比较低。

但如果采用量子隧穿效应呢？只要距离足够近，电子是可以越过任意障碍的，围墙建得再高都不怕，总是能越过，这不就天然地适合信息存储的交互场景吗？

于是，闪存技术就出现了。每个闪存存储单元就是一个连门窗都没有的笼子，造得非常结实，很适合信息的长期稳定存储。要写入信息的时候，只要往笼子附近通电，让电子距离笼子非常近，就会发生量子隧穿效应，导致有一些电子突破围墙，进入笼子里。这就完成了信息的写入。

想要擦除的时候，就给笼子加电压，再往笼子边上放一层不带电子的介质。这时候，笼子内的电子能量高，就会往笼子外隧穿，再被导电介质导走，存储的信息随之也被抹去了。

与传统的机械硬盘相比，采用量子技术的固态硬盘不需要复杂的磁头、磁盘等磁化部件，而且整个读写过程完全依靠量子效应，速度非常快。每个信息存储单元也不需要考虑造门窗的问题，只要有一层绝缘层用于保存电荷即可，所以体积也能做得非常小，能耗非常低。市面上几乎所有的可移动 USB 存储设备（我们常说的 U 盘），都是以闪存技术作为主要存储机制的。

固态硬盘里每个存储单元负责存储一位二进制的 0 或 1，控制系统再通过特定的电路来检出每个单元里存储的电荷信息，读取速度非常快。在实际使用中，固态硬盘复制文件的速度可以达到每秒几个 GB，传输批量小文件的时候也可以保持每秒几百 MB 的高速，而同期的机械硬盘通常每秒只能拷贝几十到上百 MB，两者的读取性能可以差出 10 倍以上。

（三）计算机硬盘的第二次飞跃

闪存技术最早起源于 20 世纪 50 年代，但是受限于当时的技术，很难进行大规模的推广应用。反而是磁盘、磁带存储因为价格低廉、生产简单，很快就后来居上，成为主流的信息存储介质。直到传统磁盘的发展遇到了瓶颈之后，人们才回过头来，重新注意到了这项技术。

这时候的固态硬盘还存在着诸多问题，如读写次数有限、使用寿命不长、对电源稳定性要求高等，而且当时固态硬盘价格高昂，比机械硬盘高出好几倍。唯一的优点就是结构简单、存储可靠。

早期的固态硬盘的容量只有几千字节，售价也很贵，主要卖点是不含机械结构，不怕磕碰。最早一款商用固态硬盘是美国德州仪器公司在 1978 年推出的，存储容量 16KB，还不到 0.1MB，主要供给石油公司用于恶劣环境下的地震数据采集。

后来，随着技术水平不断提高，闪存单元模块也越做越小。尤其是 20 世纪 80 年代扫描隧道显微镜出现后，人们对于纳米尺度下的量子隧穿效应有了更为深入的理解，固态硬盘也得到了突飞猛进的发展。1984 年，第一款双模存储器问世，这款存储器总容量 40MB，其中 20MB 为高速读写的固态单元，20MB 为备份存储的机械磁盘。这标志着闪存技术至少已经发展到了可以和机械硬盘同台竞技的水平了。1987 年，第一款面向微型计算机的固态硬盘问世，容量突破了 100MB，终于追上了同时代的机械硬盘。

2006 年，日本索尼公司发布了第一款完全使用固态硬盘的消费级计算机 UX90，配备 16GB 固态硬盘作为机身存储。同年，日本东芝公司宣布，将在旗下推出的笔记本电脑中完全改用固态硬盘，以实现超薄机身。至此，固态硬盘正式与移动便携挂钩，其市场成为市场热捧的风口。

到 2010 年，苹果公司的 MacBook Air 系列开始将固态硬盘作为默认配置，也就是从这一年开始，固态硬盘开始成为消费市场的主流。2016 年，旗舰级商用固态硬盘的容量已经追上了同时代机械硬盘的最大容量。到 2020 年，固态硬盘每 GB 的存储成本还不到 5 美分，而在 1990 年这一成本则是 5 万美元。经过近 30 年的不断改进，固态硬盘总出货量已达到机械硬盘的 1/4，在消费级市场上更是几乎完全取代了传统的机械硬盘，巩固了自己在消费级电子设备领域的统治地位（图 3-15）。

图 3-15　2017—2024 年机械硬盘与固态硬盘总出货量对比
（数据来源：富国银行）

2022年，长江存储实现了固态存储颗粒的完全国产化，一举打破了日韩在这一领域长期以来的技术垄断。至此，我国国内市场上固态硬盘的价格开始直线下降，正式进入"白菜价"时代。

> 加速存力技术研发应用。围绕全闪存、蓝光存储、硬件高密、数据缩减、编码算法、芯片卸载、多协议数据互通等技术，推动先进存储创新发展。鼓励先进存储技术的部署应用，实现存储闪存化升级，进一步提升我国全闪存技术竞争力。
>
> ——工信部等六部门《算力基础设施高质量发展行动计划》

在此之前，国内装机市场曾有固态硬盘"一GB一块钱"的行业口诀，早年间很多电脑出于性价比的考虑，都会配置两块硬盘：一块是容量小一点的固态硬盘，"把钱花在刀刃上"，用来安装操作系统实现快速开关机；另一块是大容量的机械硬盘，讲究的就是一个量大皮实，什么资料都能装。

存储颗粒实现国产替代之后，这个价格直接降低了一半还多，固态硬盘的价格甚至可以做到比机械硬盘还要低。双硬盘的混合配置直接就被抛进了历史的垃圾堆，一时间很多专精于此道的装机商还都差点因此失业。

一个不起眼领域的"卡脖子"问题解决，竟然可以影响一个细分市场的行业格局。技术改变生活，产业塑造行业，最好的注脚莫过于此。

（四）量子化的摩尔定律

除了用于制造晶体管，不少电子器件也直接依赖于量子隧穿效应。

隧道二极管，或称江崎二极管、量子二极管，是日本物理学家江崎玲于奈于1958年发明的直接利用量子隧穿效应产生电学响应的逻辑电子器件。因为隧道二极管的整个响应过程是完全的量子过程，所以它可以实现高速切换，其切换速度可达每秒几兆兆次，甚至可以达到微波频率的量级。

普通的二极管是以半导体异质结为基础的，这是一种精心设计的结构，由两种电子性质完全不同的半导体材料拼接在一起。电流可以从一个特定的方向出发流到另一个方向，但是反过来就不行了，两种材料之间的电学性质差异会使得电子全部被束缚在局域态里，没法传导到另一端。

这就实现了二极管"单向导通，反向绝缘"的逻辑特性。

江崎发现的隧道二极管不采用传统的半导体异质结，而是创造性地直接运用电子的量子隧穿效应。隧道二极管的两端直接被一层薄薄的绝缘层隔离开来，而绝缘层两侧也是两种带隙不同的半导体材料，对应着不同密度的电子分布。当量子隧穿发生时，虽然绝缘层两侧的电子都可以隧穿到另一边，但是电子密度大的那一方总是会有更多的电子跳跃到另一侧，从结果来看，这就保证了电流只能从一个方向隧穿到另一方向，而很难反向传输。

也就是说，隧道二极管是"单向大概率导通，反向大概率绝缘"的量子器件。

1973 年江崎玲於奈和布赖恩·约瑟夫森因为发现隧道二级管中的量子隧穿效应而获得诺贝尔物理学奖。

与传统二极管相比，隧道二极管只需要很窄一层绝缘层就可以正常工作，可以做到非常小的体积。同时，隧道二极管的工作电流也更小，可以在更低的功耗水平上实现同样的功能。

更重要的是，传统二极管依赖材料对电子的吸收来实现单向导通，而隧道二极管完全靠的是量子效应，所以后者的响应速度非常高，可以达到前者的几十万倍。而且隧道二极管比其他二极管更能抵抗电离辐射，非常适合在太空等高辐射环境中使用。

量子隧穿效应制约了集成电路在空间上的尺寸，使得两个晶体管之间的距离不能任意缩小。芯片大厂一转思路，将芯片从平面结构改为"向天空要地"的立体结构，换来的也不过是十来年的喘息时间。等到另一个方向上的尺度也逼近量子极限之后，摩尔定律的增长也就走向了尽头。

或许，破局之道在于突破空间尺寸的限制，转向时间上的更快速、更高频。要实现这一步，就必须采用像隧道二极管一样的技术，完成全部晶体管器件的量子化替代，打破物理过程的时间限制，向另一个维度进军，开拓出新的增长空间。

也许再过若干年，摩尔定律说的就不是晶体管数量的翻倍了，而是芯片其他维度上指标的翻倍。

量子效应引发的瓶颈，最终有可能被量子化的器件所解决。矛盾的两个方面，在特定的历史条件下总是能相互转化。

第四章

量子纠缠：
超越时空的纽带

第一节　鬼魅般的超距作用

✦ 一、光速的极限能否被超越

（一）意大利中微子实验

2012 年 6 月，意大利中部亚平宁山脉格兰萨索山脚下的格兰萨索国家实验室里，正在进行着代号为"伊卡洛斯"的实验项目。

这个隶属于意大利国家核物理研究院的实验室建在群山之中，需要经过一段 10 公里长的隧道才能见到天光。选择如此隐蔽的位置，一是为了隔绝环境噪声的干扰，二是希望躲开外界的关注。但是，这场实验却吸引了全世界的目光，许多人在家中熬夜守着新闻播报，就是为了第一时间了解到实验的最新结果。

伊卡洛斯是希腊神话里传奇工匠代达罗斯的儿子。代达罗斯和伊卡洛斯父子俩不慎被囚禁在地中海的克里特岛上，为了越狱，他们打造了一双用羽毛和蜡制成的翅膀，希望借此逃离小岛。在逃跑过程中，伊卡洛斯觉得自己打造的翅膀太厉害了，不顾父亲的劝阻越飞越高。结果由于飞得太高，靠太阳太近了，炙热的太阳烤化了翅膀上的蜡，伊卡洛斯也就从天上掉了下来，被自己的自负害死了。

从此，伊卡洛斯成了渺小的人不自量力地妄图向伟大的神挑战的代名词。

这个代号是"伊卡洛斯"的项目，同样也被寄予了这样的期望。有些人认为这是改变历史的伟大时刻，有些人认为不过是徒劳的闹剧罢了，但更多的人希望用更严谨的实验来仔细考量一番，于是就有了这场举世瞩目的实验直播。

原来，就在一年前的 2011 年，意大利的格兰萨索国家实验室报道了一项发现。他们用特制的探测器接收千里之外的瑞士日内瓦的欧洲核子研究中心发来的中微子，根据测量，中微子以 60 纳秒的速度完成了 731 公里的旅程，比以光速通过同样的距离还快出一倍。

这个结果引发了巨大的轰动，因为它似乎冲击了现代物理学的基石——爱因斯坦的相对论。

（二）光速是时间的边界

根据相对论，任何物体的速度都不可能超过光速。这是光速的传播限制，也是时间的边界。

我们能看到客观事物，是因为来自这些物体的光进入了我们的眼睛。由于光在真空中的传播是有一定速度上限的，因此事物的变化也不是当下就为外界所知的，而是有一个逐渐传播的过程，传播的最快速度就是光速。

以某一个事件发生的时刻和地点作为时间和空间上的原点，以光速向四周扩散出去的范围称为事件光锥。光锥代表了在特定的时间内，这个事件可以传播到的最广时空范围。在光锥之内，该事件已经发生，作为过去历史的一部分成了客观事实。而在光锥之外，这个事件还未有定数，历史仍未写就。光锥是这个事件所激发起因果关系的所有点的集合，在平坦时空中，事件的未来光锥是其因果未来的边界，而其过去光锥是其因果过去的边界（图4-1）。

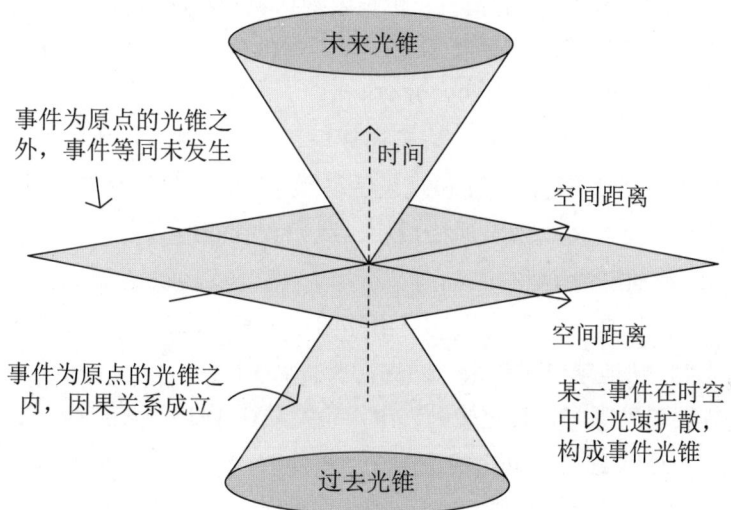

图4-1　时空中的事件光锥和因果关系

如果有任何物体或信息能以超光速传播，那就相当于我和你讲话，你在看到我开口之前，就已经知道了我想要说什么。这就打破了物理世界的底线规则，结果出现在了原因之前，这就相当于实现了时空穿越。

2011年的实验结果正是直指光速不可超越这个基本物理学法则。如果中微子的速度真的超过光速，那么意味着我们可以实现与光年外空间的即时通信，甚至意味着理论上可以让时间倒流。这将彻底改变通信效率，彻底解决由于相对论限制带来的信息传输上限问题。

这一结论引起了轩然大波，在社会各界的关注下，人们组织起了更大更豪华的团队，在同样的地点，用同样的手段，再次进行了一场更大规模、更为严谨的测量实验，也就是前面提到的"伊卡洛斯"计划。

遗憾的是，伊卡洛斯实验表明，中微子到达时间与光在真空中传播所需时间相差仅 4 纳秒，完全在实验误差范围内。

经过进一步的研究和分析，在日本京都举行的第 25 届国际中微子物理和天体物理大会上，欧洲核子研究中心主任亲自召开新闻发布会，宣布中微子的速度与光速一致。2011 年的实验由于设备故障，原始结果存在错误。

2012 年 7 月，原实验团队更新了他们的论文，将新的误差源纳入了计算中。论文的结论也被修改成了测得的中微子的速度与光速一致。

（三）是大航海还是中世纪？

光速不可超越是目前物理学的基石，也是爱因斯坦相对论的基本结论。

不管是物理实在的物体，还是看不见、摸不着的信息，或是能量和场的传播速度，都不能超过真空中的光速，即每秒 299792458 米。

地球与月亮的距离是 38 万公里，以光速往返还需要 2 秒多，所以载人航天登月探测都必须采用自主巡航控制或是由宇航员现场手动操作，否则仅考虑这两秒多的控制延时，指挥部根本来不及对突发情况做出遥控反应。我们看到的所有登月的直播画面，其实都已经至少是两秒之前的事情了。

距离地球最近的恒星是位于半人马座南部的比邻星，距离我们 4.2465 光年，也就是说哪怕以光速运动，从地球出发一来一回也需要将近 10 年。

1997 年的好莱坞电影《超时空接触》中，希特勒在 1936 年柏林奥运会上发射出的无线电视转播信号，经过 26 年时间后到达 26 光年外的织女星。织女星人收到之后发了一条信息回复，这条信息又走了整整 26 年，到达地球时，已是半个世纪之后。

仅仅是简单的收发消息就需要大半辈子的时间，在光速的限制下，宇宙间的车马真的很慢，人的一生很可能只能收到一封信件。

星际大航海时代，可能又是另一个信息闭塞、旅途遥远的中世纪。

连光都要走上几年时间的路程，换作速度远不及光速的宇宙飞船的话，更是需要花上几十上百年的时间，甚至横跨几个世代。就连最简单的单程宇宙旅程也需要几辈人接力完成，这种冷酷而又不失浪漫的设定引发了无数科幻创作者的遐想。

刘慈欣的《三体》中描绘的三体人的老家就是比邻星所在的南门二星系，南门二甲、南门二乙和比邻星组成了南门二星系里的三颗太阳。从南门二星系出发到太阳系还不到五光年，三体人派出的舰队却需要走上将近五百年。从观察到外星舰队离港启程，到最后的太阳系大决战之间，人类也有整整五百年的时间整军备战。

> 伊文斯走上前，庄重地对叶文洁说："按照你给定的频率和方位，我们收到了三体世界的信息，你所说的一切都证实了。"叶文洁平静地点点头。
>
> "伟大的三体舰队已经启航，目标是太阳系，将在四百五十年后到达。"叶文洁脸上仍是一片平静，现在，没有什么能使她震惊了。
>
> ——刘慈欣科幻小说《三体》

美国作家罗伯特·海因莱因在1963年出版的《太空孤儿》中，首次提出了世代飞船的概念，即宇宙航行很可能需要几个世代接力完成。书中描绘的"先锋号"飞船在宇宙空间里漂泊了许多个世纪，甚至久到在飞船上新出生的一代早已忘记了当初启航的目的，把飞船当作了自己永恒的家。

> 设计者在飞船启程前就很清楚，"先锋号"至少要用两代人的时间才能抵达目的地，因此，他们要让尚未出生的驾驶员能够轻松掌握如何操控飞船完成航程。尽管他们并没有料到技术传承会出现如此的中断，但已经尽最大努力让这些控制设备简单易懂，无须多加解释，且不会遭到破坏。
>
> ——罗伯特·海因莱因科幻小说《太空孤儿》

物体的运动速度与光速越接近，外界观察者会发现该物体上的时间流逝越慢，空间距离也会越短，这就是相对论中的"钟慢尺缩"现象。运动的速度越快，进一步加速就越为困难，最后的极限便是不可逾越的光速。

在1985年出版的《安德的游戏》中，美国作家奥森·卡德甚至想到了让那些最具创造力的思想家不间断地进行光速旅行，在有限的寿命时间里，经历尽可能久的文明时光，以便充分挖掘他们宝贵的经验与才能。那个时候的人类社会，已经陷入了历史人物和现实生活不断交织碰撞的魔幻中。

> "于是他们把你送上一艘飞船，让它以接近光速飞行——"
>
> "然后我再掉头返回这里。一段极其乏味的旅程，安德。我在太空中飘荡了50年，从技术上说，在我身上只过了8年的时间，但我感觉却像是过了500年。这一切都是为了能让我把一切技能传给下一任指挥官。"
>
> ——奥森·卡德科幻小说《安德的游戏》

很显然，光速的限制已经成为我们通往掌握星辰大海的宇宙文明之路上最大的物理障碍。所以，能否突破光速，就成了无数科学家前赴后继的探索目标。实际上，从量子力学诞生的那一刻起，量子力学就对传统关于超光速的认知带来了某种程度的挑战。虽然现实中还没有物理实体超光速的直接观测证据，但是在理论探索中，我们始终没有停下对超光速、瞬间传输、量子纠缠的研究。

科学研究的魅力就在于此，永恒演进而不畏挑战。在未来的探索之路上，相对论、量子力学，甚至超光速，都是需要我们探寻和挖掘的华章。

⊛ 二、量子论和相对论的碰撞

（一）跨越时空的量子纠缠

光速不可超越，但有一个例外，那就是量子力学中的纠缠效应。

量子纠缠是个神奇且复杂的现象。如果两个粒子由于某种机制，彼此共享了某个特定的量子状态，那么它们就发生了量子纠缠，不管其中哪个粒子的量子状态发生了改变，处于纠缠态的另一个粒子也会立马发生相应的变化，即使这些粒子相隔着茫茫星河也不例外。这是一个超光速的效应，看似直接违反了爱因斯坦的相对论。

事实上，第一个提出量子纠缠有可能超光速的正是爱因斯坦本人。阿尔伯特·爱因斯坦其实是个旗帜鲜明地反对量子的保守派科学家，在比利时布鲁塞尔召开的连续两次索尔维物理研讨会上，爱因斯坦都提出了各种思想实验，试图在量子物理的框架里找到漏洞，借以驳斥这个"荒谬不经的歪理"。但是连续两次"辩经"都失败了，量子力学的年轻拥护者们总是能想出更巧妙的解释来自圆其说。

在第三次会议上，爱因斯坦痛定思痛，决定憋一个大招。他联合了另外两位同事，提出了一个名为"爱因斯坦 - 波多尔斯基 - 罗森佯谬"（三人首字母缩写为 E、P、R，因而后人称为 EPR 佯谬）的极端情况。相应论文题为《能认为量子力学对物理实在的描述是完的吗》，直接剑指量子力学的本质。

EPR 佯谬假设了两个粒子，它们彼此之间互不相关，如果一个为正，另一个必然为负；一个是阴，另一个必然为阳。这在现实中也很容易实现，比如一对夫妻必然是一男一女，一对自旋中性的粒子必定是一上一下，只是我们暂时还不知道这两者之间哪个是哪个。

这样的两个粒子的状态就叫作"量子纠缠"，只要知道了其中一个的状态，就必然可以推知另一个的情况。

关键在于，如果把这两个粒子分开，分别送到相距遥远的不同位置，比如宇宙的两端。当我们对其中一个粒子进行测量时，我们不就立即得知了几万光年外的另一个粒子的情况吗（图 4-2）？这不就实现了信息的超光速传递？爱因斯坦用自己最得意的作品，狠狠地对量子力学"将了一军"。

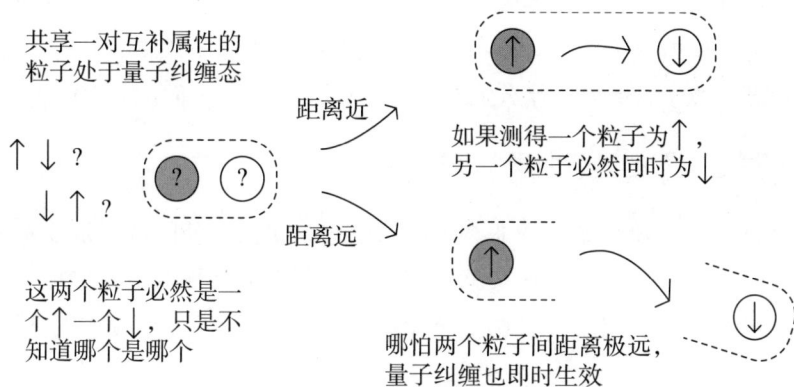

图 4-2　量子纠缠效应是即时生效的

（二）客观世界难道是不完备的

其实，EPR 佯谬并没有否定量子力学的精确性，质疑的只是它的不完备性。EPR 佯谬有一个隐含的前提，那就是客观世界是定域实在的。两个粒子之间的空间距离，应该是实实在在的物理距离，对于任何物理过程都是存在的，这种物理实在与观测行为无关。

不管我们是否抬头看月亮，月亮都挂在那里，是客观存在的物理实体。这就是客观世界的定域实在论。

爱因斯坦认为，客观的物理学规律必须满足两个条件：它必须是正确无误的，同时还必须能给出完备的描述。

对于第一个方面，物理学规律正确与否，这是很容易检验的。只要做实验，就能在实践中得到答案。至今为止，量子力学经受住了所有实验的考验，在这方面是无懈可击的。

对于第二个方面，也就是物理理论的完备性。爱因斯坦又做了进一步的拆解，他指出，一个完备的物理学规律必须同时具有完备性和实在性。完备性指的是物理实在的每个要素都必须在物理理论里有其对应部分。换句话说，一个完备的物理理论必须能够正确描述所有物理要素，不能随意增加，也不能随意减少。实在性指的是在不受外界干扰的情况下，物理学规律可以准确描述某物理量的数值，对应于背后物理实在的要素。

对于处于量子纠缠状态的两个粒子来说，它们彼此共享相同的"物理实在"要素。如果这一对粒子被天南海北地分开，只要测得其中一个的位置或是动量的话，马上就可推知另外一半的位置或是动量。这说明，位置和动量都是客观存在的"物理实在"，是在测量之前就存在的基本要素。

但量子力学不这么认为。按照量子理论，这些粒子的行为都受量子态的掌控，而量子态的特别之处在于，它处于一种待机的模糊状态，可能有任意的取值，只有测量之后，我们才能知道某个粒子具体处于什么状态，对应着这一状态不确定性的消除。

（三）"形式主义"的量子力学

在量子物理学中，观测是一个非常重要的过程。我们所处的世界是非常懒的，如果没人去观测，那么各种物理状态压根就没有意义，更谈何具体取值，主打一个反正没人知道。只有在外界观察者出现并且明确进行测量时，这些度量值才确定下来，有一个明确客观的取值。

我们不看月亮的时候，月亮很可能就没有确定的形态，可能是圆的球体，也可能是一座宫殿，或者压根就不存在。只有当我们抬头望向月亮时，才完成了一次对月亮形态的"测量"。每一次测量必须得到一个确定的结果，只有等到这个时候，月亮的形态才确定下来。

量子物理就是这么的"形式主义"。

从纯粹的量子观出发，微观粒子的物理属性并不是从一开始就完全确定的，而是遵从量子力学的不确定性原理，比如位置和动量就不是各自完全独立的，无论采用多么精密的仪器也没法同时测得这两个数值。

处于量子纠缠状态的两个粒子也遵循着同样的规律。它们共享的量子参量在外界观测之前是不确定的，不仅没有对应的物理实在，也没有任何提前确定的客观取值。这个时候讨论它们在时间、空间上的距离是没有意义的。

在量子力学看来，任何信息的传递过程都不能超越光速。物体的运动是物体信息的传递，光的传播也是物体信息的传递，都不能超越光速的限制。但是，纠缠粒子对的状态共享是一个从不确定和没意义中从无到有生成新信息的过程，并不涉及现有信息的传递，因此不受光速的限制。

要么承认物理学不完备，客观物理参数有可能根本没有确定的取值；要么认定量子力学并不存在，整个量子物理学只是某种更高级理论的特殊近似情况。在爱因斯坦精心设计的极端场景里，我们必须被迫在这两个结论之间二选一。

这两者之间有没有折中的办法呢？还是有的，有一种折中的理论叫作隐变量假说。

隐变量假说认为，物理学规律是完备的，量子力学也是成立的，但是量子力学只是全部客观规律的一个子集，是基本法则在微观世界中的近似体现。在量子力学之外，还存在着某种我们尚且未知的作用量，这种作用量在冥冥之中补齐了我们现在解释不了的理论漏洞。这种观点非常简单粗暴，既然现在回答不了，不代表以后科学进步了还是回答不了，我们选择相信后人的智慧。

但是数学和哲学不同，对于任何一个命题，数学家总能把它转化为逻辑化的阐述，构建出一道二选一的选择题。在大是大非面前，没有人可以逃避，必须直面选择。

1953 年，英国物理学家戴维·玻姆用数学化的语言系统性地阐述了隐变量理论。1964 年，约翰·贝尔在玻姆的基础上，总结出了贝尔不等式，作为经典和量子理论最直观的判别依据。贝尔证明，在一种特定情况下，隐变量理论和量子理论所表现出的实验现象是完全不同的，我们不需要留待后人来解决这个问题，当下就可以通过实验给出完全客观的回答。

要么物理学不完备，要么量子力学不成立——贝尔不等式把人们逼到了死角。

贝尔不等式的一般形式：

$$\left| P_{xz} - P_{zy} \right| \leqslant 1 + P_{xy}$$

P_{xy} 代表一个粒子的 x 轴状态和另一个粒子的 y 轴状态之间的相关性，P_{xz} 和 P_{zy} 同理。在经典力学中，此不等式成立。在量子力学中，此不等式不成立。

⚛ 三、整整半个世纪的质疑和挑战

（一）实验结果违背了贝尔不等式

在贝尔不等式（图 4-3）提出后的半个多世纪里，物理学家们被迫站队，按照是否支持量子论分为两派，互相口诛笔伐。初生牛犊不怕虎的年轻科学家们既想着证伪贝尔不等式以维护量子力学的地位；又想着找到一个可以让这个式子成立的特殊情况，推翻量子物理的基本框架而一举成名。

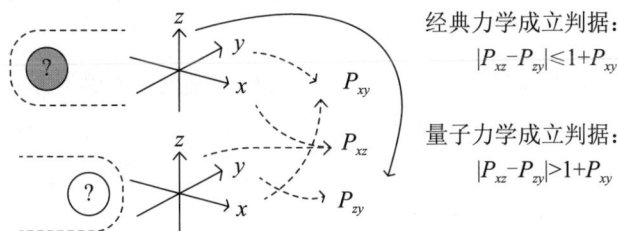

经典力学成立判据：
$$\left| P_{xz} - P_{zy} \right| \leqslant 1 + P_{xy}$$

量子力学成立判据：
$$\left| P_{xz} - P_{zy} \right| > 1 + P_{xy}$$

图 4-3　判定量子力学成立与否的贝尔不等式

1948 年，华裔物理学家吴健雄成功地做出了相互纠缠的光子对，这是人类第一次创造出量子纠缠，标志着贝尔不等式的论证不仅在理论上可行，在实验上也是可以实现的。

1969 年，美国物理学家约翰·克劳泽改进了贝尔不等式，将其改写为一个更易于通过实验进行检验的版本。经过了几年摸索，克劳泽设计并搭建了一套装置，勉强可以检验贝尔不等式。1972 年，克劳泽宣布，实验结果违反了贝尔不等式，不支持隐变量理论。量子力学是成立的，物理学法则是不完备的。

1982 年，法国科学家阿斯派克特利用最新出现的激光技术，在很高的能量水平上重复了这个实验，证实了克劳泽的结论，即贝尔不等式确实被实验所违反，这意味着量子力学是成立的。

1998 年，奥地利物理学家安东·蔡林格带领团队做了一个更大规模的实验，实验装置全长超过 400 米，比之前使用的装置大出好多倍。实验结果表明，在如此大的规模上，量子力学法则同样是成立的。

克劳泽、阿斯派克特和蔡林格因此获得了 2022 年的诺贝尔物理学奖。

为纪念他们在纠缠光子实验，验证贝尔不等式不成立和开创量子信息科学作出的贡献。

——2022 年诺贝尔物理学奖获奖理由

（二）更庞大、更精确，也更有说服力

但是，这么巨大的理论变革可不是几个人做了几个实验就能说了算的。很多人针对实验的各个环节提出了许多质疑。

首先，在实际的实验里，对两个纠缠粒子的测量不可能完全是同步的，科学家很可能先测一个，再测另外一个。两次测量间可能相差几秒钟，这个时间足够某种未知的、以光速传递的信号在两个粒子之间沟通信息了。这个漏洞被称为定域性漏洞。

其次，我们所用的测量仪器的探测效率不是 100%。有很多纠缠粒子到达了仪器却没有被探测到，这些未记录在实验记录本上的误差很可能可以充当信息传递的手段。这是实验测量上的探测漏洞。

此外，还有来自操作人员的主观漏洞。任何科学实验归根到底都是由科学家来操作的，科学家们都是人，既然是人，就有可能受到主观因素的影响。不排除科学家们在先入为主观念的影响下带上了一些执念，这些执念可能会影响实验的公正性。

为了应对这些质疑，科学家们对实验进行了大量修改，用不同版本的实验反复验证

着最初的结论。

在实验手段上，人们先是更换了不同的纠缠粒子源。克劳瑟和阿斯派克特最早是用紫外线来照射钙原子，这时候有一定概率会产生一对纠缠的光子，一个是波长为551纳米的绿光，另一个是波长为423纳米的蓝光。这两种颜色不同的光子互相纠缠。

随后，人们改用重金属同位素在电子轰击中放射出来的粒子作为纠缠源。纠缠的物理量可以是粒子的种类、能量、方向等。对任何一个纠缠物理量的测量都观察到了贝尔不等式的不成立。

1982年，人们再一次改进了实验方法，不再预先确定使用哪种纠缠物理量作为测量指标。纠缠粒子从某地发出之后，在另外一个地方的科学家们再通过抽签的方式随机选取一种测量指标来进行探测。

在这次实验中，光在两地之间传播需要43纳秒，而抽签只需要6.7纳秒，测量耗时13.37纳秒，抽签和测量的时间加起来比光在两地之间传播的时间还短，这就堵上了定域性漏洞。

（三）跨城、跨岛和跨国的贝尔实验

1992年，在阿斯派克特400米实验的基础上，奥地利的维也纳又进行了一次更大范围的屋顶实验。维也纳大学召集了很多志愿者，让他们站在整个城市的不同屋顶上，同时作为接收方。实验室里产生的纠缠粒子向哪个方向发射完全是随机的，几百个志愿者一起测量，其中只有几个人能获得真正的实验数据，这就杜绝了来自研究人员自身的信息泄露风险。

屋顶实验的结果依旧如前：贝尔不等式不成立，量子力学为真。

1998年，科学家们在瑞士日内瓦又进行了一次大范围实验。他们在日内瓦东头和西头的郊区各建了一个分析站，用特制的电缆绕着大圈把两个分析站连到一起，电缆全长10.9公里。光以光速传播这么长的距离也要几十微秒，距离越长，存在信息泄露的可能性就越低。而且特制电缆专线专用，大幅提高了实验的探测率，堵上了探测漏洞。

日内瓦实验的结果仍然表明贝尔不等式不成立。

2010年，人们又在非洲加纳利群岛各个岛屿上搭建起了纠缠光子链路，在144公里的距离上证实了贝尔不等式不成立。2017年，"墨子号"量子卫星上天后，中国科学家又在1200公里的超长尺度上再次验证了这一结论。

单单2015年一年，世界各地就有三个研究小组声称完成了更加严谨的贝尔不等式论证实验。这三个实验室位于不同国家，他们各自都准备了一套金刚石色心系统，能够产生纠缠光子对。每次实验随机选取一家实验室作为发射源，另外两家作为接收源，对贝

尔不等式进行测试。实验一共进行了 245 次，每次都观察到实验结果与贝尔不等式的显著背离。

但还是有人认为，进行抽签的也是实验室里的内部人员，只要是知情者参与，就总会有不可获知的隐变量存在。

2016 年，物理学家们又开展了一项重大活动。他们在网络上向全球公开征集志愿者，约定在同一时间上线，一起玩一个在线小游戏。游戏内容非常简单，只要快速随机地按下 0 或 1 即可，这些志愿者的随机选择将作为实验室里随机数的来源，彻底消除抽签环节的不确定性。

最终，全球超过 10 万名志愿者参与了这场"大贝尔实验"。2016 年 11 月 30 日，玩家们一共生成了 1 亿多个随机数字，这些随机数被发送给分布在全球各地的 9 个实验室，每个实验室各自使用光子、原子、超导等不同的纠缠体系，同时进行了 13 个不同版本的贝尔实验。

这已经是人类社会能够调集资源开展的最大规模的全球实验了，在这次实验，对贝尔不等式的违背同样成立。

2018 年，美国麻省理工学院的研究团队突破常规思维，试图将随机数生成工作借助宇宙本身来完成，以获取最大的随机性。他们用 6 台大型天文望远镜组成阵列，分别对准天空中南北两个方向上的恒星。望远镜所收集到的光子信息则会被光纤传输给一个能测量波长的仪器，这些数十亿光年外的恒星的闪烁情况，将成为 0 或 1 的随机数来源，供贝尔实验使用。

在实验中，科学家所观察的类星体分别距地球 78 亿光年和 122 亿光年，研究人员总共收集并分析了近 18000 对光子的数据，结果又一次证实了量子力学是正确的。

2022 年，中国科学技术大学将高维纠缠光子的总体探测效率提升到了 71.7%，从而实现了无探测漏洞的高维贝尔不等式检验，这在国际上尚属首次。

一百年来，人们穷尽了无数可能，试图维护物理学的完备性。但是事实证明，量子力学才是正确的，任何规律都只能是对客观世界不全面的写照。我们永远也无法获知大自然的全貌。

这就是事物规律的辩证性，辩证法是一种活生生的、多方面的认识方法，其中包含着无数的各式各样观察现实、接近现实的途径。对于真理的每一次追求、每一个认知都是不全面的，但是又是在不断前进的。沿着这条活生生的、呈螺旋状的曲线，我们将在无限复杂的辩证中向真理无止境地逼近。

（四）如何鉴定伪科学

这里插句题外话，怎样鉴定一个理论是不是伪科学呢？

因为量子纠缠的概念实在是太玄妙了，就连聪明绝顶的爱因斯坦都没办法完全理解，更不用说普罗大众了。

很多人只是从字面意义上理解，量子纠缠是现今科学无法解释的、超越时空的如鬼魅般相互作用。

于是，打着"量子"名头的玄学理论便大量涌现了。有些人用量子纠缠来解释男女之间的命中注定，是前世的姻缘才导致了现世的千里来相会。有些人以此作为气功和超能力具有现实合理性的论据，称按照某种法门修炼，可以解锁神奇的特异功能，获得突破物理学边界的强大力量。还有人认为这是心诚则灵的"心灵感应"，是造物者给予虔诚有缘人的奖赏和恩赐。

神秘的思辨方法必然导致神秘的价值观念。这些伪科学言论打着量子的旗号，看中的就是我国普通民众科学素养偏低的现状，瞄准的是很多人想走捷径的心理。信息有限、认知偏见、营销包装相互叠加，才为五花八门的量子玄学提供了土壤。

但是我们该如何辨别这些伪科学呢？

其实从量子物理的发展史就能看出来。一个颠覆性的科学理论一经提出，首先面临的就是无尽的质疑，理论越是创新，遇到的阻力也就越巨大。但真理总是越辩越明的，在不断的质疑和证伪的尝试中，越来越多的人会被事实所折服，转变思维观念，拥抱新的理论革命。改信的人多了，理论创新也就成为时代思潮，最终成为不容置疑的新的科学共识。

量子物理是物理学百年来最大的颠覆性理论创新，没有之一。虽然量子物理的很多基础框架在 20 世纪的前三个十年里大体上就完成了，教科书上的各种定理和公式也都早已确立，但是，围绕着量子物理的实验论证却贯穿了之后的一个世纪。在这个过程中，人们在越来越多的领域证实了量子效应的存在，同时也在越来越多的行业找到了量子现象的产业应用。

量子纪元不是弹指一挥间就到来的，而是在成千上万的科学家们前赴后继的努力中，一点一点划破长空、迎来曙光的。

一个理论之所以能称为科学理论，很重要的一个性质就是它必须是可证伪的，也就是可以找到一种特殊情况，在这种情况下，该理论必须作出是或否的明确预测，既可以被实践证实，也可以被实践证伪。

如果该理论可以经受住这种特殊情形下的实验检验，那么它就为自己赢得了一定的正确性。正确性积累多了，再顽固的人也必须承认该理论的合理性。科学革命就是这样产生的。

战国时代的思想家庄子和惠子有过一次著名的对话，这段对话记录在《庄子·秋水》中。

当时，两人结伴出游，游于濠梁之上。庄子看到水里的鱼游得非常自在，便感叹做鱼的快乐。惠子听了不解，反问道："子非鱼，安知鱼之乐？"（你又不是鱼，怎么知道鱼是快乐的呢）庄子答道："子非我，安知我不知鱼之乐？"（你又不是我，怎么知道我不知道鱼的快乐呢）

庄子关于"'鱼生'是快乐的"的这一论断严格来说算不上科学理论，因为它无法被证伪。不管怎么问，总是能找到一种诡辩的应答技巧，正话反话都能说得通。当然，如果战国时代就有磁共振成像技术的话，惠子就可以把庄子和鱼绑在机器上做一次功能性磁共振成像，看看庄子和鱼的大脑活动是不是相同的，两者能不能产生共情。在这种情况下，"鱼生快乐论"就有了可供评判的客观标准，也就有可能成为一个潜在的科学结论。

时至今日，物理学已经发展到了这样的一个高度，理论前沿的探索已经达到了远远超出任何一个天才所能独自掌握的程度，大量的推导和繁杂的计算必须依赖尽心竭力的团队合作才能完成。

1964年，美国的《今日物理》杂志刊登了一封读者来信。来信抱怨道，现在（指的是1964年）高能物理领域的论文的署名作者怎么会这么多，一篇12页的论文居然有多达27位署名的合作者。这简直是对科学的亵渎，时代怎么沉沦到了这个地步，竟要靠一群人来凑诸葛亮之数。科学研究可是一门艺术，是要靠非凡的天才来引领时代进步的，凡夫俗子们就不要和天才们争功了，还是早日自安天命为上。

这位读者恐怕做梦也想象不到，仅仅在不到二十年之后的1981年，就出现了第一篇作者数破百的学术论文。为了完成一项创新成果，需要几百名经过严格训练的科学家共同合作。换句话说，也正是因为每发表一项新理论都需要突破越来越多的共识和成见，必须先说服这几百位作者达成一致，而后新理论才能作为经过背书的学术成果向外发布。

这个数字还在不断地膨胀。2010年之后每年发表的署名作者数量超过500位的学术论文数量都多达几百篇（图4-4）。2015年，一篇关于果蝇基因组的研究报告的署名作者数量超过了1000位。2017年，科学家首次发现引力波的时候，那篇天文论文的署名人数超过了3000位。

署名作者数超过500位的学术论文数量

图 4-4　1990—2025 年署名作者数超过 500 位的学术论文数量
（数据来源：ACCOUNT RES）

　　这一单项的世界纪录是由欧洲核子研究中心在 2012 年创造的。他们用大型强子对撞机探测到了"上帝粒子"希格斯玻色子的存在痕迹，当时发表的论文作者数量达到了惊人的 5154 位。论文全文只有 33 页，前 9 页以极其简练的语言描述了实验的全部过程和结果（甚至还包括参考文献），随后 24 页则全部是 5000 多名作者的名字（人数太多了以至于只能采用首字母简写）及他们的工作单位。

　　社会是由人创造的，历史是由人书写的。科学前沿每向前推进一步，都需要全世界科学家通力合作，才能保证那一步踩稳踏实。现代社会已经发展到了如此的高度，以至于再也没有人能在车库里独自掀起一场革命了。只有社会自身具备足够的复杂度，能够自我革命。

　　世上没有捷径，高手也不在民间，所有的科学进步都是团队合作的结果。厘清了这一点，我们就可以轻松判定所谓的伪科学理论了。任何一个可以带来突破性发展的理论，一定是在向大众普及之前早就掀起了无数话题和热议，而且其创造的超额利润也很快就会转化为社会平均生产率的提高，从来就不需要什么"有缘才有知"，更不需要"心诚则灵"。

　　与其期待有缘撞见的民间高手带来什么新的技术革命，不如先理解现如今正在进行的这一次产业转型。物理学家们耗费了百年，才为我们带来了这场量子纪元的开门典礼。

第二节　宇宙、时空和黑洞

⚛ 一、撕裂时空的黑洞

（一）爱因斯坦宇宙方程的解

爱因斯坦对量子力学的挑战失败了。贝尔不等式确实不成立，我们永远也无法掌握绝对真理，只能辩证地无限接近客观规律。粒子间的量子纠缠违背了一切经典物理学的法则，幽灵般的超距作用确实存在。

但量子纠缠究竟是如何超越时间和空间的呢？

现如今通行的宇宙理论，出发点还都是源自爱因斯坦在 1915 年提出的广义相对论。广义相对论将引力视为一种质量和能量导致时空扭曲的几何效应，用一组称为爱因斯坦场方程的方程组描述整个宇宙。

爱因斯坦场方程是一组包含若干四阶对称张量的张量方程，每一个张量都有 10 个独立的分量，对应着时空的 10 个自由度。我们生活的这个宇宙中时空的每一种存在形式，都对应着爱因斯坦场方程的一个解。

一开始，人们认为这套方程虽然优雅，但是解起来实在太困难了，很可能需要算上几十年，才能凑巧找到某几种解的特殊形式。结果，广义相对论提出还不到一年，就有人找到了第一个解。

提出这个解的是德国物理学家卡尔·施瓦西。施瓦西其实并不算是一个全职的物理学家，当时他正响应德皇的号召，加入军队，为夺取阳光下的土地而作战，在"一战"的战壕里当一名普通士兵。施瓦西在躲炸弹和挖战壕的间隙，利用业余时间写满了三个笔记本，推导出了爱因斯坦场方程的第一个精确解，该解可以完美地描述有质量物体周围时空的几何形状或扭曲情况。

施瓦西的解法非常巧妙，他发现的是场方程的一个特殊解。

特殊解指的是在某种特定的极端条件下，复杂方程组的部分系数恰好可以相互约去，进而大幅降低求解的计算量。

如果把人类社会看作一个巨大的社会方程组，那么这个方程组将会是由 80 亿个方程联立起来的，每个人不同的生理心理需求构成一个独立变量，可以写成一道独立的需求方程。社会学和政治学的全部艺术就在于求解这个庞大的社会方程组，找到一组资源配置方式，使其能够同时满足这 80 亿条需求方程。

共产主义社会就是社会方程组的一个特殊解，它所对应的条件是物质生活极大丰富、科学技术极大提高。

而施瓦西找到的是另一种特殊的全零解。这就相当于社会方程组的"齐次零解"。既然所有需求方程的出发点都是人，那么发动大规模核战争，把地球上的人类全部消灭，没有人了，自然就没有需求方程了，于是这种全取零的情况也是让方程组成立的一个解。

在爱因斯坦场方程里，这种特殊的全零解对应的是"黑洞"。

当一个巨大的天体耗尽燃料后，在自身引力的作用下开始坍缩，中心质量集中在一个小的区域时，就会出现复杂的情况。施瓦西通过计算预测，在这种情况下，宇宙的时空不仅会发生弯曲，甚至还可能被完全撕裂。巨大的引力可以使得星体不停地坍缩，密度不断增大，直到空间拥有无限的曲率，并最终被永远隔绝在正常宇宙之外，形成一个无法逃脱的黑洞，也就是后世所说的施瓦西奇点。

这是个奇怪的解，它之所以被叫作奇点，是因为就连施瓦西本人都认为这只不过是一场数学上的文字游戏，在现实世界里应该找不到对应的现象。每个物体都包含一个奇点，当物体被充分压缩到一个特定的半径时，奇点就会出现，最后物体会不可逆地坍缩成黑洞。太阳的施瓦西半径约为 3 公里，而地球的约为 8 毫米。

施瓦西一直致力于解释自己发现的奇点的物理意义，但是一年后的 1916 年，长期在战壕中的生活让他染上了重病，在后方医院治疗无果后含恨而终。

2019 年，事件视界望远镜拍摄到了人类历史上第一张黑洞照片。这个黑洞位于室女座一个巨椭圆星系 M87 中心，距离地球约 5500 万光年，质量约为太阳的 65 亿倍。宇宙时空里，确实存在具有无穷大曲率等特性的奇点。

（二）虫洞连接遥远的黑洞

在施瓦西的基础上，爱因斯坦和几位同事继续研究。他们经过计算认为，不同的黑洞之间可能是相连的，连接的通道就是我们所说的"虫洞"。这类虫洞以两位发现者的名字命名，被称为爱因斯坦-罗森桥，其英文缩写为"ER"。

一个典型的黑洞在几何形状上可以分为两个区域：外部和内部。在黑洞外部，虽然巨大的引力扭曲了时空，但只要物体的速度足够的话，物体和信息仍然可以逃逸。而在黑洞内部，就连光都无法逃脱，因此黑洞看起来就是"黑"的，没有一丝光线。黑洞的内部和外部被一个事件视界相隔开。

2013 年，斯坦福大学和普林斯顿高等研究院的联合团队提出了 ER=EPR 猜想。ER 指的是爱因斯坦-罗森桥，也就是连接黑洞的虫洞桥；EPR 就是一百年前对量子力学的那个经典质疑。ER=EPR 指出，虫洞可能就是黑洞间的量子纠缠，而其他粒子的量子纠缠又是更广义的虫洞，黑洞内部是连接黑洞和另一个系统的虫洞的一部分。既然虫洞可以跨越空间连接黑洞，那么其他的纠缠粒子对之间发生超距作用也就不足为奇了。

黑洞是非常简单的天体，表述黑洞的唯一参数就是质量。黑洞的质量决定了黑洞的大小，以及其他可观测的一切行为。正因为简单，所以黑洞也非常容易发生纠缠，两个由虫洞相连的黑洞之间可能彼此共享质量。换句话说，量子纠缠在两个原本距离非常遥远的黑洞之间建立起了几何连接（图4-5）。

正常情况下的时空是一张平坦的纸

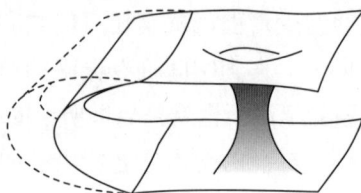

这个假说正确吗？很遗憾，虽然乍一听起来很有道理，但是面对接踵而来的质疑，ER=EPR假说没能做出有决定性说服力的回答。

最重要的原因是，虽然虫洞在时空上连接了黑洞，但是这类虫洞依然是不可穿越

虫洞就像把纸张对折，在时空上连接了两个黑洞

图4-5　EP=EPR假说原理示意图

的。计算表明，连接两个黑洞外部的虫洞会随时间而变化，两个曾经接触的黑洞视界也会迅速分离。虫洞稳定存在的时间太短了，短到我们根本无法使用这样的虫洞从一个外部旅行到另一个外部。没有了实验证据，科学家们也就没法检验ER=EPR的真假。这个猜想只能暂时停留在理论上。

不过，它倒是启发了好莱坞的导演和编剧们，在2014年的电影《星际穿越》中，主人公就利用黑洞和虫洞实现了时空穿越，回到过去拯救了未来。

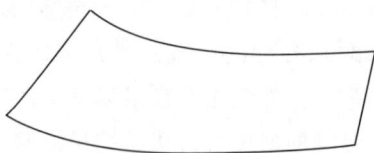

❂ 二、黑洞辐射和真空零点能

（一）黑洞也会向外发出辐射

自黑洞的概念诞生以来，它就一直与量子纠缠相伴相生。

20世纪70年代，英国物理学家斯蒂芬·霍金开始思考一个问题，当粒子落入黑洞的时候会发生什么？

按照黑洞的定义，这个问题的答案取决于粒子所处的位置。如果粒子还在黑洞的事件视界之外，那或许还有转机，虽然阻力重重，但是粒子还是有逃脱引力场的机会的。

如果落入了事件视界以内，那就像掉进了无底深渊，再也无法逃脱。粒子会被奇点

里无穷大的势场困住，就连量子隧穿都无力回天，没办法逃脱。

但霍金考虑的是一种非常特殊的情况，如果一对粒子，一个落入黑洞里，一个还在黑洞以外呢？

由于量子力学的不确定性，真空中的粒子总数也是不确定的。表现在实际中，就是真空里的粒子始终处于自然涨落的状态。真空中总有可能随机出现一对正负粒子，而后在几分之一秒内自然湮灭，因为这对粒子一正一负，所以总的质量和能量保持不变，只是粒子数在不确定中随机变化。

这些自然产生的正负粒子对天然就是互相纠缠着的。

霍金指出，既然真空涨落是随机的，那它就有可能发生在任何地方，包括黑洞表面。如果这对粒子恰好出现在横跨事件视界的地方，一个在黑洞里，另一个在黑洞外，那么在黑洞里的那个粒子就会被黑洞吸收，另一个就会侥幸逃脱，逃脱的粒子会向外辐射。

这就相当于对纠缠粒子对做了一个测量，确定了两个粒子哪个是正，哪个是负。霍金计算得出，落入黑洞的那个粒子必须是携带负能量的，辐射的那个粒子必须具有正能量。这样一来，黑洞的质量就会减少（被负粒子中和了），同时向外发出辐射（逃跑的那个正粒子）。

这就是霍金辐射。随着时间的推移，这种逃逸的正能量会耗尽黑洞，导致黑洞蒸发（图 4-6）。

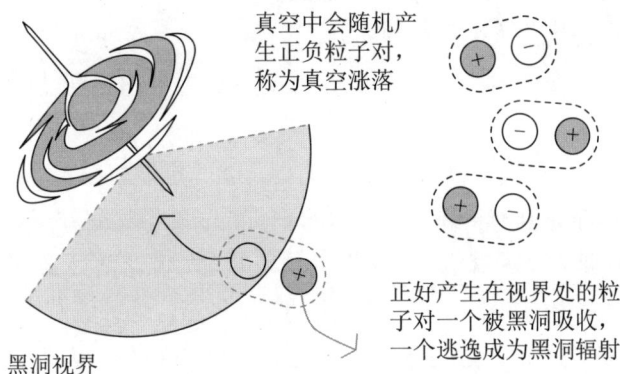

真空中会随机产生正负粒子对，称为真空涨落

正好产生在视界处的粒子对一个被黑洞吸收，一个逃逸成为黑洞辐射

黑洞视界

图 4-6　霍金辐射的原理示意图

由于霍金辐射的存在，使得"黑洞不黑"。它就像一轮冰冷的黑色太阳，向宇宙透射着属于自己的光芒，其温度与表面重力成正比，与质量成反比。因为霍金辐射发生在黑洞表面，所以黑洞的比表面积直接影响了辐射的强弱。越大的黑洞，相对来说比表面积越小，也就越难辐射粒子。质量较小的黑洞反而比表面积更大，发出的辐射也就更强。对于太阳那么大的黑洞来说，发出的霍金辐射的温度差不多比绝对零度高出约千万分之一度。

> 因此搜索黑洞的一种方式是寻找围绕着似乎是看不见的紧致的大质量物体公转的物体。若干这样的系统已被测到。发生在星系和类星体中心的巨大黑洞也许是最令人印象深刻的。
>
> ——斯蒂芬·霍金《果壳中的宇宙》

（二）真空中的零点能

事件视界望远镜拍下的那张著名照片中的 M87 黑洞长得就像个甜甜圈，外面一圈亮环，围绕着中间的阴影。这些外围的亮环，正是对外发射的霍金辐射。

为了解释量子纠缠，物理学家们发现了黑洞的存在。但是在经典物理框架下，黑洞又是永生不灭的。倒是量子效应又让黑洞辐射成为可能，假以时日，黑洞也能蒸发。

每一次吸收纠缠粒子对，黑洞都会损失一定的能量。黑洞的寿命与其初始质量的立方成比例，任何在早期宇宙中形成的质量小于 1 太千克的黑洞到今天都会完全蒸发掉。

走到寿命尽头的黑洞会爆炸，发出大量高能的伽马射线。当伽马射线到达地球后，会击穿地球的高层大气，产生大量电子－正电子对，点亮漆黑的夜空。《宋史》就曾记载过一次超新星爆炸引起的伽马射线暴，"至和元年五月，晨出东方，守天关，昼见如太白，芒角四出，色赤白，凡见二十三日。"连续二十三天，夜空里都能清晰可见，也难怪古人会认为天象有异是历史大变局的前兆。

一切产生出来的东西，都一定会灭亡，这是量子力学的客观法则，连光都能吞噬的黑洞也不例外。

但是凡事都有两面性，既然有旧事物的灭亡，就一定伴随着新事物的诞生。

由于真空中总是会随机产生许多纠缠着的正负粒子对，这些粒子对在极短的时间内成对湮灭。因此，即使是完全的真空，也会因为粒子的自然涨落而处于不断的能量波动之中。这些不断的波动为真空中的每个场注入了一定的最低能量，这种能量被称为零点能量。

随机出现的正负粒子称为虚粒子对。它们就像借钱的人，从真空银行里借了一些能量而产生出来，又在极短的时间里湮灭并归还这些能量，虽看似没有留下"痕迹"，但又对经济总量做出了贡献。通过特定的物理实验，我们可以观测到这些虚粒子对的存在。

因为零点能量是真空的固有能量，是宇宙的"低保"，取之不尽用之不竭，所以在很多科幻作品里，零点能源是星际航行的"永动机"，飞船不需要额外补充能量，就可以穿越茫茫征途，向星辰大海进发。

观测数据显示，我们宇宙中的真空总能量非常小，甚至可能接近于零。

在极特殊的情况下，零点能量确实可以被提取出来。

1948 年，荷兰物理学家亨德里克·卡西米尔提出，如果在真空中放置两块金属平板，板与板之间的距离非常近，但又恰好不贴合，只能容纳一个粒子，那么，平板之间由于空间不足，不会出现虚粒子对，这些涨落出来的粒子对只会在平板外面出现。这就导致了平板之间的粒子数密度少于外界，平板会受到一个持续的压力。虽然很微小，但这确实是来自零点能。

1996 年，物理学家首次对卡西米尔力进行测定，实际测量结果和理论计算结果十分吻合。如果平板之间的距离维持在 10 纳米，那么卡西米尔力的强度就会相当于一个大气压力，确实够用。

实际上，操纵真空能量在理论上是可能的。任何能够改变真空能量的物体，如电导体、电介质和引力场，都会扭曲量子力学的真空状态。这些真空能量的变化通常比总真空能量本身更容易被计算和测量，有时甚至可以在实验室中直接观测到。

1986 年，美国空军梳理出了六个可用于未来航天的"非常规推进概念"，其中就有"用于推进的深奥能源，包括真空空间的量子动态能量"。这是零点能量第一次出现在正式的军事研究项目中。

2008 年，美国国防部高级研究计划局启动了一项计划，面向全社会征集卡西米尔效应发动机的设计。2014 年，美国宇航局旗下的先进推进物理实验室宣布，他们已成功验证了量子真空等离子推进器的使用，该推进器可以利用卡西米尔效应进行推进，不需要消耗燃料就可以实现不间断的航行。

但是这些应用都仅仅停留在原型概念阶段，远远没有达到大范围推广应用的标准。

（三）量子能量隐形传输

真空零点能实在过于天方夜谭了，导致对其的研究一直饱受诟病。很长一段时间里，研究零点能的科学家总是被同行不齿，就像研究永动机一样可笑。

主要是很多人认为，虽然"真空不空"，但是我们终究没法直接从真空中提取能量，因为那里没有任何东西。就像一个以奢侈品为主要产品的企业把目标客户定为贫困农村里的广大低保户，它的融资和估值一定没法做大。

但 2008 年，日本理论物理学家堀田正博提出了一个很有意思的想法。虽然我们不能利用真空涨落来发电，但我们是不是可以基于量子纠缠超距作用的原理，来远距离传输能量？

这种技术叫作"量子能量隐形传输"。所谓"隐形"，指的是利用纠缠态中的不确定性来传输能量，而不依赖实在的物理介质。

假如说现在有两个人，爱丽丝和鲍勃，他们想要向对方传输能量。鲍勃出门在外，手机电池电量耗尽了，需要充电救急。这时候他想到了远在家中的爱丽丝手上还有一块电池，于是赶紧千里传音，向爱丽丝求援。

爱丽丝和鲍勃就像学术界的张三和李四一样，经常在各种例子里客串。"爱丽丝"的英文是"Alice"，"鲍勃"的英文是"Bob"，首字母分别是"A"和"B"，正好对应路人甲和路人乙。

爱丽丝这时候就打开实验室里的测量装置，用电池向实验室装置供能，对随机的真空涨落进行测量。经过一段时间的测量，爱丽丝可以得到一串的随机数字，测出了许许多多的正粒子和反粒子，平均来说质量是零，对应着平均为零的真空零点能。

爱丽丝把这串数字记录下来，发送给远方的鲍勃。鲍勃于是就能得知正负粒子分别在什么时候出现，他只需要选择正粒子出现的那些个时间记录点进行测量，就能得到一连串的正粒子，平均质量为正，也就是说从真空中获得了能量。这些粒子就可以作为原子反应炉的燃料，为鲍勃的手机充上电（图4-7）。

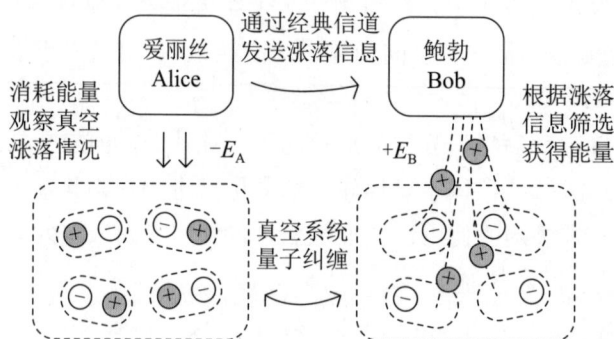

图4-7　量子能量隐形传输原理示意图

在这个过程中，能量守恒和光速最快两条定律都没有被违反。鲍勃虽然从真空里提取了能量，但是他获得的总能量总是小于爱丽丝开动实验装置测量真空涨落所耗费的能量。同时，在爱丽丝发送的信息到达鲍勃手中之前，他也没办法进行选择性的测量，所以信息的传递也没有超光速。

也就是说，当A、B两个真空系统存在量子纠缠的时候，我们可以消耗一定的能量E_A对A系统进行测量，获得A处真空涨落的具体信息，然后把此信息通过经典通信传到B处，然后就可以从B系统中获得可用能量E_B了。由于E_A总是大于E_B，因此整个传输过程符合基本物理定律。

隐形传输指的是将量子纠缠特性作为远距离传输的通信信道使用，从而实现任意未知量子态的传输。由于两个纠缠量子之间的连接是即时生效且不可被观测的，因此被称为"隐形"。

量子能量的隐形传输就是利用量子纠缠特性作为传输通道，在遥远的两个位置之间进行能量的传输。

从理论上来说，量子能量隐形传输确实有可能实现。它不涉及能量的凭空产生和凭空消失，只是利用了真空中的量子纠缠，将一地的能量转化为纯粹的信息流，再转移到另外一地重建出来，就好像人为创建了一个跨越空间的虫洞，把两个地方连接起来，一个地方提供能量，另一个地方消耗能量。

> 只有我们的宇宙和平行宇宙进行合作，也就是各自在电子通道的一端，将物质进行置换，才能利用两个宇宙自然法则的不同来获取能源。
>
> ——艾萨克·阿西莫夫科幻小说《神们自己》

这有点像我们要给远方的朋友送上一张带卡号密码的充值购物卡。除了直接快递把实体卡送过去，我们还可以打电话给朋友，告诉他卡号和密码是多少。既然卡号和密码已经被朋友知道了，那么我们手上的实体购物卡就可以作废了，朋友再利用这一信息，现场加工出来一张新的卡，仍然可以拿到购物商场里使用并核销。这就是把质量（能量）转化成了信息流，再到异地重新转化回来。虽然总体能量守恒，但是信息流的传递可以比实体物质快很多，自然就达到了快速传输的效果。

这个方法的实质相当于把量子体系里的不确定本身看作可以打包起来的物体，从一地传输到另外一地，实现对量子波动性的利用。

2023 年，纽约州立大学石溪分校宣称，他们使用 IBM 的量子计算机，成功实现了量子能量隐形传输，将能量传送到了大约相当于一块计算机芯片尺寸之外的位置。

或许未来，我们可以实现只靠一根接入量子互联网的量子网线，既能上网，又能供电，还能打电话。只靠几通量子电话，大山深处小水电站发出来的电，就可以直接传到千里之外，带动机器运转，投入实际生产。

第三节 量子通信和量子新基建

⚛ 一、量子信息隐形传态

（一）隐形传态通过量子纠缠传递信息

虽然量子能量的隐形传输还远未真正实现，量子信息的隐形传态却已经可以投入实用了。

量子信息隐形传态指的是以实现量子态的远程传输为目的的一类量子通信协议。与量子能量的隐形传输一样，量子信息隐形传态同样把量子纠缠效应作为承载通信信息的信道使用，只不过传输的不是量子的能量，而是任意未知量子态的状态信息。

在量子信息隐形传态中，通信前收发双方先交换一对处于量子纠缠态的粒子对，就像古代将军给驻外的军队交付调兵用的虎符一样。纠缠态本身具有非局域的量子特性，可以跨越很远的距离实现超距作用。虽然量子纠缠本身不能用来传递超光速的信息，但它可以作为量子信道，配合其他途径一同完成信息的收发传递。

我们再把爱丽丝和鲍勃喊出来。现在，鲍勃的手机充满电了，不需要进行能量的传输了，但是这时候他急需用到一封密件，结果密件不慎遗忘在家里。鲍勃想让在家的爱丽丝把密件传给他，爱丽丝同样打开实验室的装置，对她手上持有的一半纠缠粒子进行测量。由于粒子同时具有位置、速度、自旋和电荷等多个独立的不确定变量，爱丽丝就需要从这几个变量中选取一个，作为本次测量的物理量，观测得到一个结果。

然后，爱丽丝再千里传音给鲍勃，告诉他自己测了哪一个物理量。鲍勃再对手中另外一半的纠缠粒子进行一模一样的测量，测试结果一定与爱丽丝测得的相反。现在，粒子的量子态就在鲍勃和爱丽丝手中完成了传递，同时他们在公开信道上只传递了测量哪个物理量的信息，而并没有明说这个物理量的具体测量值，具体测量值是借由量子纠缠效应完成远程即时传输的，完全不存在泄密风险（图 4-8）。

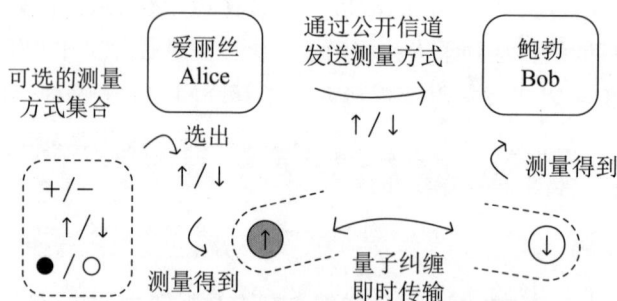

图 4-8　量子信息隐形传态原理示意图

我们可从两方面来看待这个通信过程。

一方面是量子信息的通信部分，爱丽丝在测量手中的纠缠粒子的同时，远在他方的鲍勃手上的另一半粒子会立即发生相应的坍缩。这个过程是瞬间完成的，不受时间和空间的制约，对应着隐形传态中"隐形"的内涵。

另一方面是经典的信息通信部分，爱丽丝和鲍勃只需要交换对粒子的测量方法，不需要传递任何有关粒子实际状态的内容。爱丽丝完全可以向全宇宙无差别地公开广播这一信息，只有手持另一半纠缠粒子的鲍勃才可以据此复现出量子态，而无须进行任何编码和解码过程。

就像量子能量的隐形传输一样，这个过程也不涉及超光速通信。爱丽丝必须通过传统的手段告诉鲍勃测量操作信息，而后鲍勃才可以进行量子态的读取。虽然没有缩短通信时间，但是描述测量操作的信息长度显然远短于描述量子态需要的长度，这也同样提高了信息传输的效率，同时还兼顾了绝对的保密性。

量子信息隐形传态传递的是编码在物质粒子中的量子信息。虽然爱丽丝和鲍勃手头的纠缠粒子还在原地不动，但是他们彼此交换了关于量子态的信息，而在这个过程中，物理粒子原地不动，发送端的粒子始终在发送端手中。

毫无疑问，量子隐形传态是建立量子通信的核心。随着研究的深入，各种量子通信的理论方案陆续涌现，比如量子纠缠交换、大尺度量子通信等，带来了无尽的可能性和创新机遇。尤其是自由空间里的量子隐形传态，可以为建设未来低延迟、安全的空间量子通信网络奠定基础。

（二）量子信息隐形传态的落地实践

1993 年，人们第一次提出了量子隐形传态的概念。作为量子信息领域的基础通信协议，量子隐形传态只需要通过事先分发纠缠粒子对、事中共享测量方式，就可以实现事后未知量子态的远距离即时同步。

1997 年，潘建伟院士首次利用光子偏振在实验中实现了量子隐形传态，将一个光子的未知偏振态在不传送该光子本身的前提下，利用量子纠缠成功传输到了另一个光子上。这在当时引起了巨大轰动，相关论文与 X 射线的发明、爱因斯坦相对论的提出、DNA 双螺旋结构的发现等重大科技成果一起入选了《自然》杂志"百年物理学 21 篇经典论文"。

后来，科学家们在冷原子、离子阱、超导、量子点和金刚石色心等物理系统中也实现了量子隐形传态，进一步挖掘和扩展了其应用潜力。

2006 年，潘院士及其团队首次将量子隐形传态技术扩展到两个光子的偏振态传输；2015 年，又实现了多自由度的量子隐形传态，不断拓展着量子隐形传态的传输距离。

2016 年，"墨子号"量子科学实验卫星上天后，量子隐形传态实验首次在长达 1400 公里的地星距离上得到验证，为大规模全球化的量子网络奠定了坚实基础。

2019 年，潘院士又在国际上首次成功实现了高维度量子体系的隐形传态，突破了原本二维传输的限制，可以实现任意维度传输，该技术得以向实用化大幅推进。

至此，量子信息隐形传态技术的发展已经达到了投入实际应用的水平。

⚛ 二、绝对安全的量子加密通信

（一）现代战争就是密码学的较量

密码学，尤其是供通信使用的应用密码学，是一门非常重要的应用技术，很多时候直接左右着大国命运的走向。

现代战争是几个大国之间全方位的较量，比拼的是哪一方能够以更高的指挥效率组织起更多的人，调度好更多的物资。

第二次世界大战中，光是斯大林格勒一场会战，德国与苏联就累计调集了超过 1000 万名士兵，再算上补给后勤的保障人员，以及在大后方加班加点生产物资的工人，争夺一座城市就需要调动当时整个欧洲 1/10 的成年劳动力。

要调度好如此多的人和物资，沟通协调是必不可少的。通信技术越是发达，就越能在极短的电文里以简洁的语言讲清楚前因后果，让一群相距甚远、素昧平生的陌生人为一个共同的目标保持一致行动。

把沟通水平提高了之后，自己人协调起来是方便了，但要是命令被敌军截获了呢？岂不是自己要干啥对方都一清二楚了呢？

要防止这种情况的发生，要么在命令里干脆话讲半句，语焉不详，只让知情人能够猜得出来；要么就是对信息进行加密，从源头上杜绝信息丢失的可能。

显然，前一种方法只适合于网络写手笔下的宫斗文，如果读个命令都需要结合对指挥官人格的揣摩才能脑补出来，那能够动员起的部队人数也就完全取决于指挥官在有限的个人时间里能够结交多少知心朋友了。

在稍微激烈一点的对抗较量中，人数不足就是最大的劣势，暗潮涌动的宫廷密谋永远也敌不过公开喊出来的纲领与口号。

于是乎，发展加密技术就成了唯一的可行之道。但是，技术的进步是相互的，我们在提升加密水平的同时，敌人也在孜孜不倦地攻关解密技术，矛与盾在你追我赶间不间断地动态改进。

"二战"时，纳粹德国就在这个问题上栽了跟头。

当时，德国仗着自己工程水平高、科技实力强，开发出了一款叫作恩尼格玛密码机的加密装置，结合了当时几乎所有主流的加密原理，其加密水平比世界领先水平还先进十年。在战争爆发的头几年，德国军队仗着加密技术上的优势有恃无恐，总参谋部一声令下，百万雄师蓄势待发，装甲掷弹兵的铁蹄踏遍了大半个欧洲。

但好景不长，1944 年，英国开发出了第一台用于密码破译的电子计算机"巨人"。很快，超强的计算能力让反法西斯同盟彻底破译了德军密码，德国人的内部通信从此变得单向透明。最可怕的是，德国人对于自己的军用密码已被破获还不自知，仍然用电文传递着大量机密，使得盟军对其防线布置和部队调动了如指掌。当年6月，英国、法国、美国和加拿大等国组成的联军登陆诺曼底，直指德军防线的最薄弱环节。不到一年时间，柏林沦陷，第三帝国宣告灭亡。

不难看出，加密密码的安全与否，直接关系着军事行动的成败，进而左右着一个地区乃至一个大陆地缘政治的未来走向。

> 密码工作坚持总体国家安全观，遵循统一领导、分级负责，创新发展、服务大局，依法管理、保障安全的原则。
>
> ——《中华人民共和国密码法》

（二）量子加密可以杜绝窃听

为了保护密码安全，人们先后想出了无数办法。在太平洋战争中，美国甚至在大平原深处找到了几个几近灭绝的印第安人部落，用他们不为人知的土著语言作为通信手段，确保无线电通话不被敌人破译。在冷战中，苏联甚至找了一对双胞胎兄弟，从小将他们隔离起来训练，试图利用他们之间的"心灵感应"来传递绝密信息。

而量子加密通信技术的诞生，或许终于可以为这场矛与盾的较量暂时画上一个句号了。

量子加密通信，是指在多个通信节点间，利用量子密钥分发进行安全通信的网络通信方式。根据量子信息的隐形传态原理，量子通信按照时间顺序其实可以分为先后两步：一开始对量子密钥（也就是纠缠量子对）的分发，以及在通信过程中对测量方法的传递。

不管是哪一个步骤，都完全避免了信息泄密的可能。量子密钥早在通信建立之前就完成了分发，而测量方法的传递更是不涉及具体的通信内容，两者都只不过是建立信道的辅助手段，真正的通信内容是直接通过量子纠缠效应"隐形"传递的。

更重要的是，量子纠缠特性保证了对纠缠量子对的观测是一次性的，只要纠缠着的两个粒子其中一个被外界观测了，另外一个立马就会发生坍缩，失去量子的不确定效应。表现在通信过程中，一旦有恶意第三方截获了分发的量子密钥，那他就必定要对这个密钥进行测量（只截获密信而不拆开看是没有意义的）。一旦密钥被窃听，纠缠粒子对的量子态就会立即产生变化，发送方立刻就能知道链路已不安全，从而可以及时做出后续处理，防止进一步的泄密，以此实现绝对安全的通信。

从理论上来说，量子加密通信只有一个泄密风险。那就是接收消息的鲍勃叛变了，把自己手头的量子密钥和接收到的测量方法，以及和爱丽丝的约定内容通通告诉第三方。这时候，爱丽丝确实会被蒙在鼓里，继续给冒充鲍勃的第三人发送大量机密内容。

只不过话说回来，所有的技术最终总是服务于人，技术上的风险可以完全消除，而人的风险只能靠人来防范。再先进的技术永远也无法完全取代人，能动的、实践的、活生生的人才是历史的直接主体和最终创造者。

但是，尽管很多国家都已经成功实现了远距离的量子加密通信试验，现阶段的量子加密通信还面临着诸多问题。如果量子通信的地面基站之间是采用光纤互相连接的，那么光纤会对在其中传输的光子产生吸收作用，吸收率会随着距离的增加而升高。超过一定距离之后，光子就会被光纤吸收，从而失去纠缠特性。所以，作为量子密钥的纠缠光子对在光纤里只能在一个相对较短的范围内传播。

因此，为了延长通信距离，就必须在两个基站之间建立多个中继转发站，每个中继转发站都拥有一对量子密钥，对信息进行解密和再加密。这样一来，虽然可以实现级联远距离通信，但是收发双方之间又引入了大量中间环节，这极大地增加了泄密风险，必须保证参与通信中继的所有人是绝对可靠且能一致行动。

目前，最远的点对点地面安全通信距离仅为百公里量级。

要解决这一问题，就必须舍弃地面基站，改用卫星直接交换量子密钥。

2016年，我国发射的"墨子号"量子通信卫星就是用于进行量子加密通信的。这个量子卫星经过特殊设计，能够中继传递纠缠量子对，负责为通信双方提供纠缠着的量子密钥。与之相对应，地面上还建设有超过3000个可以接收纠缠量子密钥的地面站，这些地面站拿到密钥之后，只需在公开信道上交换测量方式，就可以实现绝对安全的量子加密通信了。

2016年，"中国天眼"落成启用，"悟空"号已在轨运行一年，"墨子号"飞向太空，神舟十一号和天宫二号遨游星汉，中国奥运健儿勇创佳绩，中国女排时隔12年再次登上奥运会最高领奖台……

——国家主席习近平二〇一七年新年贺词

2017年，我国与奥地利合作，成功利用"墨子号"量子通信卫星在北京和维也纳之间进行了世界上首次量子加密虚拟电话会议。

2018年，美国紧随我国之后，建立了国家空间量子实验室，并在国际空间站上加装了一个激光发射装置，以实现地面站之间的安全通信。英国和新加坡的联合团队正在紧锣密鼓地推进相关工作，准备于近年内发射自己的量子通信卫星。

下一步，我国将在更高的空间轨道上部署一颗高轨道量子卫星。"墨子号"只是一颗科学实验卫星，其轨道距离地球只有500公里，和马斯克发射的星链小卫星的高度差不多。这么低的高度限制了"墨子号"的通信范围，它只能实现每天两次的量子密钥分发。如果在10000公里以上的空间轨道发射一颗量子卫星，那么我国将能够实现全天候任何时段的量子加密通信，真正奠定量子领域的领先地位。

（三）迈向未来的量子互联网

既然点对点的量子加密通信已经实现，下一步就要实现一对多、多对一甚至多对多的复杂量子加密通信，也就是面向全球的量子互联网。

互联网已经成为我们日常生活中不可或缺的一部分，让地球变成了一个人们彼此触手可及的"小村子"。但是，在便利性和包容性的背后，存在着大量的数据泄露和隐私泄密的风险。

现有的互联网架构就像一个透明房子，我们在其中的一举一动都有可能被不怀好意的路人看到甚至记录下来，从而导致隐私数据的泄露。

如果我们能把构成现代计算机互联网的二进制比特替换为量子比特，用量子加密通信取代传统加密通信协议，那将开辟一条新的道路。

根据量子力学原理，任何试图破译量子信息的行为都会立即被察觉，因为这会破坏该信息的量子态，就像拆开之后的档案密封条很难再被原封不动地贴回去一样。这将使我们的通信越来越难以被窃取，为我们的隐私信息提供坚实的保障。

量子互联网的时代正迅速向我们逼近，这将是一场革命性的变革，将彻底重塑现有的技术形态，拓展未来前景。

量子互联网可以让任何两个用户使用几乎牢不可破的加密密钥来保护敏感信息。同时，就像几万台性能一般的家用计算机组合在一起可以组成算力强大的并行计算集群一样，分布在世界各地的小型量子计算机也可能连接起来，组成一台体积更大、性能更强的超级量子计算机。

要实现大范围的量子互联网，仅靠几颗卫星肯定远远不够，必须研发出不需要人力介入的可信量子中继器，来对远距离的量子通信进行中继转发。

事实证明，许多量子网络协议不需要依靠大型量子计算机来实现，只要有能处理一个量子比特的量子设备，就足以满足许多行业应用的需求。

在过去的十年间，构建量子互联网的许多技术步骤已经在世界各地的不同实验室里得到了反复验证。研究人员已证明，他们可以通过许许多多的不同手段，产生带有量子纠缠效应的量子对，在不同的环境条件下实现长距离量子通信。

2021年，我国在国际上首次实现多模式复用的量子中继基本链路，将50公里的光纤衰减率降至1%以下，效率相比之前提升了16个数量级。

2023年，美国麻省理工学院的林肯实验室也开发出了一台具有两个内置缓存模块的量子中继器，每个模块可以容纳8个光学量子比特。该中继器马上投入了实际应用，把哈佛大学和麻省理工学院的校园量子网络连接起来，跨度达50公里，足以覆盖一个中等规模的城市。

目前，人们已经研制出量子中继器的原型，马上就可以投入建设大范围的量子通信互联网了。

2024年，中国、美国和荷兰携手合作，在各自国家的试点城市范围内实现了经由超长光纤红外光谱传输的量子纠缠，尝试验证了多对多的复杂量子加密通信网络。

最关键的是，来自3个国家的不同团队使用了完全不同类型的量子比特。中科大的潘建伟院士用的是编码在铷原子云里的纠缠光子对，当原子云受到刺激时，这些光子就会被激发出来，发射到千里之外。合肥市目前已建立了3个可以独立运行的量子中继站点，每个站点都通过光纤直接连接到10公里外的中央实验室。中央实验室发射出来的纠缠光子能够让3个站点中的任意两个实现实时量子加密通信。

荷兰代尔夫特理工大学的团队采用嵌入小金刚石晶体的单个氮原子作为量子源。这也是一种金刚石色心量子系统，氮原子里的外层电子可以与附近的碳原子发生量子纠缠，产生可供通信使用的量子密钥对。他们在荷兰的海牙建立了欧洲第一个城际量子网络，光纤从代尔夫特大学出发，绵延25公里，穿过整个海牙市，到达建在城市另一头的收发中心。

美国马萨诸塞州的研究小组则是在哈佛大学和麻省理工学院的校园量子网络互联的基础上，又将这一网络与波士顿的市内量子网络联通，再通过专用线路一路直达华盛顿。

三次演示基于三种不同的量子网络形态，这说明，我们已经可以掌握多种形态的量子传输技术，可以根据实际情况按需使用，在多变的复杂情况下随机应变，以适应各式各样的现实挑战。这一壮举标志着我们已向未来量子互联网迈出了关键一步，量子互联网的到来或许比我们想象的还要快。

量子通信崭露头角，马上就成了国际科技竞赛的新战场。美国、欧洲、俄罗斯等多个大国正在量子通信领域齐头并进、你追我赶。

2005年，美国实现了两个独立原子间的量子纠缠和远距离量子通信，并建成了连接哈佛大学和波士顿大学的DARPA量子网络，该网络跨度为10公里。

2008 年，来自 12 个欧盟国家的 41 个科研小组经过四年半的艰苦奋斗建立了 SECOQC 量子通信网络，并在维也纳进行了欧洲第一场量子通信演示。该系统集成了多种量子密码手段，包含 6 个节点，每个节点可以支持使用多个不同类型的量子密钥进行可信中继组网。

2014 年，美国航空航天局为了用城市光纤网络实现量子远距传输，在波士顿的街道下布设了一条量子密钥分发线路。这是世界上第一个城市尺度的量子光纤网络。

2015 年，欧洲的日内瓦大学和康宁玻璃公司合作建造了一条全长 307 公里的量子通信光纤信道，其传输速度达到每秒 12000 比特，这是当时全球最长的量子通信线路。

2018 年，美国一家公司宣布建成了全美首个量子互联网——Phio，从华盛顿到波士顿沿美国东海岸总长 805 公里。这是美国首个州际商用量子密钥分发网络。

2020 年，英国在布里斯托尔大学和剑桥大学之间开工建设了一条连结 8 所大学的量子通信干线，全长大约 500 公里，用于学术验证和国家安全通信。

> 加快量子通信产业发展，统筹布局和规划建设量子保密通信干线网，实现与国家广域量子保密通信骨干网络无缝对接，开展量子通信应用试点。
>
> ——中共中央、国务院《长江三角洲区域一体化发展规划纲要》

与此同时，我国也不甘示弱，尽显量子大国风范，截至 2023 年底，我国的量子通信市场规模已经逼近千亿元大关（图 4-9）。

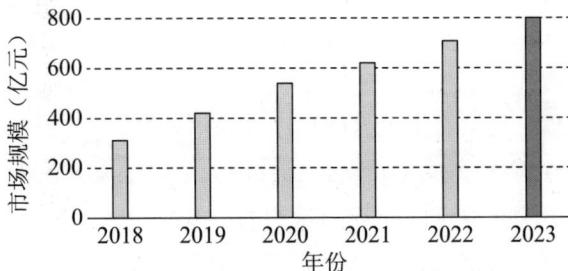

图 4-9　2018—2023 年我国的量子通信市场规模变化
（数据来源：工信部）

2004 年，潘建伟院士首次实现了五光子纠缠和终端开放的量子态隐形传输，这标志着我国正式进入量子通信领域。同年，郭光灿院士完成了途经北京望京—河北香河—天津宝坻的量子密钥分配实验，通信距离全长 125 公里。

2008 年，潘院士建成了基于商用光纤和相位编码的三节点量子通信网络，节点间距离达到 20 公里，能实现实时网络通话和三方量子电话会议。

2009 年，合肥建成了第一个四节点全通型量子通信网络。其中任意两个节点都可以互联互通，实时地产生量子密钥，用来进行各种加密的数据、语音和多媒体等信息传输。最近的两个通信节点距离超过 16 公里，每个节点都可以工作在全双工模式，同时作为量子信号的发射方和接收方进行量子通信。同年，世界上第一个"量子政务网"建成。

2012 年，合肥市城域量子通信实验示范网建成并进入试运行阶段，具有 46 个节点，光纤长度达 1700 公里，通过 6 个接入交换和集控站，可以连接 40 组量子电话用户，同时容纳 16 组量子视频用户。同年，"金融信息量子通信验证网"在北京开通，这是世界上首个利用量子通信网络实现金融信息传输的通信应用网络。

2013 年，我国在国际上首次成功完成星地量子密钥分发的全方位地面试验。同年，济南量子保密通信试验网建成，包括 3 个集控站、50 个用户节点，可供 100 平方公里内的近 200 个终端进行保密通信，用户之间的通信实现了每秒产生 4000 多个密码，且在世界上首次应用于公检法部门。

2014 年，我国自主研发的远程量子密钥分发系统单节点安全通信距离达到 200 公里，刷新了世界纪录。

2016 年，我国首颗量子科学实验卫星"墨子号"发射，已完成了包括千公里级的量子纠缠分发、星地的高速量子密钥分发，以及地球的量子隐形传态等预定的科学目标。

2017 年，世界首条量子保密通信干线"京沪干线"正式开通。当日结合"京沪干线"与"墨子号"量子卫星，成功实现了人类首次跨越洲际距离且同时使用天地链路的量子保密通信。干线连接北京、上海，贯穿济南和合肥，全长 2000 余公里，全线路密钥传输速率大于 20 千比特 / 秒，可同时供上万用户进行密钥分发。

2018 年，"京沪干线"投入实际运营，已实现北京、上海、济南、合肥、乌鲁木齐南山地面站和奥地利科学院 6 地点间的洲际量子通信视频会议，并保障了交通银行京沪间远程企业网银用户的量子保密通信实时交易、中国工商银行网上银行京沪异地数据的量子加密传输和灾备、阿里征信数据的异地加密传输以及量子加密流媒体视频点播等实际行业应用的顺利运行。

同年，江苏省宁苏量子干线开通，该工程西起南京，途经镇江、常州、无锡、苏州共 5 个城市，全线共有 9 个节点，量子保密通信链路总长 578 公里。

> 济南市、淄博市、潍坊市和青岛市联合协作，先行建设连接济南青岛、横贯山东省东西的量子保密通信"齐鲁干线"及城域量子保密通信网络，并适时考虑向烟台、威海和济宁等周边地市延伸，将各市城域网与"京沪干线"相互联通。
>
> ——《山东省量子技术创新发展规划（2018—2025 年）》

2020 年，山东省济南市宣布开工建设量子保密通信"齐鲁干线"，这是由地方政府主导的规模最大的量子保密通信工程。

2021 年，我国成功实现了跨越 4600 公里的星地量子密钥分发，成功构建出天地一体化广域量子通信网络，为未来实现覆盖全球的量子保密通信网络奠定了科学与技术基础。

2023 年，在量子通信应用的创新上，湖北省将鄂州花湖国际机场智慧高速打造成了全国首条具备量子保密安全能力的智慧高速公路。

各地热火朝天的量子新基建，预示着量子纪元或许已在悄无声息之间来到了我们的身边。

第五章

量子相干：
携手一起共进退

第一节　更大尺度的量子系统

一、从"粒子"到"量子"

（一）量子相干是多个粒子的纠缠

在本章之前，我们一直不加区分地使用"粒子"和"量子"这两个词。

的确，量子指的是物质不可分割的最小基本单位。既然就现如今的技术水平而言，微观粒子是人们可以接触到的最小量级的物质成分，那么微观粒子就一定是量子化的。

但是，量子系统不仅仅包括微观粒子，哪怕是尺度再大一些的宏观体系，只要它是不可分割的，都可以认为是量子化的，具有量子系统的特性。

两个粒子之间可以产生量子纠缠效应，共享同一组量子参数。同样，一组粒子也可以两两纠缠在一起，在各个物理量上发生纠缠。

该粒子组中每个粒子的量子态都无法独立于其他粒子的状态来描述，位置、状态、速度、运动统统都是彼此依赖、紧紧耦合的，各个粒子形成了一个不可分割的有机整体。

这种多粒子发生互相纠缠的状态就叫作量子相干态。

量子相干一旦发生，整个纠缠在一起的粒子系统就不能再被视为多粒子的简单集合，而必须当作单一的不可分割的整体来看待。因为相干系统的任一组分与其余组分之间都是纠缠在一起的，单独对其中一小部分实施观测，等同于在同一时间对整个系统的所有组分都进行了观测。不存在独立于系统之外的单独组件，也不存在可以被单独拎出来的子系统。

这时候，整个相干系统就没法被进一步分割成更小的组成成分，因此，它就是不可分割的，因而也是量子的（图5-1）。

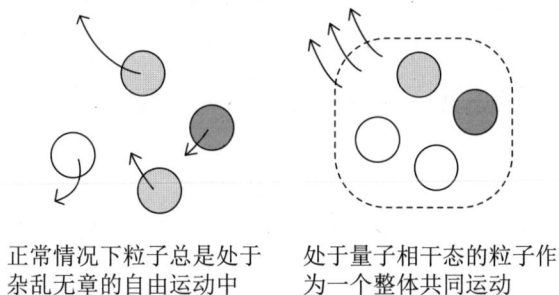

正常情况下粒子总是处于　　处于量子相干态的粒子作
杂乱无章的自由运动中　　　为一个整体共同运动

图 5-1　量子相干态示意图

（二）量子相干态是宏观的量子系统

如果能实现多粒子的统一行动，那么我们就可以突破微观尺度的限制，在更大的尺度上创造出宏观量子系统来，让量子效应有更大的用武之地。

单靠这一点就可以让很多经典系统重现量子特性，实现更高效率的突破。

以太阳能发电为例。太阳能发电的原理是利用太阳照射到地球的光能作为输入源，经过光电作用，转化成我们可以利用的电能。

目前，太阳能电池光电转化的极限效率世界纪录是 33.9%，是由我国科学家在 2023 年创造的，这意味着太阳光里 1/3 的能量都可以被提取出来，转化成能够存储、输送、使用的电能。这已经是一个很高的数字了。

但是，在实际应用中，太阳能电池还存在着诸多缺陷。最重要的原因就是太阳光不是单一波长的光，而是由不同颜色的光组成的混合光，不仅光谱跨度大，在同一个地方一天之内的不同时刻，光谱成分还会变化。

比如在早晨和傍晚的时候，太阳高度角很低，阳光穿过的大气等效层厚度也就很大，波长短一些的蓝光紫光就会被大气所吸收，没法到达地面，所以初升的旭日和落山的夕阳看起来是红色的。而大中午的阳光里短波长的光占比就会多一些，呈现刺眼的黄白色。

不同材料、不同工艺的太阳能电池，对于不同波长光线的吸收效率是不一样的。半导体带隙越窄，越能吸收长波，反过来，带隙越宽的半导体，对蓝紫光的吸收能力也就越强。

为了达到吸收性能和太阳光谱的最佳匹配，人们想了很多办法，包括把不同材料的太阳能电池并联在一起做成叠层，或是依据算法在一天之内动态地更换不同的太阳能电池。

但是，没有一种材料是包打天下的，总会存在光谱些许不匹配的情况，导致能量的浪费。

> 光伏产业是基于半导体技术和新能源需求而融合发展、快速兴起的朝阳产业，也是实现制造强国和能源革命的重大关键领域。
>
> ——工信部等五部门《智能光伏产业创新发展行动计划（2021—2025 年）》

2007 年，《自然》杂志刊登了一项研究。美国加州大学伯克利分校的生物物理学家发现，大自然里的绿色植物对于太阳光的吸收效率居然高达 95%，而且在 1/100 万亿秒内就能利用阳光把二氧化碳和水转化为碳水化合物，几乎没有热量损失。人造的太阳能电池工作不了多久就会发烫，但是绿色植物的叶片总是能保持凉爽干燥。

树叶里负责进行光合作用的是绿色的叶绿素。叶绿素内部存在很多由色素分子组成的二聚体，这些二聚体可以以不同的频率振动，对应吸收相应波长的太阳光。但就像我们的太阳能电池一样，同一种二聚体只能特异性吸收一种颜色的太阳光，对于其他颜色的总是会有一些不匹配，导致能量损失。

怎么样才能让每一个色素二聚体都匹配到对应颜色的光线呢？植物不像人类，会费心费力地去设计复杂的调度算法，而是干脆放弃对单独二聚体的微操，转而让这些色素分子互相纠缠在一起，形成量子相干态。

耦合在一起后，整个叶绿素就变成了一个整体，不再是由一个个偏好特定颜色的二聚体组成的了，而是对所有波长的光线都能吸收。接收到的太阳光线不是按照颜色分为一股一股输送到对应的基团去处理，而是同时进入所有的色素二聚体，自然也就不存在效率损失，可以达到几乎 100% 的转化比例。

目前人们还搞不清楚植物是怎样让叶绿体里的蛋白质进入量子相干态的。但可以理解的是，让许多原本彼此分离的群体统一协调起来，彼此纠缠，就可以实现宏观尺度的量子态，从而可以最大限度地免去彼此之间的内耗，实现近乎 100% 的量子效率。这就是量子相干的最大魅力。

佛家的禅宗有一句偈语："一花一世界，一叶一菩提"，讲的是在无尽的细分之中，一个像花叶一样哪怕再渺小、再微不足道的小事物都可能由无数个更细分的组件构成，这无数个组件又能演化出无数种内部关系，就像一个个小世界一样。所以，站在宏观尺度的人们想要去完美地操纵这些客观事物是不可能的，人怎么能处理得好如此之多的相关关系？

但现实世界里的量子效应远比禅师最狂野的想象还要来得离谱。我们可以直接让大量的微观粒子彼此纠缠，发生量子相干，从而方便地得到宏观量子系统。处于相干态的宏观量子系统中不管有多少个细分组件，这些组件必然都是严格绑定在一起共进退的。许许多多的人拧成一股绳，不仅像是同一个人那样呼吸、思考、行动，而且如同一整块铁铸成的钢，自身就是一个完整独立的整体。

量子相干态不仅可以最大限度地减少量子系统里的"内耗"，还能发挥出经典系统不可能达到的极限性能，属于最具应用潜力的量子效应之一。

⚛ 二、波的干涉和量子相干态

（一）从波粒二象性看量子相干

可以从另一个方面来理解量子相干态。

　　在量子力学中，任何一种物质都具有波粒二象性，同时既是粒子又是波。从粒子性的角度来说，多个粒子之间的相干协同行为非常新奇，但是从波动性的角度来说，这种行为又是很容易理解的。

　　波是一种振荡行为，具有波峰和波谷。波峰是振荡的最高点，对应着波函数的极大值，波谷是振荡的最低点，对应着波函数的极小值。虽然波峰和波谷随时间振荡交替出现，但是两者的振幅平均值总是固定的，而这个平均值对应着波函数的平均强度。

　　两列频率不同的波交织在一起，会形成一个具有新频率的合成波。合成波的波峰是原本两列波的波峰之和，合成波的波谷也是原本两列波的波谷之和，而两列波分别位于波峰和波谷之时，合成波都会处于正好抵消的零振幅位置。所以，合成波每历经一个极大值到极小值的转换周期，都对应着原本两列波各历经一个极大值到极小值的转换周期。也就是说，合成波的频率与原本两列波之间频率的差别有关。

　　这种波的合成称为"拍"，拍频等于组成拍的两列波各自的频率之差的绝对值（图 5-2）。

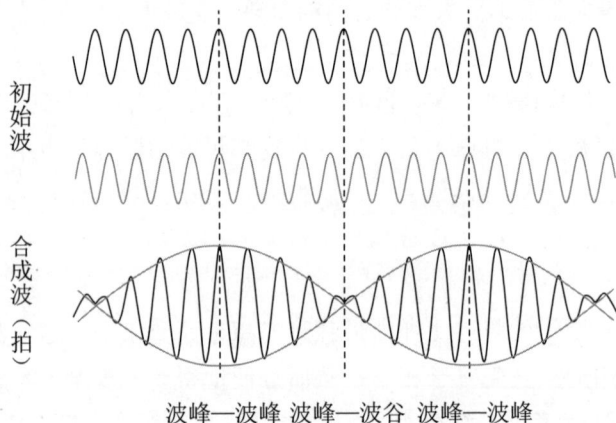

初始波　合成波（拍）

波峰—波峰　波峰—波谷　波峰—波峰

图 5-2　波的合成示意图

　　如果交织在一起的两列波具有相同的频率，此时拍频为零，也就是说最终的合成结果随时间是不变的。这种现象叫作波的干涉。

　　以光波为例，发生干涉的两束光会形成明暗交织的干涉条纹。明处对应两束光波的波峰和波峰、波谷和波谷的位置，这时候两束光波的振荡幅度相互叠加在一起，导致了光强的极大增强；暗处对应两束光波分别处于各自的波峰、波谷的位置，这时候两束光波正好互相抵消，导致光强几乎为零。

　　如果光束在传播的过程中经过一个小孔，那么根据光学中的惠更斯原理，在小孔处就会以小孔边缘为原点产生一系列的次级波。这些次级波在向外扩散的过程中又会彼此发生干涉，产生不变的干涉图样。这种现象叫作波的衍射。

> 波前的每一点可以认为是产生球面次波的点波源，而以后任何时刻的波前则可看作是这些次波的包络。
>
> ——克里斯蒂安·惠更斯《光论》（1678 年）

（二）波的干涉和衍射

光波的干涉和衍射是很容易观察到的。

1801 年，英国物理学家托马斯·杨在实验室里首次成功地观察到了光的干涉现象。杨制作了一种具有两条平行狭缝开口的双缝屏，经过双缝屏的光会在每一条狭缝处都产生一束新的次级光波，进而在更远处的成像屏上呈现出明暗交织的条纹状干涉图样。

光的干涉现象证明了光是一种波。为了纪念这位杰出科学家，人们后来把托马斯·杨做的这个经典实验叫作杨氏双缝干涉实验（图 5-3）。

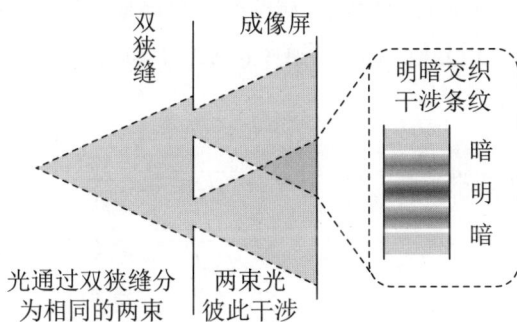

图 5-3　杨氏双缝干涉实验示意图

量子力学建立之后，人们意识到不仅光是一种波，而且任何客观物质本质上也是一种波，只不过尺度越大的物体对应的物质波的波长越小，表现出来的波动性越弱，如是而已。

1961 年，科学家又进行了电子双缝干涉实验。电子双缝干涉实验在原理上和杨氏双缝干涉实验相同，只不过是用一束电子穿过双缝屏，再照射到更远处的屏幕上成像。人们惊讶地发现，就算只使用一个电子，这个电子打在成像屏上不同位置的概率也是不同的，正好对应着电子概率波的干涉图样。电子落在概率波干涉增强处的概率很高，落在概率波干涉相减处的概率很低。如果电子流中的电子数量非常多，就会清晰地呈现出明暗交织的条纹状干涉图样。

电子双缝干涉实验表明，电子也是一种波，两个电子之间也会发生干涉效应。

电子的静止质量大约是 1 亏千克，即 $1×10^{-30}$ kg，根据德布罗意的波粒二象性方程，可以推算出电子的波长大约在皮米量级，这比波长在百纳米量级的光波还要小上四五个数量级。所以相对于波动性突出的光而言，电子粒子性的一面更加明显。

（三）电子显微镜用电子替代光

根据电子波长极短的特点，科学家们用电子代替光，开发出了分辨能力更强的电子显微镜。

对于传统的光学显微镜来说，限制其分辨率提高的最主要因素是光的衍射效应。人眼可以看见的光波的波长范围是 360 ~ 830 纳米，这个波段范围称为可见光波段。这也决定了可见光可以绕过的最大障碍物的尺寸和可以穿过的最小孔径只有几百纳米。

如果空间上的两个点之间的距离比可见光的波长还要小，那么对于光波而言，这两个点几乎就构成了一个小孔，很容易就会触发衍射，致使两个点发出的光产生干涉，最终导致成像交织在一起，变得模糊。在光学上，这种因衍射效应而产生的分辨率极限称为衍射极限，一台光学显微镜可以清晰分辨的两点距离最小是所用光波长的 1/2。

于是，为了突破衍射极限看清小于百纳米的原子和分子，人们采用电子束来代替光波成像，制造出了电子显微镜（图 5-4）。

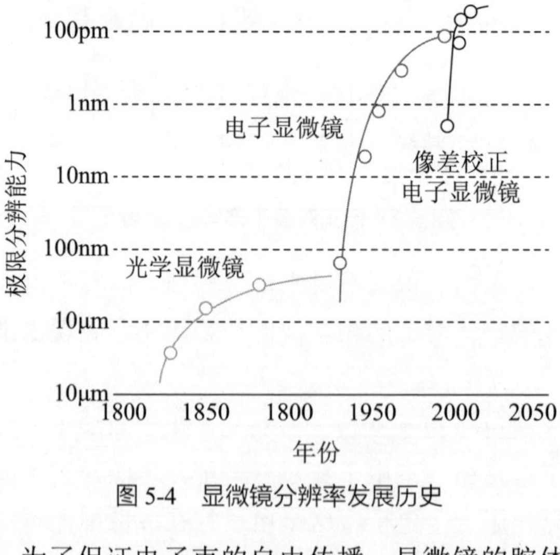

图 5-4　显微镜分辨率发展历史

在电子显微镜中，为了保证电子束的自由传播，显微镜的腔体内部是超高真空的环境。在真空里，电子可以运动很长的距离而不会与空气中的杂质发生碰撞，从而产生稳定的电子束流。电子束流打在待测物体表面，发生碰撞散射，散射电子再经成像系统收集，最终成为屏幕上显示的图像。

光学显微镜使用不同尺寸和形状的光学玻璃来改变光的传播方向和聚焦程度，这些光学玻璃称为光学透镜。而电子显微镜用的是一系列的电磁透镜，通过施加电场和磁场来改变电子束的轨迹，实现偏转和聚焦。

2016 年，康奈尔大学的研究团队研制出来的电子显微镜像素阵列探测器，刷新了电子显微镜成像分辨率的世界纪录，达到了 39 皮米。作为对比，元素中最轻最小的氢原子的直径也有 100 皮米，电子显微镜甚至可以看到氢原子的 1/3。

电子作为波不仅可以发生折射、反射、散射，还可以发生衍射和干涉。如果把电子束照射在具有周期性结构的晶体表面，电子就会发生衍射，从而呈现出一系列格点的图像，告诉我们关于晶体周期性排布的结构信息。这种成像技术称为低能电子衍射，是晶体学中最常用的表征手段。

既然在特定的尺度下，电子也能表现出类似于光的波动性质，那么所有的粒子，都拥有波动性的一面。

每个量子也有对应的量子波，量子波与量子波之间也能产生出类似于"拍"的合成效应。

如果两个完全相同的量子波之间发生了相互作用，那么它们也会产生出固定不变的干涉图样。表现在物理性质上，就是这两个发生了干涉的量子波之间"锁定"起来了，两者作为一个整体共同运动，彼此间的相对差不随时间而变化。

要是大量这样的量子互相之间发生量子波的干涉的话，就形成了量子相干。处于量子相干态的相干系统中，系统各组成成分保持相对静止，具有很强的抗干扰特性。

从这个角度来说，量子相干效应是波粒二象性的直接结果。

⚛ 三、"受激辐射光放大"

（一）以大量粒子同时运动实现相干态

量变可以引发质变。大量的微观粒子在同一时间进入相同的运动状态，就可以形成量子相干，进而产生宏观下都可以观察到的大尺度量子效应。

改变微观粒子的运动状态还是很容易实现的。经过几个世纪的研究，人们已经知晓了许许多多的化学反应方程式，只要把满足条件的反应物按照特定的形式聚合在一起，就能引发化学反应，从而让粒子分离、结合、碰撞、运动。

再不济，我们可以通过量子隧穿效应，利用纳米探针一个接一个地去移动粒子，从而像堆沙雕那样雕刻塑造出任意的粒子形态。

但是，要让大量粒子在同一时间按相同的规律运动，却着实不是一件易事。

现实中的化学反应远不像教科书中描述的那样简单，往往还会伴随着各种各样的副反应，而且反应的速率在空间分布上也各不相同，可能这里快一些，那里慢一些；这里生成物都产生出来了，那里的反应还没开始进行。

纳米探针就更不用说了，虽然这项技术让我们可以很容易地改变粒子的运动规律，但是终究是一个接着一个来进行的，显然没法满足量子相干"大量""同时"的要求。

时至今日，人们只可以在一个体系里做到让大量粒子同时可控地进入大尺度的量子相干态，那就是激光。

激光的英文是"laser"，香港地区音译为"镭射"。这个词是"受激辐射光放大"的英文首字母缩写（light amplification by stimulated emission of radiation）。

从原理上来说，激光的基础理论是和量子物理同时诞生的。1917 年，爱因斯坦提出了光量子假说，把光子看作能量变化的最小单位。光子是光波粒子性的一面，不同颜色的光线具有不同的波长和频率，对应着携带不同能量的光子。原子每吸收一个光子，就会有一个电子从能量较低的轨道跃迁到能量较高的轨道上，光能也就转化为了电子的动能。反之，与此类似，电子从高能量轨道弛豫到更稳定的低能量轨道时，原子就会释放出一个光子，光子能量等于两个电子轨道的能量之差。

（二）激光是量子相干的光

光电效应是量子物理中能量变化的基本方式之一。由于光子是不可分割的最小作用单位，因此吸收光的物体能量的变化也不是完全连续的，而是按照台阶阶跃式变化，每一级台阶对应着一个光子。

表征光电效应的最简单的物理模型就是一个只有高低两个能级的粒子系统。当粒子吸收能量的时候，会从低能级跃迁至高能级；当粒子放出能量的时候，会从高能级弛豫回到低能级，这两个过程对应着光的吸收和发射。

现在我们考虑一种特殊的材料，由大量的这种具有高低两个能级的粒子系统组成。受到外部光照或是通过外加电场通电的时候，这些粒子便会陆续吸收能量，从低能级跃迁到高能级。虽然这个过程往往伴随着各种意外干扰，有些粒子会升到高能级而后又弛豫回到低能级，但是只要时间足够长，最终，所有粒子总会进入能量更高的高能级状态，材料对外部能量的吸收也就达到了饱和。

随后，我们再撤去外部能量源。就像一栋高楼大厦建好之后，突然有个莽撞的家伙把一楼的承重墙全部敲掉，只留下几根立柱一样，整个材料还是能暂时维持高能量的状态，但是会极度不稳定，是一个随时处在临界状态的危险体。稍有风吹草动，就会有粒子弛豫，从不稳定的高能级退回到稳定的低能级去，放出一个携带能量的光子。而这个光子本身又会变成新的干扰源，导致邻近粒子的稳定态也被破坏，发生更多的从高能级回退到低能级的跃迁，释放出更多的光子。

这有点像游乐场里的过山车，先是走一段缓慢的大上坡，徐徐升到最高点的时候，存储的势能达到顶峰。而后随着刹车一下松开，整辆过山车唰的一下便会俯冲而下，把所有的势能释放出来变为动能。

在多米诺骨牌般的连锁反应中，所有粒子在很短的一瞬间会一起发生从高能级到低能级的弛豫，释放出大量光子。

这就是激光产生的原理（图 5-5）。这些释放出来的光子具有相同的能量（严格等于高低两个能级的能量差），又在同一时间产生，朝着同一个方向发射。

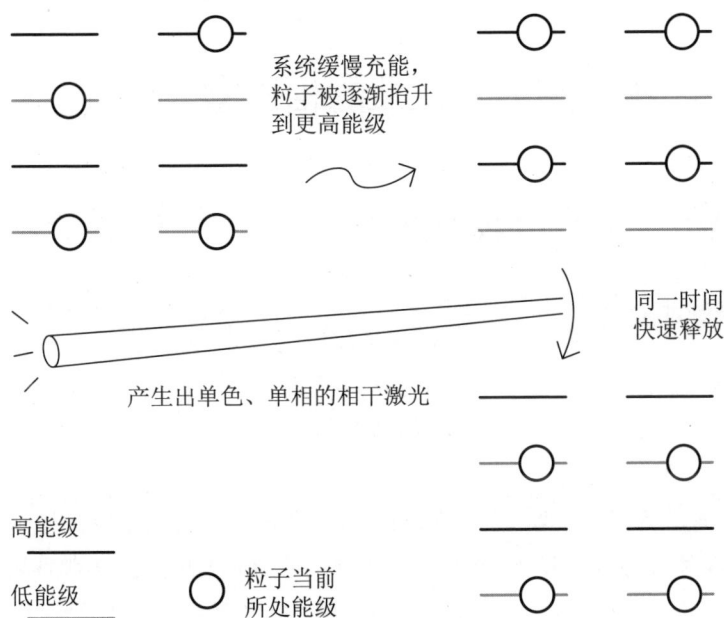

图 5-5　激光产生的原理示意图

大量的光子在同一时间进入相同的运动状态，就形成了极强的量子相干效应，在相干态消失之前可以传播很远的距离。

1960 年，美国加利福尼亚州休斯实验室的科学家们利用高强度的闪光灯管来刺激红宝石，由此产生了高强度的红色激光，这是人类有史以来获得的第一束激光。仅仅四年后，这些科学家就因发明激光的研究而获得了 1964 年的诺贝尔物理学奖，这一成就标志着一个新时代的来临。

与其他光源相比，激光最大的特性就是它是量子相干的，在时间和空间上都具有非常理想的相干性。从颜色上说，激光的光谱谱线非常窄，对应着非常纯正的颜色。以钛宝石激光器为例，其基频光的波长是 800 纳米，谱线宽度只有不到 0.05 纳米，是真正意义的大红色。从强度上说，激光可以让增益介质吸收的能量在瞬间激发出来，达到非常高的强度，因而可以用于工业级别的切割和焊接。飞秒脉冲激光可以比普通光源的亮度高出亿万倍，比太阳表面还亮几百亿倍。从发散度上说，激光可以传播相当远的距离而不至于发散。1969 年 "阿波罗 11 号" 登月航天员在月亮上留下了一面镜子，从地球上发射一道激光，可以穿越将近 40 万公里的地月距离，精准命中这面镜子，再原路反射回来，沿途几乎没有能量损失。

如今，激光已经渗透进了我们生活的方方面面，可谓是迄今为止应用最广、价值最大的量子效应。

第二节　大工业的相干激光时代

⚛ 一、激光加工、激光焊接和激光打印

（一）啁啾脉冲放大

啁啾脉冲放大是一种用于放大激光超短脉冲能量水平的技术。啁啾脉冲放大技术通过将宽频谱、大范围的激光聚焦到窄频的脉冲里，可以实现高达拍瓦级的脉冲激光能量增强。

"啁啾" 一词，最初是形容一种鸟鸣的声音，语出唐代诗人王维的诗句 "到大啁啾解游飏，各自东西南北飞"。物理学概念中的啁啾，是指放大后的激光在时间上表现为一个接一个的能量脉冲，就像短促而尖锐的鸟鸣一样，所以物理学家们给这种激光放大技术取了这个充满诗意的名字。

汇聚到一个小点上的光可以达到极大的能量密度，不仅可以加热、点燃材料，甚至可以让照射到的材料直接气化升华，从而实现切削加工的效果。

一个装满水的塑料瓶就是一个非常粗糙的两边薄、中间厚的凸透镜，可以略微汇聚光线。但哪怕只是这一丁点的汇聚效应，也可以把太阳光汇聚在一个点上，点燃枯草，实现在野外取火。

激光的能量汇聚作用更为强大。激光器吸收很久的能量后在非常短的时间里释放出

来，又聚焦到一个非常小的点上，因而可以达到非常高的能量强度，可以瞬间熔化物体表面，达到精密加工的效果。

（二）光盘与信息存储

光盘就是利用激光加工来实现信息存储的典型产品。

光盘的光面是用一种特殊的塑料制成的，这种塑料冲击韧性极好，稳定性极佳，但在高温下很容易分解熔化。刻录光盘就是用激光束在光盘光面上烧蚀出一道道沟槽，有沟槽的地方对应着 1，没沟槽的地方对应着 0，从而实现 1 与 0 二进制数据的存储。

在第一张 CD 发明之前，唱片都是用黑胶制作的。黑胶也是一种特殊塑料，只不过材质更软，一按一个印，通过金属模具就可以压制出记录信息的沟槽。

在很长一段时间里，黑胶唱片是歌曲发行的标准介质，时至今日不少国家和地区音乐行业的最高荣誉还是"金唱片"奖。黑胶唱片的局限也非常明显，压制出来的沟槽精度很差，对应的信息存储密度就提高不上去。最早的黑胶唱片每一面只能录制一首时长约 3 分钟的歌，后来技术升级了，一面唱片也只能录下最多六首歌，两面加起来十二首。现在歌手发行的一张新专辑的体量还是差不多十首歌，这也是黑胶唱片时代流传下来的老习惯。

光盘上的沟槽是直接用激光烧蚀出来的，尺度可以做到非常小，每道沟槽可能还不到 1 微米宽。同时，读取信息的时候也是用低功率激光测量反射率的变化，不需要再用唱针去实际接触这些沟槽，因而光盘的保存质量和存储密度与黑胶唱片相比都有了质的飞跃。

CD 光盘采用 780 纳米波长的激光作为读写源，一张光盘可以保存 700MB 的数据，可以记录 80 分钟的无损音频。DVD 光盘采用更短的 650 纳米波长的激光读写，容量比 CD 光盘高出七八倍，采用 405 纳米波长激光的蓝光光盘更是可以保存 25GB 的数据，可以存储一整部 4K 画质的高清电影。

第一张 CD 光盘在 1982 年问世。1994 年，日本索尼公司推出了第一款商用的 DVD 光盘。到 2002 年，我国的 DVD 光盘产量已达到世界总产量的 90% 以上。目前，我国每年的光盘出厂量超过 3500 万张，国内光是每年查处没收的盗版违禁光盘就达数百万张。

虽然随着可移动存储介质和流媒体影视的发展，光盘产业的市场份额和总产值在以每年 20% ～ 30% 的速度萎缩，但是目前光盘仍然是医疗、教育等领域的标准存储介质，同时光盘刻录还是现在唯一允许的涉密数字文件的传递方式。所以这种数据载体或许还会在较长时间内存活下来，继续为信息社会发挥余热。

> 光盘是一种用激光和光学系统读写的光存储信息载体。光盘有存储容量大、数据存取方便、归档寿命长、单位信息存储价格低和易于保存等优点，可以用作归档载体。
>
> ——国家档案局《电子文件归档光盘技术要求和应用规范》

（三）激光用于工业生产加工

波长越短的激光，能把越高的能量聚焦到越小的区域里，因而可以实现更强的加工能力和更高的加工精度。

1965 年，美国西部电气工程研究中心研制出了第一台量产型的激光切割机，可以在钻石模具上打孔。20 世纪 70 年代，激光开始用于金属板材大规模切割和工业生产。高强度的激光经过引导、成型与集束后，打在需要加工的金属板材表面，将局部范围加热到非常高的温度，使金属熔化甚至升华，从而达到切割效果。

2013—2023 年，我国迎来了一次激光切割设备的大更新和大换代（图 5-6）。与传统切割技术相比，激光切割的精度更高，可以实现微米级精度的切割。同时，激光切割还对基底材料没有要求，可以用于切割金属、石材、塑料、橡胶、陶瓷、皮革、纺织品和其他各种工业材料，适用范围非常广。

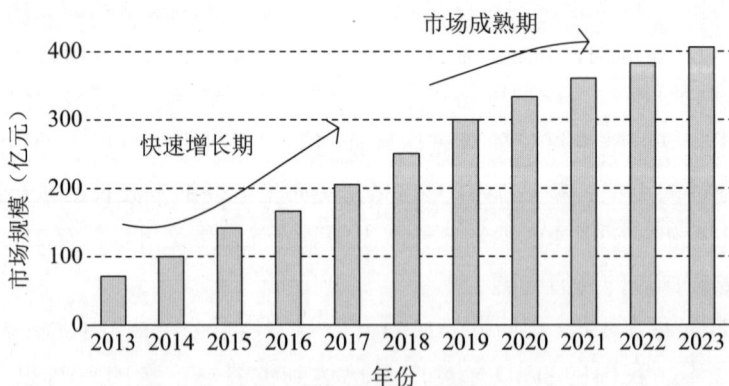

图 5-6　2013—2023 年中国激光切割设备市场规模
（数据来源：中国报告大厅网）

此外，激光的开关通断比其他切割工具简单便捷，因此非常适合配合工业机器人实现全自动的流水线加工生产。只要在机器人的机械臂上附加一个激光器，就可以实现可编程的自动化流水线切割工艺，改造成本非常低。

如果控制激光的照射时间，让激光束只烧蚀材料表面的一小层，而不是将其整个切断，那么还可以实现激光雕刻和激光打标，可以在不同的材料和表面上雕刻几乎任何图案。

目前，激光雕刻应用领域非常广泛，带姓名的奖杯奖牌、个性化定制钢笔、带有标语或公司徽标的纪念笔记本等各种定制化小商品，都是通过激光雕刻实现的。相关报告指出，2023 年全球激光雕刻机市场规模达 111.94 亿元，其中单单中国的激光雕刻机市场规模就接近 50 亿元，同时还在以每年 20% 的速度增长。

激光焊接是利用高能量密度的激光束作为热源的新型焊接工艺。激光焊接与激光切割、激光打标并称激光在工业加工领域的"三驾马车"。

与激光切割和激光打标相比，激光焊接的发展时间相对较短，其工艺难度也大于前两者。激光切割和激光打标是利用激光将物质的表面结构或整体结构破坏，而激光焊接是利用激光将物质的结构进行加工熔融并重新构筑。物质构筑相较于简单的物质结构破坏，对激光器及加工工艺的要求更高。

激光焊接作为一种现代焊接技术，具有熔深深、速度快、变形小等特性，对焊接环境要求不高、功率密度大、不受磁场的影响、不局限于导电材料、不需要真空的工作条件并且焊接过程中不产生辐射等优势，被广泛应用于高端精密制造领域，尤其是对焊接安全性要求很高的新能源汽车及动力电池行业。

对比传统焊接技术，激光焊接技术尤其适合新型合金材料。激光焊接不仅焊接速度快、质量好、效率高，而且焊缝深宽比大、光亮美观、焊接不易变形，在汽车零部件加工方面具有效率高、成本低、安全性好、强度突出、耐腐蚀等良好性能，能实现汽车配件的拼焊、叠焊，广泛应用于车身和零件焊接，可以有效降低车身重量，提高车身装配精度，增加车身强度，降低汽车车身制造过程中的冲压和装配成本，目前已广泛应用于汽车零配件生产和整车组装的全过程中。

产品应用前景广阔，中小功率光纤激光器、激光打标机、激光焊接机、桌面级增材制造设备等产品产量居全球前列，与汽车、模具、核电、船舶等传统产业及新一代信息技术、智能机器人、医疗健康等新兴产业结合日益加深，为产业发展提供了良好的外部机遇。

——《广东省培育激光与增材制造战略性新兴产业集群行动计划（2021—2025 年）》

（四）我国的激光产业历程

我国激光技术起步较早，1960年世界上第一台激光器诞生后，我国于次年就研制出第一台国产的红宝石激光器。此后我国激光产业进入技术快速研发阶段，在此阶段我国激光产业主要通过自主技术创新，并引进和消化吸收国外先进技术，辅以国产化替代，逐步提高技术水平和产能。

20世纪70年代，由于社会动荡，我国的激光产业进入了一段停滞期，技术研发和产能提升均停滞不前。与此同时，国际激光技术保持快速发展，与我国拉开了约十年的技术差距。

改革开放以后，我国激光产业恢复发展并进入快速发展阶段，激光产业恢复工业生产，激光技术水平持续提升，激光器的国产替代持续推进，激光应用领域也持续拓展。

目前，历经多年的发展，我国激光技术已广泛应用于各行各业，形成了完整的产业链。尤其是在工业加工领域，我国已经成为最大的激光设备市场。以手持式激光焊接机为例，2022年和2023年的国内市场出货量分别为7万台和15万台，位居世界第一，同时还在以年出货量翻倍的速度增长。

除了可以应用于传统的工业加工，激光还可以进行3D打印，直接按设计图一比一地构造出产品。在3D打印过程中，最终产品的设计图会被自下而上地一层层切割开来，得到一系列的剖面图。激光束就按照这些剖面图，在对应的位置聚焦，作为原材料的溶液受热后就会烧结成固体固化下来。这样一层接着一层，好像盖房子一样，就构建出了整个产品。

目前，激光3D打印已经得到广泛运用。比如在空间站里，运送配件非常麻烦，要是丢了一颗螺丝，基本上很难拿到备件，而且想要同时储备好所有规格的螺丝耗材也不现实，这时候只要配置一台3D打印机就能彻底解决这个问题。工程师们可以根据需要的螺丝尺寸直接现场设计，打印出符合要求、同时强度也满足应急需求的螺丝，极大地提高了空间站的维护效率，用更少的荷载就可以运行更长久的时间。

2012年，美国一个大学生设计出了世界上第一把3D打印手枪"解放者"。仅凭一台家用3D打印机，利用最常见的树脂作为原材料打印出16个零部件，就可以组装成一把可以发射子弹的手枪。"解放者"的设计图在网络上流传开来之后，给美国警察带来了非常多的麻烦，大量的犯罪分子可以绕过政府的持枪禁令，在家里就能打印制造出手枪，而且打印出来的手枪主要成分还是塑料，连安检都没法发现，大幅加剧了枪支管制难度。从2016年到2020年，美国司法部在犯罪现场缴获近2.4万支3D打印枪支。

简简单单一台打印机，再配上从网络上下载下来的设计图，就可以在家里开一个小型的兵工厂了。激光加工技术的先进性由此可见一斑。

⚛ 二、激光笔、激光投影和激光电视

（一）激光器的基本类别

根据增益介质和激光产生方式的不同，激光器可以分为固体激光器、气体激光器和光纤激光器等几大类（图 5-7）。

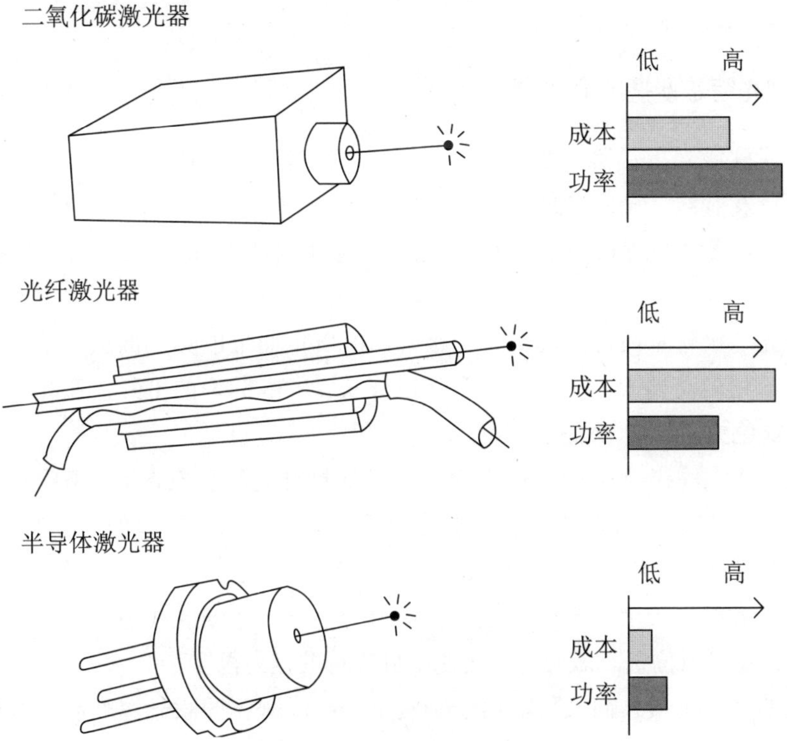

图 5-7 激光器的分类

其中，光纤激光器是指用掺稀土元素的玻璃光纤作为增益介质的激光器。从外表来看，光纤激光器就是一根加粗了的光纤，光在光纤里不断反射时，也正好作为掺稀土元素增益介质的激发源，激发出更多的受激辐射，进一步增大功率密度。

许多高功率光纤激光器都是基于双包层光纤的。增益介质构成光纤的纤芯，纤芯被两层包层包裹。产生的激光在纤芯中传播，而用于诱发激光的泵浦光束则在内包层中传播。

半导体激光器又称为激光二极管，是用半导体材料作为工作物质的激光器。

半导体激光器的主要特点是体积小、效率高、能耗低。一台实用的光纤激光器的售价可能高达几万甚至数十万元，而一个半导体激光器模块可能才卖几十元到几百元。如此低廉的售价和极其小巧的体积，让半导体激光器成为市面上最常见的激光器，并且带来了丰富多彩的应用场景。

激光卷尺是传统金属卷尺的替代品，它们可以用于工程施工中的准直、布线，同时还能精确计算长度、宽度和高度。激光卷尺的测量范围可达几百米，在有效工作距离内的测量精度可达毫米量级。同时，激光卷尺开关方便，只需要一个人就能完成复杂的测距工作，大幅提高了施工效率。

（二）激光笔是便携的激光器

激光笔又称激光指示器，是由半导体激光二极管加工制成的便携、易持握的发射可见激光的笔形发射器。常见的激光指示器按颜色划分有红色（波长 650 纳米）、绿色（波长 532 纳米）、蓝色（波长 465 纳米）、紫色（波长 405 纳米）等几类，功率通常在几毫瓦。

红色激光二极管是最便宜的激光二极管，所以市面上能见到的激光笔大多数发射的是红色激光。稍微高档一些的激光笔会使用波长为 635 纳米的橙红色激光二极管，这个波长对应的颜色更易于被人眼捕捉识别。

绿色激光笔大约在 2000 年前后问世，它们比标准的红色激光笔更复杂也更昂贵。但是绿光很容易和空气中的尘埃相互作用发生散射，使得光路在晴朗的夜空里清晰可辨。所以，绿色激光笔主要用于天文学，天文爱好者亲切地把它称为"指星笔"，可以方便地向附近的其他人指出天上的某个星星。绿色激光笔也经常安装在望远镜上，以便将望远镜对准特定的星星或位置。激光对准比使用目镜对准容易得多。

在随后的几年里，人们又陆陆续续研发出了不同颜色的激光笔产品。蓝色激光笔于 2005 年推出，紫色激光笔于 2010 年问世，2013 年前后又出现了波长在 510 纳米附近的蓝绿色激光笔。

激光笔是猫猫狗狗最喜爱的玩具，因为移动的激光会激发宠物天生的捕食本能，它们会尽可能地追逐激光或试图抓住激光。激光笔也因而成为宠物市场上热销的"逗猫神器"。

但是，激光笔的出现也带来了一系列潜在的安全隐患。

研究发现，即使是低于 5 毫瓦的低功率激光束，如果直接照射视网膜几秒钟，也会导致永久性视网膜损伤。不过人的眼睛具备天生的眨眼反射，对于强光有一定抵抗力。

即便如此，激光笔照射人眼的话也可能导致暂时性的残像、闪光失明和眩光。

2009 年，英国警方开始将用激光笔照射警察的行为列为违法犯罪，并动用热成像摄像机等先进设备记录照射警车和警用直升机的激光源，同时出动警犬队进行抓捕。几年间，他们抓获了几百名嫌疑人，犯罪人员均被判处五年以上的监禁。

根据现行的国际足联体育场馆安全保卫条例，在国际足联的足球锦标赛和其他比赛期间，激光笔是体育场馆禁止使用的物品。

在 2019 年香港的修例风波中，闹事者使用激光笔来迷惑警察并干扰警方的面部识别摄像头。当时香港浸会大学的学生们购买了 10 支激光笔，因此被警察逮捕，罪名是涉嫌持有"攻击性武器"。学生们辩称他们购买这些激光笔是用于天文观星，但是警方把学生们的激光笔定义为"激光枪"，按照预谋袭警进行了相应处理。

我国国家标准 GB 7247.1—2012《激光产品的安全第 1 部分：设备分类、要求》中按照危害程度由低到高，将激光产品分为 1 类、1M 类、2 类、2M 类、3R 类、3B 类、4 类等多个等级，所有市售的激光产品必须在醒目位置标明所使用的激光种类和危害等级。根据国家标准 GB 19865—2005《电玩具的安全》的规定，玩具中的激光器应满足 1 类激光辐射功率限值要求，同时 3B 类或 4 类激光产品不适合作为消费产品使用。

（三）激光投影是大号的激光笔

激光投影就是大号的激光笔。投影系统将笔直的激光投射到其他物体上，可以直接在实物上呈现设计蓝图，极大方便了后续的生产和加工。

2000 年前后出现的工业激光投影仪的主要用途就是作为生产加工中的光学引导系统。它们可以在许多制造过程中实现无模板作业，直接在工件上显示材料需要如何定位或安装，从而让员工直观地了解手动或半自动生产过程。目前，最高级的激光投影仪支持直接将 CAD 设计图中的轮廓、模板、形状和图案投射到各种表面，生成虚拟指示网格，免去了中间的读图、测量等环节。

这就是现代的"墨斗"，不仅可以一键展开、即时投影，而且根本不会接触或弄脏材料表面，没有任何加工痕迹。

除了可以利用激光的高准直特点勾勒网格，激光的高亮度同样可以用于大屏幕的投影成像。

电影院的屏幕越大，观众看起电影来就越能体验到身临其境的震撼感，导演拍摄的史诗级画面镜头也更具有冲击力和表现力。IMAX 是现代巨型银幕技术，其屏幕大小可达 27 米宽、20 米高，相当于一栋六层高的筒子楼那么大。

IMAX 屏幕最早于 2001 年进入中国，2005 年国内出现第一家商业 IMAX 影院。2010

年上海世博会上，沙特阿拉伯馆搭建了一个总面积 1600 平方米的世界级巨幕，沙特阿拉伯馆直接成了当时最热门的国家展馆。大量游客蜂拥而至，只为一睹巨幕电影的风采和震撼，在最极端的高峰日，沙特馆创下了 9 小时的世博会史上最长排队时间纪录。

越做越大的屏幕，自然就需要更强更亮的超级光源，才能保证电影画面的色彩和质感。

从 2014 年开始，电影行业悄然掀起了一场激光革命。以激光作为光源的新型激光投影取代了传统的高压汞灯和氙气灯投影，新技术不仅能提供卓越的画质、更绚丽的色彩、更均一的亮度，同时由于激光的单向性极好，产生的所有光亮全部投射到银幕上，几乎没有浪费，所以具有更低的能耗，能为影院节省大量电费开支。

一台影院级的激光投影仪售价在十几万元到几十万元，放映一场两小时的电影差不多要消耗 30 度电，一个不间断排片的电影院每个月需要交纳 10 万元左右的电费。如果使用激光投影的话，可以节约将近一半的电费开支，几个月就能收回升级设备的成本。所以激光投影仪在很短的时间里快速普及开来，目前全世界 20 万块电影院银幕里，超过 15% 都已经改用激光作为投影光源。

把影院级的激光投影仪搬到家中，就成了家用的激光电视。

从本质上来说，激光电视就是一台采用了激光光源的超短焦投影仪。与其他电视机点亮屏幕放映画面不同，激光电视的屏幕就是一块普通的银幕，画面从激光投影仪发出，投射到银幕上实现漫反射成像。普通投影仪需要布设在离屏幕一定距离的位置，而激光投影仪由于亮度极高、指向性极强，通常在距离墙面 10 厘米的位置内就能投射出 100 英寸的画面，可以直接嵌入电视柜，对空间几乎没有什么额外要求。

激光电视最重要的优势就是尺寸巨大。对于液晶电视来说，100 英寸通常是价格上的分水岭，100 英寸以下的液晶电视售价一般不超过几万元，一旦尺寸超过 100 英寸，屏幕工艺就会变得非常复杂，生产成本直线上升，售价也随之翻倍。而激光电视的尺寸只取决于屏幕摆放位置，很容易就可以做得很大，甚至可达 200 英寸、300 英寸。

⚛ 三、激光扫描、激光雷达和高能激光

（一）激光扫描用于数字建模

激光不仅能在很长的距离里保持准直传播，而且路径清晰可辨，如果遇到障碍物的阻拦，光路就会在此中断，通过计算激光在碰到障碍物之前的传播距离，可以精准地测量出障碍物的空间位置。

利用这一特性，人们开发出了激光扫描建模技术。

激光扫描彻底改变了建模和原型制作领域，这项技术使我们能够快速准确地创建现实世界中物理对象的数字复制品。

激光扫描设备内置着大量激光发射器，先将激光点或线投射到物体上，然后再用相机捕捉激光的反射轨迹，捕获数百万个采样点，以此描绘出物体的空间形貌。

在激光扫描出现之前，人们只能通过绘制的方式进行数字建模。在计算机里，复杂的物体纹理是用大量的多边形来表示的，多边形的数量越多，物体表面的纹理也就越精细，从而更具真实感，更加接近现实生活中的情况。

数字建模本质上更像是一种劳动力密集型产业。为了构建出足够精致的模型，企业就必须雇用大量的建模师，一个接一个地手工调整数字模型中的多边形。一件中等大小的物品，对其进行数字建模通常要花上一个熟练工几天时间，网上的外包报价在三千元到一万元不等。而要打造高还原度的数字虚拟场景，可能要涉及成百上千物品的建模，需要投入巨量成本。

应用数字模型和虚拟场景最多的是计算机游戏领域。随着计算机图形显示性能的提高，玩家对游戏场景精细度的要求也就越来越苛刻。为了制作出足够拟真的游戏场景，游戏公司需要花费大量人力物力进行场景建模。20 世纪 90 年代中期，游戏行业第一次出现了"3A"大作的概念。"3A"指的是英文中的三个大量（A lot of），意为制作游戏需要大量成本、大量人力、大量资金。

以根据波兰国宝级小说《猎魔人》改编的中世纪奇幻冒险游戏《巫师 3：狂猎》为例，这款 2018 年上线的游戏总开发成本高达 8100 万美元，约合 5.6 亿元人民币，开发时间长达三年半，1800 余人参与制作。而这在游戏界已经是一个相对高效的开发成本了。同年 Rockstar Games 公司发布的美国旧西部主题的动作冒险游戏《荒野大镖客：救赎 2》制作周期长达 8 年，总成本超过了 8 亿美元，是《巫师 3》的 10 倍多。

当然，高付出也伴随着高回报，这两款 3A 游戏都取得了不俗的收入。《巫师 3：狂猎》在五年内共售出 2800 万份，每年可以带来 3 亿波兰兹罗提（约合 6 亿元人民币）的收入；《荒野大镖客：救赎 2》总销售量已经突破 6500 万份，收入超过 40 亿美元，投资回报率接近 500%。

为了节省成本，游戏公司放弃了从零开始构建一个完全虚拟的游戏世界，转向从现实世界中寻找灵感，利用激光扫描技术进行实景建模。

2014 年，法国育碧公司正在开发"刺客信条"系列的最新作品《刺客信条：大革命》，该作品以法国大革命时期的法国巴黎为背景。为了呈现一个足够拟真的旧巴黎，育碧公司与美国瓦萨学院合作，利用了激光扫描技术对巴黎市内的几座老建筑进行了一比一的细致扫描建模。建模团队利用激光扫描仪，在老建筑里选择了几十个位置采集数据，激光束扫过建筑内部的边边角角，勾勒出数以十亿计的光点，然后再和实地拍摄的全景照片结合，构建出非常逼真准确的三维模型，偏差大概只有 5 毫米。

五年后的 2019 年，巴黎圣母院发生火灾，导致圣母院最具标志性的尖顶坍塌。巴黎圣母院是巴黎最著名的建筑之一，始建于 1163 年，是巴黎大主教莫里斯·德·苏利下令兴建的一座教堂，在 1345 年建成。它是哥特式建筑最卓越的典范之一，也是大文豪雨果的小说《巴黎圣母院》的发生地。此新闻震惊了全世界，不过好在几年前的全景扫描保存了圣母院的内部全貌，不仅让因未能实地参观而遗憾的游客们可以在虚拟世界里一饱眼福，而且还给后期的翻修重建工程提供了最佳的蓝图。

实景扫描虽然没能实现真正的原样复制，但至少在数字世界里为老建筑再延续了一次新生。

2024 年，《黑神话：悟空》上线，这款以《西游记》为背景的动作游戏被誉为中国首款 3A 游戏，开发时间超过 7 年，成本高达 4 亿元人民币。游戏上线当天就取得了 300 万份的销售量，直接收回了开发成本。在不到三个月里，全平台销售量超过 2000 万份，创下了游戏市场的"中国奇迹"。

《黑神话：悟空》一共有 36 个实景扫描取景地，其中 27 个位于山西。游戏上线当天，山西旅游热度较上月翻倍，其中玉皇庙、崇福寺、小西天、双林寺等游戏取景地热度更是纷纷飙升。山西文旅当即启动"跟着悟空游山西"活动，现场发布三条游戏取景地打卡线路。慕名而来的游客超过 7 万人次，人均旅游花费达到 1100 元，旅游及相关产业增加值占当年 GDP 的比重达到 5%。

激光扫描在现实世界和虚拟世界之间架起了一道联通的桥梁，电子游戏也真正成为地方文旅又一张亮眼的名片。

（二）激光雷达探测空间障碍

激光雷达是利用激光单向传播且穿透性好的特性，借助脉冲激光来实现位置传感探测的一项技术。

从原理上说，激光雷达是一种主动遥感系统，通过消耗能量来发出激光，以测量远处的物体。快速发射的激光器发出一系列激光脉冲，传播到地面并在建筑物和树枝等物体上反射，反射的激光能随后返回传感器并被记录下来。

激光向前方传播并返回所需的时间，称为双向传播时间。返回传感器的能量分布具有不同的波形，某个方向上尤其多的反射光和折射光会在波形分布中形成峰值。这些峰值通常代表地面上的物体，例如一棵大树、一栋大楼或是前方的来车。

激光雷达的应用领域非常广泛。在大气科学中，激光雷达可用于检测多种类型的大气成分，可以定向分析大气中的气溶胶、云层分布、对流情况等天气数据，从而更加精确地预报天气。在天文学中，激光雷达可以将地月距离测量精度提高到毫米级，同时以更高的精度完成导星指引。在环境监测中，使用特定波长激光的激光雷达可以特异性检测环境中某种分子的含量和浓度，实现实时环境分析。

但是，激光雷达最出名的应用还是在自动驾驶领域。

按照自动化程度的高低，汽车的自动驾驶可以分为五个等级。零级对应传统的全手动汽车，完全由人来完成动态驾驶任务。一级自动驾驶车辆具有单独的自动化驾驶员辅助系统，可以实现定速巡航等辅助功能。二级是部分自动驾驶，车辆能够根据巡航系统的设置自动控制转向及加速或减速，但还需要有驾驶员坐在汽车座位上随时控制汽车。三级是受条件制约的自动驾驶，这个级别的无人驾驶汽车具有环境检测能力，可以自主根据信息作出决定，例如加速超过缓慢行驶的车辆。在这个基础上，四级的无人驾驶汽车还可以在发生意外时自行减速变向。

2024年，国家发展改革委等五部门印发通知，要求稳步推进自动驾驶商业化落地运营，打造高阶智能驾驶新场景。同年，国家首批智能网联汽车准入和上路通行试点企业名单公布，不少城市都推出了允许持牌无人驾驶汽车上路的测试路段。这些上路测试的无人汽车，就具有三级或四级的自动驾驶功能。

最高级别的自动驾驶是五级，这个级别的无人汽车可以实现真正的"无人"，根本不需要有人类驾驶员，自己就能上路行驶。

加快开展智能网联（自动驾驶）汽车准入和通行试点。统筹加强交通运输智慧物流标准协同衔接。有序推动自动驾驶、无人车在长三角、粤港澳大湾区等重点区域示范应用。

——交通运输部《交通物流降本提质增效行动计划》

激光雷达就是自动驾驶汽车观察路面的眼睛，它能够生成高精度的三维点云图像，识别障碍物的位置和大小，为自动驾驶汽车提供准确的环境感知。一个激光雷达可以覆盖120度的视角，探测距离最远可达500米，车身同时可以安装多个激光雷达组成雷达阵列，能够提供各个方向无死角全覆盖的视野感知，便于系统提早排除危险因素，保障车辆的安全行驶。

根据相关行业研究，光是2023年一年，全球车载激光雷达市场的规模就同比扩张了79%，市场规模超过5亿美元。其中，乘用车激光雷达安装量达76.2万台，是2022年的

3 倍还多。

制约激光雷达进一步普及的主要因素还是成本。一般而言，智能驾驶系统成本只能占到整车的 4% 左右，以一辆出厂价 20 万元的消费级汽车为例，其智能驾驶系统的成本上限只有 8000 元。所以很多主打性价比路线的汽车厂商还是使用更廉价的摄像头视觉传感方案。

不过，随着国产设备产量的增加，激光雷达的价格也在快速下调，2020 年平均每台激光雷达售价接近 8000 元，到了 2024 年这个价格已经几经腰斩，也就 1000 多元（图 5-8）。目前，我国激光雷达供应商市场份额的全球占比已经达到 84%，国产化的激光雷达价格也降到了千元量级。低廉的成本和高效的性能又一次让激光雷达站在了市场舞台的正中央。

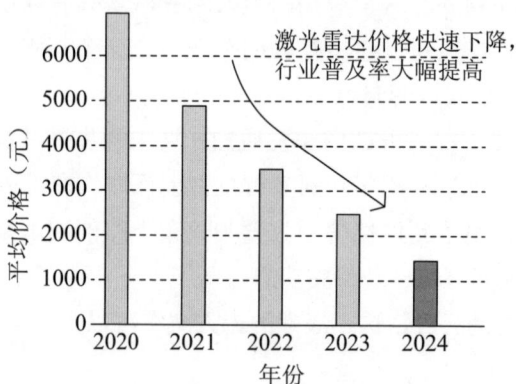

图 5-8　2020—2024 年激光雷达价格下降曲线
（数据来源：民生证券研究院）

（三）激光卫星与天基激光武器

经过聚焦和放大之后的脉冲激光束可以具有非常高的能量，高能激光甚至能打坏光学系统中的透镜，造成光路失效。

所有的光学透镜都有一个激光诱导损伤阈值，对应着光学器件损伤概率推测为零的最高激光辐射量。强度超过这个损伤阈值的激光就会对透镜造成破坏。

为了获得更强的激光，人们想了很多办法来改进光路。比如把透镜材料从传统的石英玻璃替换为稳定性更强的铝膜，或是尽可能地倾斜激光入射的角度以减小与透镜接触的等效光斑大小。

其中，最有效的办法是把激光事先分为许多分束，每个分束的能量就不会那么高，这些光速可以在比较通用的光学设备中产生。然后再把这些分束汇聚起来，就可以得到能量非常高的最终激光束。

如此高能的激光束已经具备一定的军事价值了。

即使功率输出小于 1 瓦的激光，在特定情况下也会导致永久性的视力丧失，成为潜在的致残性武器。这种致残性武器在国际上引起了极大的争议，1995 年，联合国通过了《禁止致盲激光武器议定书》，禁止使用旨在造成永久性失明的激光武器。

> 禁止使用专门设计以对未用增视器材状态下的视觉器官，即对裸眼或戴有视力矫正装置的眼睛，造成永久失明为唯一战斗功能或战斗功能之一的激光武器。缔约方不得向任何国家或非国家实体转让此种武器。
>
> ——联合国《禁止致盲激光武器议定书》

能量更高的激光武器可以直接穿透目标，达到摧毁效果。

为应对愈演愈烈的冷战局势，1983 年，时任美国总统的罗纳德·里根提出了一项雄心勃勃的"星球大战"计划。"星球大战"计划的正式名称是"战略防卫先制计划"，目标为建造太空中的激光装置来作为反弹道导弹系统，使敌人的核弹在进入大气层前受到摧毁。这是激光武器大规模应用于国家级总体战略的首个例子。

"星球大战"计划由"洲际弹道导弹防御"计划和"反卫星"计划两部分组成，总预算高达 1 万亿美元。拦截系统由天基侦察卫星、天基反导弹卫星组成第一道防线，卫星发现核弹升空后，马上指挥陆基或舰载激光武器摧毁穿出大气层的分离弹头。如果这道防线失效，部署在军用卫星上的天基激光武器还可以继续开火，在核弹再次进入大气层前将之摧毁。这几道防线叠加在一起，可以达到对来袭核弹 99% 的摧毁率。

不过由于该计划的费用昂贵和技术难度过大，美国事实上很快就停止了研发过程，转而将其改造成一种宣传骗局，欺骗苏联把本就有限的国家资源投入无止境的军备竞赛中，进而逼迫对方开始限武谈判以求缓和局势。

苏联于 1964 年左右启动了自己的激光武器研发计划。在 1976 年，苏联开始了"极地"号激光卫星的研制，这是一种可以发射兆瓦级二氧化碳激光的轨道武器平台原型。"极地"号的功能舱是用"和平"号空间站主体部分的备用件改造而成的，其中包括机动火箭、太阳能板和一套动力系统。它的用途舱则完全是一个兆瓦级的激光炮。

1987 年，苏联在哈萨克斯坦拜科努尔航天发射中心进行了"极地"号的试发射，载重能力达 105 吨的"能源"超重型运载火箭搭载着总重量 80 吨的"极地"号天基激光炮点火升空。在 460 秒后，"极地"和"能源"在 110 公里高空进行分离，随后由于电路故障，"极地"号并未进入预定轨道，而是一头坠入了浩瀚的太平洋。这次失败的发射没能将有史以来第一个卫星激光炮送上太空。几年以后苏联解体，相关研究工作也就宣告终止了。

激光炮除了可以在天上发射来攻击低空目标，还可以在地面发射，击落天上的卫星。

1997 年，美国国防部用地基激光炮向报废的军用气象卫星发射激光束，持续照射 10 秒，成功击穿了气象卫星的电路板，使其丧失功能。这一试验标志着激光武器将成为新一代的反卫星杀手，地基武器从此也能简单快捷地摧毁太空中的移动目标。此后，美国又将这套系统改装成机载激光炮，可以安装在波音-747 飞机上，能在 10 ～ 20 秒之内摧毁来袭导弹或是低轨道卫星。

进入 21 世纪后，面对新的战争形势，不少国家又重新重视起激光武器。

2017 年，美国洛克希德·马丁公司推出了 ATHENA 激光系统，该系统发射 30 千瓦的高能激光，可以在几公里的距离上精确瞄准和摧毁空中的无人机。

德国的国防公司莱茵金属从 2008 年开始就致力于研制固定式和移动式的高能激光武器，其研究重点主要集中在利用激光搭建立体式防空网，远距离快速摧毁来袭的中小型无人机、直升机和巡航导弹。2022 年，德国将最新的激光武器演示器安装到德国海军"萨克森"号护卫舰上，并进行了 100 多次试射，证明激光能够成功地攻击海上环境中的目标。

2020 年，以色列的拉斐尔先进防御系统公司也推出了一种新型紧凑型反无人机系统，可以用车载的激光武器摧毁附近的无人机集群。2024 年中东冲突加剧后，以色列发现自己现有的防空系统无法拦截黎巴嫩真主党发射的全部导弹，宣布投入 20 亿新谢克尔（约合 5 亿美元），紧急启用"铁束"地面激光防空系统，作为"铁穹"系统的补充，整合进入现有防御体系。

2024 年，英国进行了激光定向能武器系统"龙火"的实地测试。在这次测试中，"龙火"成功击落了苏格兰赫布里底群岛上空的几架无人机。按照英国国防部的计算，一次持续 10 秒钟的激光发射成本仅 13 美元。相比之下，美国海军用于防空的标准二型导弹每发射一次的成本超过 200 万美元。基于此次测试结果，英国国防部宣布将在 2027 年全面装备"龙火"系统，以实现低成本高效率的本土防空。

除了能高效防御无人机等空中机动目标，超大功率的激光炮本身就是一种先进的能量武器，可以正面击穿金属装甲。

我国从 20 世纪 60 年代就启动了代号"640 工程"的激光武器研发计划。1965 年，我国进行了第一场激光武器的实弹试验，可以输出 32 万焦耳的激光脉冲，能够在室内 10 米处击穿 80 毫米铝靶，室外 2 公里距离击穿 0.2 毫米铝靶，具备了初步的实战性能。

1981 年，我国推出了"神光"高能激光系统，整台激光器占据四层楼，总高度 15米，输出两束口径为 200 毫米的强光束，每束激光的峰值功率达 1 太瓦。经过数十年的改进，2007 年，最新式的"神光 3 号"原型机通过国家验收，成为目前国内规模最大的激光装置。"神光 3 号"具备 60 太瓦的峰值输出功率，标志着我国成为继美国、法国之后世界上第三个系统掌握了第二代高功率激光驱动器总体技术的国家，成为继美国之后世界上第二个具备独立研究、建设新一代高功率激光驱动器能力的国家。

（四）激光诱导核聚变

将多束高能激光聚焦在同一个小点处，可以达到非常高的能量峰值，甚至可以诱发核聚变。

1997 年，美国在加州的利佛摩市开始建造国家点火装置。这是一台基于激光的惯性约束核聚变装置，也是当时世界上最大的激光装置。国家点火装置的目标是实现"点火"，即通过激光模拟太阳内部的高温高压环境，希望诱导出氢燃料球的核聚变反应。

整套点火装置由 192 套长达 1 公里的光路组成，包括了超过 6 万台各种自动控制设备。主光源产生的激光在增强 1 万倍后被分成 48 束，经过二级增益后又进一步分解成192 束，这些激光束要在 1 纳秒以内同时发射击中铅笔头大小的燃料球，误差不能超过30 皮秒。总体的放大倍率可达 3000 万亿倍，聚焦在直径为 3 毫米的氘氚小丸上，可以产生 1 亿℃的高温和相当于 1000 亿个大气压的高压，这些能量的瞬时功率是美国所有电站产生的电能的瞬时功率的 500 倍还多。如果一切顺利的话，燃料球就会产生核聚变反应，释放出源源不断的清洁能源。

2010 年，192 套激光光路中的 144 套建设完成，国家点火装置开始试运行。最早的几次实验不尽如人意，标靶只产生了相当于输入激光 1/10 的能量。随着实验进展，人们发现达到"点火"所需的实际能量一次又一次比计算值要高。好在物理学家们顶住了压力，继续进行装置的改进研究。

2022 年，国家点火装置首次实现聚变"点火"，也就是反应产生的能量大于激光输入的能量。研究人员向目标输入 2.05 兆焦耳的能量，产生了 3.15 兆焦耳的聚变能量输出，首次实现了净能量增益。虽然这些净能量增益只够烧开十几壶水，但这毕竟是核聚变技术史上里程碑式的一步。

截至 2024 年，国家点火装置已经实现了四次"点火"，成功产生了比太阳内部更高的压力和温度。

第三节　各种各样的量子相干系统

⚛ 一、超导体、超流体和超固体

（一）电阻为零的超导体

超导态是一种电阻为零的特殊量子态。

一般导体的电阻很低，但是也不为零，电流传输的距离长了，还是会遇到一些阻碍。电子撞到阻碍，就会被散射，进而偏离行进方向，导致以热能为主的能量耗散。

据统计，国家电网每年因导线电阻所引起的电能损耗一般占总发电量的 5% ~ 10%，相当于每年损失一个三峡大坝发出来的电量。

如果能实现超导，长距离输电连变压器都不用，直接拉一根超导导线，就可以实现无损耗的电能传递。

早在 1911 年，人们就发现了超导效应的存在。一百多年来，科学家们一直在努力解释超导的成因，以期在人工材料中复现这一神奇效应。

目前接受度最高的超导理论是 1957 年提出的 BCS 理论，以其提出者约翰·巴丁、利昂·库珀和约翰·施里弗的名字首字母命名。在 BCS 理论看来，超导就是一种宏观的量子相干效应，超导体中具有互补自旋和动量的电子会配对在一起，形成互相纠缠的"库珀对"，作为一个整体运动（图 5-9）。

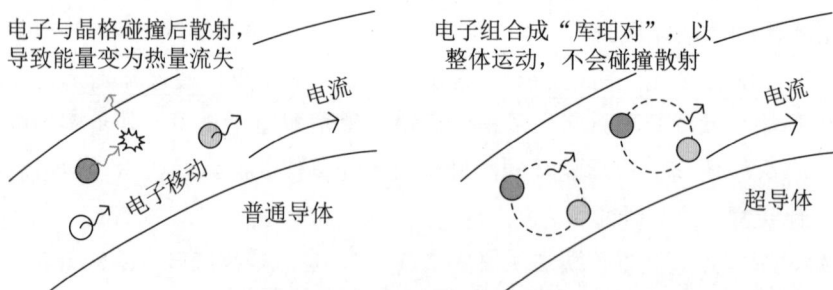

图 5-9　BCS 超导理论原理示意图

对于单独一个电子来说，运动路上的小小颠簸就是一道道大坎坷，每颠簸一次就有可能散射一次。而结合成了库珀对之后，电子就像换装了超大尺寸轮胎的全地形越野车，一般的小磕碰对它们来说都不是事。库珀对在材料晶格中可以近乎无损耗地运动，因此材料的等效电阻为零。

因为成功解释了超导成因，巴丁、库珀、施里弗获得 1972 年的诺贝尔物理学奖。

> 他们合作发展了通常称为 BCS 理论的超导电性理论。
>
> ——1972 年诺贝尔物理学奖获奖理由

除了等效电阻为零，超导体还具有完全抗磁性。

磁性材料与外界磁场相互作用的基础是带有自旋的电子在外加磁场影响下发生的重新排列。一般材料表现为顺磁性，意思是材料中处于两种自旋状态的电子数量相等，因外加磁场产生的电子重排列效应就会互相中和。在外界观察者看来，顺磁性材料就是完全的"墙头草"，其内部磁矩始终顺着外部磁场的方向，一旦撤去外加磁场，物质内的磁性排列就会立即消失，回到原先的状态。

而磁铁等磁性材料表现出来的是铁磁性。铁磁材料的电子净自旋不为零，本身就有一个内部的磁化方向。这个磁化方向会因外加磁场的扰动而偏转，在撤去外部磁场之后，铁磁材料还会保留自身的磁化方向，产生内生磁场。由于内生磁场的存在，磁铁才分为南极和北极，同极相斥，异极相吸。

超导体则表现为完全的抗磁性。由于库珀对是作为一个整体运动的，其中任何一个电子都不会背弃整体而去与外界磁场发生相互作用，而作为整体的库珀对的净自旋为零，不具有磁效应。这就导致了超导体中的电子完全不与外界磁场发生相互作用。材料会对外部磁场表现出明显的抵抗，既不被吸引，也不被排斥，而是处于漂浮在半空中的"磁悬浮"状态。

日本研发的超导磁悬浮列车就是利用了超导体的这一效应。列车总重 30 吨，车辆两侧配有由 4 个由铌钛合金制成的超导线圈，铌钛超导线圈在 -269℃的环境中会发生超导转变，进入量子超导态，悬浮在磁性很强的电磁铁轨道之上。由于列车和轨道之间完全没有实际的物理接触，因此摩擦阻力非常小，列车也就能加速到非常高的速度。2011 年，日本超导磁悬浮列车达到每小时 603 公里的运行速度，刷新了轨道列车的最高速度纪录。

（二）阻力为零的超流体

除了超导，一些流体在低于特定的临界转变温度之后会变成超流体。

超流体同样也是一种宏观尺度下的量子相干态，组成流体的分子互相之间彼此抱团，共同进退。任何分子都不会脱离集体单独行动，因而液体分子也就不会与容器发生任何的相互作用，流体的黏滞力为零。

与超导体在传播中无视任何遇到的阻碍不同，超流体可以抓住最微小的漏洞不放，能够通过容器上非常狭小的缝隙。如果将超流体放置于环状的容器中，由于没有摩擦力，它可以永无止境地流动。

2005 年，美国麻省理工学院的研究团队在世界上首次制备出了高温费米子超流体，并实际观测到了超流体的运动。他们将属于费米子的锂同位素锂–6 的原子蒸气冷却到绝对零度之上亿分之五度，再用一束红外线激光将蒸气团牢牢固定住，红外线激光的电场和磁场使锂–6 原子只能在原位振动，从而成为超流体。

（三）越加热越凝结的超固体

既然量子相干可以形成超流体，那么当然也有超固体。2021 年，奥地利和德国科学家合作，首次在偶极量子气体中实现了二维超固体。偶极量子气体是一种低温磁性原子气体，在加热之后，这种气体会发生凝结，冻结成一种类似固体的有序结构，即超固体。

超固体是物质的矛盾相，它既有晶体态中原子规则排布的特征，又可以像超流体一样无摩擦流动。这种违反直觉的行为源于热量和磁性原子自然堆积趋势之间的奇怪协同作用。

在原子层面上，温度就是运动的表征，粒子运动越剧烈，对应的温度就越高。因此，从物理上理解，加热一个物体就像是往它体内注入运动的能量，让分子运动得更加猛烈。

而在磁性原子组成的超流体中，加热会让原本统一、模糊的个体分子的能量提高，将它们从量子相干的集体状态里分离出来。这些原子又恰好具有很强的磁性，分离出来之后会立即与整个量子相干体系发生强烈的相互作用，最终形成致密的堆叠态。

加热液体，居然会冻结成固体；冷却固体，居然会融化成液体。发生了量子相干之后，宏观物体也能表现出与经典状态截然不同的独特性质。

⚛ 二、玻色–爱因斯坦凝聚态

（一）物质的第五种状态

我们都知道，物质的状态可以分为固态、液态、气态。除此之外，等离子态是一种重要的物态，燃烧着的火苗就是一种等离子体。

而处于量子相干态的粒子既不属于固体、液体、气体，也不属于等离子体，而是属于一种全新的物态，被称为玻色–爱因斯坦凝聚态。

从原理上理解，量子相干可以看作一群人以一致的步调在同一时间做同一件事，久而久之，这群人就会渐渐地无法分辨彼此，变成一个不可分割的集体。要触发量子相干，关键就是让一群原本互不相干的粒子，在精准的同一时刻，共同进入一个相同状态。

在物理学里，静止也是一种特殊的运动状态。让一群粒子在同一时间一起运动比较困难，但是要让一群粒子在同一时间一起静止，相对来说还是比较容易实现的。我们只需要把物体冷却到接近绝对零度，这时候粒子就可以认为几乎是处在静止的状态。一群粒子同时静止，就实现了简单的量子相干——玻色–爱因斯坦凝聚。

依据海森堡不确定性原理，我们对粒子的速度越是了解，其位置就越不确定。在玻色–爱因斯坦凝聚态里，几乎所有的粒子都处于静止态，速度都是确定的零。这时候，它们在位置上的不确定性就会迅速增加，一旦位置的不确定性比粒子间的距离还大，相邻粒子的波函数就会重合在一起，发生量子相干，最终占据一个单一的、能量最低的量子态，表现出整齐划一的宏观集体量子行为。

超固体和超流体都是玻色–爱因斯坦凝聚态的表现形式，分子之间的距离更加靠近，会发生一些通常无法发生的相互作用，比如产生自组织行为，自行排列成井然有序的晶体。

1995年，美国博尔德天体物理研究所的研究小组成功地将2000个铷原子冷却到绝对零度以上不到1/1000亿度，首次实现了气体原子的玻色–爱因斯坦凝聚。这些原子在很短的瞬间里失去了自己的身份，凝结成了一个"超级原子"，以相同而不可分割的步调运动着。用专业术语来说，它们各自的波动方程发生了干涉合并，每个原子都与其他原子无法区分，1000个原子就是同一个量子。

量子是靠不同的微观属性来区别彼此的，如果两个或多个原子处于同一个量子态，占据相同的空间体积，以相同的速度移动，散射相同颜色的光，任何测量都无法把它们区分开来，那么，这些微观粒子本就是同一个量子的不同表现形式。换句话说，它们根本就是同一个粒子，即全同量子。

就像要是我们养了一只宠物狗，过了若干年，人还在，狗老死了。这时候，我们再买一只一模一样同品种的小狗，让它住在同样的狗窝，叫同样的名字，吃同样的狗食，玩同样的玩具。一段时间过后，这只新来的小狗就和原来的老狗一模一样了，从长相、行为到体态、叫声都一模一样。这时候，两只狗就可以认为是同一只狗的世代延续，根本没法也没必要做进一步的区分。

虽然量子相干态的抗干扰能力很强，但总归也是有限的，相干态也不是总能一直持续下去。外部环境会对相干态中的各个量子造成各种各样的扰动，有些扰动可以被整体效应所抵抗化解，而有些扰动则可能造成单个粒子脱离集体独立行动，进而导致相干态发生退相干。

（二）太空中的冷原子实验

重力就是对玻色－爱因斯坦凝聚最大的干扰因素，由于不同粒子所处的位置不同，感受到的重力也就有些细微差异，随着时间积累，这些差异就会导致量子体系发生退相干，也就是相干态被破坏。为了保持长时间的相干态，人们只能前往微重力的太空中进行实验，以获得更持久稳定的玻色－爱因斯坦凝聚态。

最开始，人们把实验装置和记录仪封装在火箭里，发射到高空，然后再令其自由落体下来。在持续几秒的时间里，火箭里可以近似认为处于失重环境，科学家就可以抓住这个宝贵的时间窗口，记录量子相干态的一些特征。

这种通过自由落体模拟无重力环境的手段叫作亚轨道飞行。与进入真正太空的航天飞行相比，亚轨道飞行的高度要低得多，对飞行器的性能要求也就小许多。进行亚轨道飞行的飞机只需要飞到 100 公里的高空，就可以达到外太空与地球大气层的分界线位置，并体验到最长 5 分钟的自由落体。而最低的近地太空轨道距离地面也有 400 公里远，比亚轨道飞行高度高出四五倍之多。

英国的维珍银河公司是世界上首个提供太空旅游业务的航天公司，其主打项目就是亚轨道飞行旅游体验。2021 年，维珍银河公司进行了首次商业太空飞行，成功飞到了 85 公里的高度，触达了太空边缘。目前，维珍银河公司太空旅游的单张票价是 45 万美元，约合人民币 300 多万元。作为对比，2001 年，美国富翁丹尼斯·蒂托搭乘俄罗斯的联盟飞船进入国际空间站游玩 8 天花费了 2000 万美元的巨资。与之相比，亚轨道飞行的票价也就显得亲民不少了。

预计在 2026 年前后，我国也有望开展面向中国公民的亚轨道旅行，票价约为 200 万～ 300 万元人民币。

突破发动机变推力、再入返回高精度导航定位等关键核心技术，力争 3 年内完成百公里级亚轨道火箭回收飞行验证，5 年内实现可重复使用火箭入轨回收复飞，大幅度降低发射成本。

——《北京市加快商业航天创新发展行动方案（2024—2028 年）》

随着实验精度的提高，科学家们已经越来越不满足于亚轨道飞行几分钟的测量窗口了，他们决定把实验装置直接送上太空，在真正的零重力环境中进行量子相干测量。

由于实现玻色－爱因斯坦凝聚态需要极低的温度，所以实验装置很大一部分都是制冷系统，因此这类实验也被称为太空冷原子实验。

2018 年，美国国家宇航局专门发射了一个太空冷原子实验室，耗资 8300 万美元。这台仪器可以将数十万个原子冷却到仅比绝对零度高 1/20 万亿℃。在太空中，科学家们首次产生了由两种原子组成的两种量子气体的混合物。2024 年的美剧《群星》便是受此启发，讲述了宇航员在太空进行了量子相干实验后，发现自己莫名其妙也进入了量子叠加态，在平行宇宙里来回穿梭，可谓是大开脑洞。

2022 年，我国发射了天宫实验室的第二个实验舱——"梦天"实验舱。"梦天"实验舱里搭载了一个"超冷原子实验柜"，可以实现铷-87 原子的玻色-爱因斯坦凝聚。这标志着我国成为继美国之后第二个可以在地球轨道上产生量子相干态的国家。

（三）量子态的奇异金属

处于量子态的物质总是具有与经典态截然不同的行为与性质。

一直以来，物理学对金属的特性解释得相当不错。金属特有的反射光泽来自其在可见光频率下极高的导电特性，而金属中电子的自由运动又赋予了它优异的导热性，让其能在炎热的盛夏里始终保持凉爽的触感。

与所有物理材料一样，金属由原子组成。带正电的原子核外围是带负电的电子，不同的原子通过化学键结合在一起。金属的不同之处在于，其中一些电子可以轻松跨多个原子移动，摆脱了化学键的束缚而自由流动，形成电流。

为了正确描述金属中大量自由运动的电子的统计学行为，俄罗斯物理学家列夫·朗道和他的合作者提出了朗道费米液体理论。

朗道费米液体理论的核心就是把大量运动的粒子集体行为视为一个单一的准粒子。就好比说，股票市场是由大量的交易者在无数次交易中形成的极端复杂的金融产物。但是对于参与市场的投资者来说，并不需要和这么多交易方同时打交道，只要构想出来一个虚拟的理性人，反映市场的平均行为就行了。所有的交易行为都可以认为和这个虚拟的理性人互作对手盘，这就是市场的"准人"。如此一来，有助于总结梳理出一些规律性的交易行为，以便更好地进行投资决策。

物理学家在固体材料中发现了大量准粒子，例如声子、磁振子、自旋子和全子。

准粒子是电子与电子相互作用的结果。由于金属中的电子数量实在是太多了，电子与电子之间也会发生相互作用。如果将所有电子的集体行为看作一种准粒子，那么就能大幅降低计算难度，方便对金属行为进行建模和预测。

如今，在一些宏观量子系统里，准粒子不再是为方便计算而虚拟出来的数学符号了。如果金属中的电子彼此间发生了量子相干，那么它们就会通过量子纠缠连接在一起，从宏观层面看就表现为同一个宏观量子。这种特殊的金属材料叫作奇异金属。

奇异金属行为最早是在一类被称为铜氧化物的材料中发现的，这些铜氧化物可以在远高于普通超导体的温度下实现超导。与其他金属材料相比，奇异金属在更高的温度下也会表现出完全不同的性质，它们的电阻率随着温度升高而线性升高，而正常的金属材料的电阻率与温度的平方成正比。因此，在常温下，奇异金属反而具有更高的电阻率。

近年来，物理学家发现了十几种新型奇异金属，包括氧化铜超导体、铁基超导体、"重费米子"材料，以及双层石墨烯。前些年闹出高温超导乌龙的 LK-99 也是一种奇异金属材料。

奇异金属是一类具有量子态特性的金属。许多奇异金属材料在接近特定的量子临界点（温度、压力或其他参数）之前都是普通的金属。一旦触发转变，电子就会不再以个体的方式单独运动，而是结合成一个紧密的集体，高度纠缠，产生出独特的集体行为和量子效应。

奇异金属的发现挑战了固态物理学中最成功的模型。对于无数科学家而言，这种模型的失败并非终结，反倒是一片浩渺的新天地开启的序幕，充满了细微的探秘诱惑。

科学家已经揭示，许多奇异金属在相对较高的温度下如同打破了常规物理限制，展现出超导性。透过对这些奇异金属的理解和探索，我们可能在未来开发出能在常温甚至更高温度下稳定工作的超导体。若真成为现实，那么整个电力网络、信息计算乃至全部工业生产的运作方式都将被彻底改写。

科学创新的魅力就在于此。当我们自以为对一个领域完全掌握了的时候，仅仅一个新效应的发现，就有可能彻底重塑我们对这个领域的认识。在复杂的自然面前，唯有保持敬畏，才能不断求得真知。

第六章

量子计算：
守护薛定谔的猫

第一节　从经典计算到量子计算

⚛ 一、经典计算背后的"分解"原理

（一）共产主义的前置科技

1920 年，列宁在全俄苏维埃第八次代表大会上提出了一个响亮的口号："共产主义就是苏维埃政权加全国电气化。"

一百年后的今天，再用电气时代的科技发展水平来衡量政治理想显然已经不切实际了。

用现在的标准来看，实现共产主义的三项前置科技是通用量子计算机、可控核聚变和强人工智能，对应着资源分配极大高效、物质条件极大丰富和精神境界极大提高。

其中，可控核聚变指的是能够不间断进行核聚变反应的人造"小太阳"，就像真的太阳那样源源不断地发光发热，把储量丰富的氢同位素转化为能量。

如果实现了稳定持续同时还高效可控的核聚变反应炉，那么电能的成本就可以降到几乎不要钱，人们完全可以直接在大楼里用日光灯当光源来种菜，耕地面积、气候条件、自然灾害的影响都将不复存在，真正让社会生产力水平实现质的飞跃。

激光聚变中的"点火"，就是尝试给这样的人造"小太阳"点火。

强人工智能指的是可以 7×24 小时开机、智慧和创造力比肩甚至超过人脑的高级人工智能。

现阶段的人工智能只能替代一些重复性的低端劳动，涉及决策和创新的工作还必须仰仗人来完成。要是人工智能在创造性和开拓性上都能取代甚至超过人类的话，那么连文艺作品、精神产品的生产都可以完全由机器来完成了。

到那时候，电脑随便生成的文字片段都能比肩李杜，电影院里的超级大片几秒钟就能出现一部，人们不仅不用从事物质财富的生产，连精神文化方面的生产都不需要进行了，人们的精神境界自然都将得到极大提高。

而通用量子计算机的作用，则是可以解决最复杂、最棘手，困扰着历史上无数有大智慧、大才干的思想家几千年的终极问题——复杂社会中的资源分配问题。

为什么这么说呢？因为现实社会是一个复杂系统，复杂系统中的资源分配是一个高度非线性的问题，而目前所有的计算机都只能处理线性问题，它们对复杂非线性方程束手无策。

（二）暴力穷举的枚举法

在前文里，我们把社会资源的分配问题比作一个超级大的社会方程组，每个具体的社会成员都对应着方程组里一个约束条件。这是很恰当的比喻，毕竟评价一个社会制度是否合理，归根到底就是看所有社会成员是否在当前的资源分配中得到了满足。

就像小学里教的"鸡兔同笼"问题一样。一只鸡有一个头两只脚，一只兔子则有一个头和四只脚，现在已知一辆鸡兔混装的皮卡车可以容纳若干只脚和若干个头，求解最佳的鸡、兔运载量。对于鸡来说，一个头两只脚就是它的需求方程，而一个头和四只脚就是兔子的需求方程。

我们分别把鸡和兔的两个需求方程列出来，组成一个方程组，方程组的解就是这个只有鸡和兔子组成的小社会的最优解。在最优解的情况下，每只鸡、每只兔子都能舒舒服服地伸张头脚，安安心心地顺利达到屠宰场。

复杂社会的资源分配说到底就是一个大号的"鸡兔同笼"问题。不同的人有着不同的家庭背景，也有着不同的成长轨迹，因而有不同的价值取向。有些人看重钱财，有些人看重虚名，有些人只想躺平混日子，每个人对社会都有不同的需求，因而也都对应着一个需求方程。如果能找到一个解，在资源有限的前提下能同时满足所有人的所有需求（假设这个解确实存在），那么这不正是人人都能按需分配的共产主义美好明天吗？

像"鸡兔同笼"这样的线性方程组，现代计算机非常擅长解。线性方程组是指方程组中各个变量相互独立，改变一个变量不会直接影响其他变量，有多少个人，就对应着多少个需要求解的独立变量。将各个方程联立在一起，通过枚举或迭代，总能找出最优解。

数学上的"四色问题"就是这样的一个线性问题。"四色问题"于1852年提出，指的是能否仅使用四种颜色绘制世界地图，给所有国家分别着色，同时让任意两个接壤的国家（不考虑飞地）的颜色都不同。这其实就是一个特殊的资源分配问题，可以分配的总的颜色资源只有四种，求解怎么样分配才能让大家都满意。

一百年来，数学家们耗费了无数稿纸，绞尽脑汁，也没能找到一个能让所有人都信服的证明方法。最接近的尝试是"五色问题"的证明，也就是说用五种颜色可以画满地图，同时还不至于引起邻国争端。再怎么推演证明，都没法突破"五色"到"四色"的最后一关。

1976年，美国数学家凯尼斯·阿佩尔和沃夫冈·哈肯借助电子计算机，计算出了使用四种颜色绘制地图时一共可以分为1936种可能的情况。他们对这1936种情形逐一进行了计算，都找到了对应的绘图方法。既然每一种情况都能找到对应的绘图方法，那么这个问题就不证自明了。

这就是枚举的方法。计算机可以利用强大的算力，把每一种可能的情况都计算进去。

"四色问题"因而成为数学史上第一个完全依靠计算机证明的数学问题。

（三）反复验算的迭代法

计算机解方程的另一种方法是迭代。

对于任一方程，我们先随便填上几个数字，作为求解的出发点，然后再把所有方程组的依赖关系都计算一遍。在这个过程中，方程的约束条件会相互影响，一定程度上会改变原先随意填写的数字，向实际的解的方向靠近一点。一次计算就是一次"迭代"，可以得到更精确一些的数值，就这样一次又一次地，最后就能得到满足要求的数值解。

比如说利用迭代法计算圆周率，第一次猜测圆周率是 5 的话，经过一次迭代计算，可以得到 3.6。第二次迭代，就能算出 3.12，第五次迭代就能得到 3.14159，每多计算一次，就会多得到一个正确位数。截至 2024 年，圆周率的十进制精度已达 105 万亿位以上，需要历时 75 天的迭代计算，光是存储中间步骤就需要 100 万 GB 的数据空间。

可以看出，不管是枚举还是迭代，经典计算的最重要前提都是分解。把一个非常困难以至于让人无从下手的问题，分解成一个个更细更小的子问题。每解决一个子问题，我们向总问题的最终求解就前进了一小步，无数个一小步累加在一起，就迈出了实质性的一大步。

经过分解，难题最后总是能变成人力和算力上的问题，只要调度得当，总是能靠投入资源、人力和算力，最终破解难题。计算机里计算 300 乘 500，就是进行 500 次 300 相加的计算从而得出的答案。

再比如说魔方问题。一个三阶魔方有 6 个面，每个面有横三竖三共 9 个方块，共 6 种颜色。颜色打乱之后，会产生多达 4325 亿亿种排列组合。如果把每一种组合都用一个实际的魔方来表示，那么这些魔方排在一起，可以从地球一直排到 250 光年外。如果我们在这样一排魔方的一头点上一盏灯，那灯光要在 250 年后才能照到另一端。

但是，排列组合的数量终究是有限的，既然有限，就总能计算完毕。2019 年，美国数学家们利用谷歌公司的空闲服务器，经过了相当于 35 年的演算，遍历了所有的 4325 亿亿种排列组合，为每一种组合找到了最快的还原方法。最终证明，任意组合的魔方均可以在 20 步之内还原。

不单单经典计算机是利用分解来计算的，我们在组织经济活动和制订生产计划的时候，同样也是采用分解的手段，把一个宏观的增长目标拆解为年度、季度、月度的小计划，再把每个计划的每一项子指标都按时按量完成，最后就实现了预期的增长目标。

以画圆为例，枚举法就是一次画一段弧线，不管每次画的弧线有多短，累加在一起最后总能形成整体的圆。迭代法就像古代数学家祖冲之提出的割圆术，从正方形开始，每次迭代时切去几个角，最后也能得到一个无限接近圆的多边形（图 6-1）。

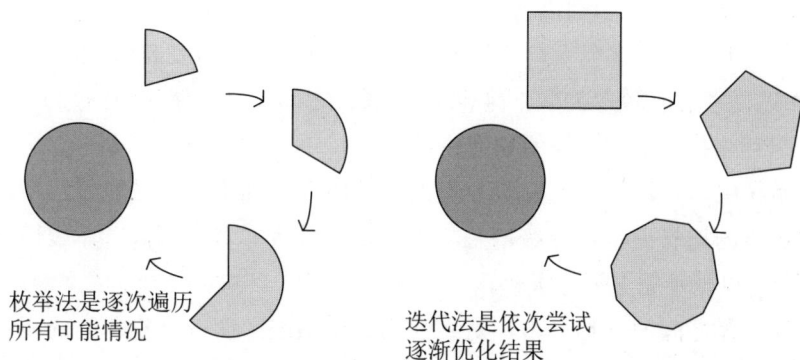

枚举法是逐次遍历
所有可能情况

迭代法是依次尝试
逐渐优化结果

图 6-1 枚举法和迭代法原理示意图

线性方程组是可以分解的，因而也就可以采用枚举、迭代等经典计算方法求解。只要复杂问题可以简化为一个个相对简单的小问题，那么我们总能像愚公移山、精卫填海一般，以勤补拙来努力求解。

但是，对于非线性方程组来说，情况就有些不一样了。

⚛ 二、"分解"原理无法求解复杂问题

（一）非线性方程是复杂的

什么是复杂？就是每一个变量不仅与自身相关，还与每一个其他变量的变化情况都息息相关。任何事物内部的不同部分和要素是相互联系的，即任何事物都具有内在的结构性。任何事物都不能孤立存在，都同其他事物处于一定的相互联系之中，整个世界是一个相互联系的统一整体。

既然是统一整体，那么它应该就像互相纠缠着的量子相干态一样，是不可分割的。一个整体，不等于组成整体的每个孤立个体的简单相加。

也就是说，经典计算采用的分解方法不再适用。分解出来的每个子问题，加在一起并不等于原来的老问题。

从联系的普遍性上看，因为复杂系统中每个变量都与其他所有变量的变化息息相关，只用一道需求方程描述一个具体的社会成员是远远不够的。

人是社会关系的总和，一个人自身的需求是否得到满足，不仅与自己有关，还影响着和他建立了社会关系的所有其他个体。一个人可能同时既是儿子又是父亲，既是工人

又是雇主，既是租客又是债主，他失业与否，不仅关系着自己是不是饿肚子，同时还直接或间接地影响着千千万万个小家庭。

所以，我们不仅要为这个人自身列出一道需求方程，还需要80亿道方程来描述他与其他所有80亿人之间的联系关系。这80亿个联系之间又是普遍联系的，又需要80亿的80亿次方道方程来描述它们之间的联系关系。

在线性系统中，方程数量随变量数量的增长而呈线性增长；在非线性系统中，方程数量随变量数量的增长而呈指数级增长。当变量数量足够多的时候，非线性方程组就会变得极其复杂，以至于完全无法求解。

两个孤立物体之间的互相作用，是线性的简单系统。而三个物体间的相互作用，则形成了相互联系的非线性复杂系统，三体系统没有精确的代数解。而人类社会又是一个变量多达亿万的超多体系统，更是极端复杂的非线性混沌系统。

缘起缘灭，花开花落，皆有因果。非线性复杂系统中的联系关系实在太多了，多到根本不可能全部枚举出来。

从联系的相对性上看，社会是由人组成的，每一个人都不可能孤立于人类社会而单独存在，都是社会的一员。

当一个变量本身既是上一次改变造成的结果，又是引起下一次改变的原因的时候，迭代就是不可能的了。因为任何改变本身，都会带来更多更不可预计的改变。多长出来的草被羊吃了，生出了更多小羊，小羊被狼咬死了尸骨烂在地上，作为滋养又长出了更多的草。一轮迭代计算，算来算去又回到了原点，无法得到任何有效的额外信息。

举个例子，我们一直秉持"想要富，先修路"的理念。只要路修得足够多，花在路上的交通成本和平均耗时就能降到很低的水平，也就可以实现各生产要素的自由流动，自然而然就达到"富"的目标了。

这本质上也是一种线性分解的思维。把如何致富这个复杂的难题，分解成一条条道路的修建，每新修一条路，我们就向致富的终极目标迈进了一小步。

沿着这个思路，我们发挥了社会主义集中力量办大事的体制优越性，打破了一个又一个世界纪录，创造了一个又一个的"中国速度"。以地铁为例，我国在改革开放之前只在北京有一条地铁线路，运营总里程23.6公里，到改革开放四十周年之际，地铁总里程达到了4642公里，增长了195倍。

根据交通运输部2023年发布的城市轨道交通运营数据，全国共有55个城市（含县级市）开通了地铁等轨道交通，其中7个城市的运营里程超过500公里，17个城市超过200公里。根据规划，到2025年，北京、上海、广州城轨运营里程目标分别为1000公里、960公里、900公里，重庆为1000公里左右，成都目标是850公里。

从一开始的基本为零，到现在不少城市地铁总里程都接近 1000 公里，我们在修路上已经交出了一份绝对满分的答卷。

但是，路修得多，交通是否就一定变得便捷了呢？

（二）纳什平衡与布雷斯悖论

1968 年，德国数学家迪特里希·布雷斯提出了一个悖论。在一个交通网络中，如果每次只是增加一条新的道路来改善局部通勤，那么在特定情况下，局部的通勤改善并不能降低全局的交通成本，反而有可能造成更多的拥堵。在复杂系统中，一加一不仅可能不等于二，还可能大于二，甚至小于零。

假如说原本一个城市有两条主干道可供通行，那么市民总是会选择两条路中耗时相对更短的那条。当两条路的人流都达到了饱和，其预计通行时间完全相同时，这个城市的交通就达到了一个平衡状态。

这种平衡在博弈论里叫作"纳什均衡"，指的是市场博弈的每一方都达到了一个暂时的平衡，任何一个人都无法只通过改变自己的选择来缩短总的通行时间。这是"看不见的手"调节出来的稳定状态。

现在，城市道路的管理部门想要改善早高峰期间的拥堵情况，他们上马了一个新项目，在两条主干道之间架起了一座快速立交桥。从理论上来说，新建的立交桥可以帮助司机们及时切换路线，从而提高交通承载量。但是对于出行的人们来说，他们并不会考虑得那么长远，而是继续根据眼前两条道路的拥堵情况决定出行路线，这样大家都想抄近路，最后导致大量的人聚集在快速立交桥上，反而加剧了拥堵。

耗资巨大的局部改善，反而可能造成全局效率的下降。布雷斯悖论就是一个鲜明的例子，复杂系统中的非线性难题是没法分解的，一个个子问题的解决并不意味着一小步的前进，反而有可能原地踏步，甚至花了大价钱却使情况恶化。

1969 年，德国的斯图加特市为了解决日益严重的堵车问题，紧急开工修建了一条新的大道。没想到效果却适得其反，新的大道通车后，全市的交通状况更加恶化，高峰时期堵得水泄不通。布雷斯就是在这个危难时刻提出了他的理论，绝望的斯图加特市政府只能病急乱投医，拆除了刚刚通车不久的道路，结果拥堵问题反而得到了改善。

后来许多大城市就参考这一理论来制定政策，及时封堵一些"多余"的岔路，从而提高了整体路网的通行效率。

1990 年，美国的纽约市为了筹备当年的世界地球日活动，决定封闭最繁忙的第 42 号大街。结果，损失一条主干道后，纽约市的交通承载能力反而得到了提升，世界地球日当天并没有出现想象中的大拥堵。

2003 年，韩国的首尔市就把市中心六车道的清溪高架道路拆了，挖出一条全长 10.84 公里的河道，也就是现在的清溪川。在拆除前，清溪高架道路每天通行 168000 辆汽车，退桥还河之后，这十几万辆汽车分流到了首尔路网的其余部分，反而极大地改善了全市的交通状况，大幅缓解了堵车问题。

2022 年，为了消纳德国大量新增的风电和太阳能电站的装机容量，欧盟在德国和瑞士之间修建了一条新的跨国输电专线。该工程耗资几亿欧元，建成后，德国多余的风电和光电可以输送给瑞士，再利用瑞士丰富的蓄水电站资源储存起来，按设想这是一个多方共赢的标杆式好项目。

结果，瑞士在接收了这批电能后，大幅缓解了本国的用电缺口，不用再从外国进口了。于是，瑞士就削减了原本计划要从奥地利采购的电量。奥地利发出来的电没办法卖给瑞士了，只能降价出售给捷克，捷克因而降低了从德国进口的电量。绕来绕去，德国新建的新能源设施发出的这些电，绕了一圈又回流给了德国自己。几亿欧元的电网投资，建了等于白建（图 6-2）。

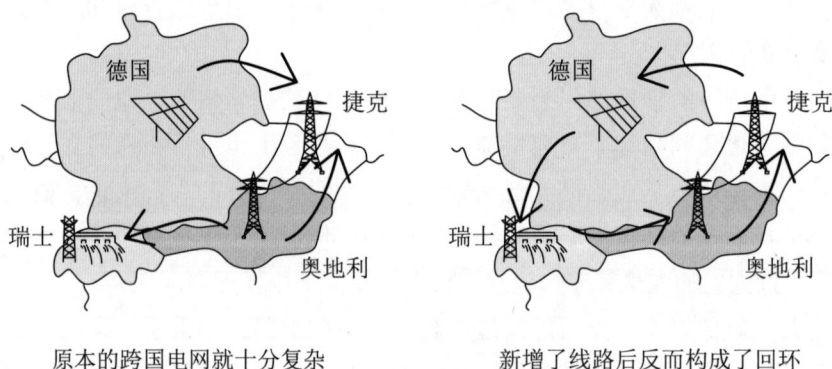

原本的跨国电网就十分复杂　　　　　　　　新增了线路后反而构成了回环

图 6-2　欧洲电网的布雷斯悖论

我们所处的社会是高度复杂的，而复杂系统又是非线性的，是互相联系且不可分解的。在面对复杂的非线性问题时，基于分解原理的经典计算就触及了自己的边界。不管计算机的算力提高得有多快，宏观经济和产业结构总是变化得更快，我们永远无法在经典的框架下精确求解一个不断变化的非线性复杂系统。

但是，非线性、互相联系、不可分解不正是量子系统的特征吗？量子是系统连续变化的最小单位，所以它是不可分解的。量子相干态中各组成成分又是互相纠缠、互相联系的，因而量子系统具有高度非线性。量子计算把整个量子系统当作一个整体来处理，这又和经典计算的分解原理有着显著的不同。

所以，发展量子计算是从根本上解决高度复杂的经济社会运行调控问题的重要途径。

⚛ 三、量子世界的语言速成

（一）量子态的狄拉克符号表示

要理解量子计算，就要了解量子世界的语言。科学家们通常用狄拉克符号来描述量子体系。

在这套符号系统中，每一个量子态都对应着多维空间里的一套态矢量。量子有多少种可以独立变化的内秉属性，就需要用多少个互相正交的空间维度来表示。量子系统的量子数越多，对应着的态矢量就越大。

例如，在不考虑自旋的情况下，氢原子外层的电子可以用主量子数 n、角动量子数 l 和磁量子数 m 三个量子数来唯一描述。这时候，给定的任意一个电子，都可以表示为这三个量子数的一种态矢量 $|n, l, m>$。

但是这几个独立维度之间还存在着广泛联系，每一个量子数都可以与另外两个量子数发生耦合作用，一共产生出 $3 \times 3 = 9$ 种排列组合。

用数学符号来表示，就是将 $|n, l, m>$ 颠倒过来，变成 $<n, l, m|$。一个表示行，另一个表示列，两个态矢量叉乘在一起，就可以得到 3 行 3 列的全部排列组合，对应着系统的每一种组分之间的相互联系。

全部的量子态，就可以用两个态矢量来表示，写作 $<n, l, m|n, l, m>$，两个括号括起来的，就是现实生活中的量子所处的状态。1939 年，英国物理学家保罗·狄拉克在发明这种符号体系时，把括号的英文"bracket"拆开，拆成"bra"和"ket"两个单词，分别给"$<|$"和"$|>$"起了名字。中文最早把这两个符号翻译为"刁矢"和"刃矢"，现在统一为"左矢"和"右矢"。

左矢和右矢乘在一起，其结果就代表了量子所处的全部状态。

推广到多粒子的情况下，每个粒子所处的状态都可以由一组量子数 $r（n, l, m）$ 来描述，N 个粒子就有 $r_1, r_2, \cdots, r_N$，可以写成波函数 $\psi（r_1, r_2, \cdots, r_N）$。

由 N 个粒子构成的整个量子系统就可以表示为 $<\psi^*|\psi>$。星号代表的是共轭对易，也就是行列互换的数学变换。

（二）量子计算就是对量子态的测量

对这套怪异的符号体系有了大概的了解之后，我们就可以初探量子计算的基本原理了。

在量子计算中，所有的计算都被视为对现有量子态的一种测量行为。用狄拉克符号来表示：

$$测量结果 = <波函数^*|测量方式|波函数>$$

对应到计算里有：

$$计算结果 = <量子态^*|算符|量子态>$$

对于任何物理量的观察，都是一种测量，对应着一种代表测量方式的算符。测量位置对应位置算符，测量动量对应动量算符，把粒子平移一定距离对应着平移算符，旋转也对应着旋转算符。

量子计算的全部实质，就是把算符的变化和量子态分开，通过构造一种特殊的算符，实现在一次计算中就得到结果，从而不需要"分解"的多步运算。

有一道小学数学题：小明的妈妈比小明大 30 岁，小明又比哥哥小两岁，已知小明的哥哥今年 6 岁了，请问小明的妈妈多少岁？

从经典计算的角度来说，这是一道非常简单的应用题，可以用"分解"的方法，把它分解成简单的两步四则运算。

第一步计算小明的年龄。小明的年龄等于小明哥哥的年龄减去两岁。

$$6-2=4$$

得到小明今年 4 岁了。

第二步计算小明妈妈的年龄。小明妈妈的年龄等于小明的年龄加上 30 岁。

$$4+30=34$$

得到小明妈妈今年 34 岁了。

这种计算方法其实有一个隐含的前提，那就是问题必须是可以"分解"的，分步运算不能影响计算的结果。

在题目给定的条件下，这个前提是显然成立的，小明一家人的年龄在一年的时间里都不会变化，而分步计算只需要短短的几秒钟，几秒钟远远小于一年，分步运算不会带来什么问题。

但如果继续"钻牛角尖"呢？题目并没有说明小明一家人是生活在地球上的，要知道，年龄的定义是以所在星球绕恒星公转一周的时间确定为一岁的，而秒的定义是铯 133 原子基态的两个超精细能级间跃迁对应辐射的 9192631770 个周期的持续时间，这是宇宙通行的定义，不以所处的星球为转移。也就是说，在宇宙中某个角落的星球上，一年可能只有几秒钟。

确切来说，如果小明他们家生活在一对由两颗中子星互相绕彼此旋转的双中子星星系的一颗中子星上，那么可能只过几分之一秒的时间，小明一家人就会增长一岁，我们在第一步里刚刚用小明哥哥去年的岁数算出小明当时的年龄，小明和他妈妈马上就又长了一岁了，如此一来，第二步的计算也就失效了。

或者换一种提法，小明一家确实生活在地球上，但是出题的这个人很刁钻，他故意选在某年过年时零点零分前的那一秒出题。这时候如果我们还继续沿用分步运算的方式，那就"着了出题人的道"了，因为在我们计算出小明年龄的那一刻，计算结果和实际情况就出现了出入，第二步运算用的是一个过时的输入数据，输出的自然也是过时的不正确的答案。

上述这两种情况在现实中都能找到对应的情形。有时，测量本身具有破坏性，测量会造成物体所处的状态发生改变；还有时，测量的耗时极长，等我们测得了某个中间变量时，现实情况早就发生了巨大改变。

所以，经典计算只能不断提高算力，加快每一步的计算速度，尽可能避免这种极端情况的发生。

从量子计算的观点看，小明一家人的年龄可以写为一个量子态 | 小明一家人 >，进一步拆解到每个维度则是 | 小明，小明哥哥，小明妈妈 >。这个量子态是随时间动态变化的，在任何时候，小明妈妈的年龄总是等于她自己的年龄。

那么为了计算小明的年龄，我们就可以定义一个年龄算符$\hat{a}$，对量子态运用年龄算符可以得到当前的年龄。那么两步运算都可以表示为算符的运算，也就是

$$\hat{a}_{小明} = \hat{a}_{小明哥哥} + 2\hat{I}$$

$$\hat{a}_{小明妈妈} = \hat{a}_{小明} + 30\hat{I}$$

其中$\hat{I}$是保证量纲不变的单位算符。然后可以得到

$$\hat{a}_{小明妈妈} = \hat{a}_{小明哥哥} + 32\hat{I}$$

直到目前为止，我们只是进行了算符上的理论运算，并没有涉及对实际情况的测量和判断。在完成了算符的运算之后，我们可以把最终得到的算符代入量子态中，在一次测量中直接得到结果。

小明妈妈的年龄=<小明一家人*$|\hat{a}_{小明妈妈}|$小明一家人>

$\qquad$ =<小明一家人*$|\hat{a}_{小明哥哥}$+32$\hat{I}|$小明一家人>

$\qquad$ =<小明一家人*$|\hat{a}_{小明哥哥}|$小明一家人>+32

$\qquad$ =<小明*$|\hat{a}_{小明哥哥}*|$小明>+<小明妈妈*$|\hat{a}_{小明哥哥}|$小明妈妈>

$\qquad$ +<小明哥哥*$|\hat{a}_{小明哥哥}|$小明哥哥>+32

$\qquad$ =0+0+2+32

$\qquad$ =34

无论出题人如何别有用心，这个计算公式始终是成立的，因为在测量小明哥哥年龄的同时，我们就同步完成了对小明妈妈年龄的计算，根本没有中间步骤，也就没有钻空子的可能。

可以看出，虽然在实际运算中，量子计算的计算过程和经典计算是类似的，但是量子计算把整个过程严格划分为"波函数"和"测量方式"两个方面，所有的演算过程都只是在代表"测量方式"算符上进行的数学变换，并不影响实际的量子态，最后代入算符的时候有且仅有一次测量过程，可以一次性得到想要的计算结果（图6-3）。

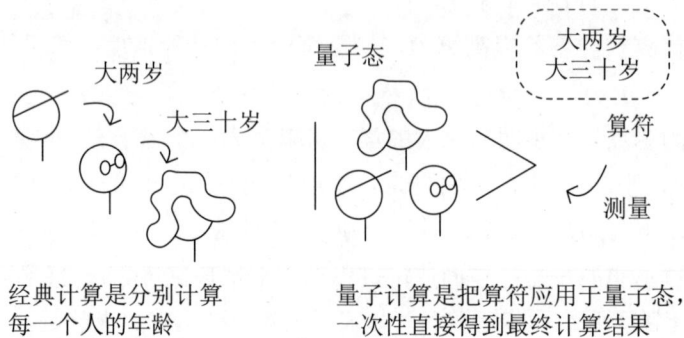

图 6-3　经典计算和量子计算的对比

从这个意义上来说，经典计算就好比用传统方式去布线接电，不管家里想要在哪个犄角旮旯安装电灯，只要有足够长的电线，理论上都是可以接通的（对应经典计算里的图灵完备），只不过布线过程非常麻烦，需要专业的电工花费大量时间操作，动辄就要凿墙开槽，还可能对房屋的整体结构造成不好的影响。

而量子计算就像是用了集成无线取电和遥控开关技术的一体成型的新式灯泡，虽然从生产工序上来说可能更复杂，但是这些都是在实验室和工厂里完成的，在实际使用时，只要随便找个地方一放，当场就能点亮，不仅安装速度快，而且效果极佳。

（三）量子计算同时考虑所有可能

还有一个广为人知的段子：我有一个苹果，你有一个苹果，咱俩交换一下，现在我们有几个苹果？

如果按照当前手上看得见摸得着的苹果来说，交换之后，我们每个人还是只有一个苹果。但是如果把苹果看作某种抽象的"想法"或是"点子"，每个苹果都是独一无二的存在，可能是红的，也可能是绿的；可能是完整的，也可能是咬了一口的。在交换之后，咱俩就都大开眼界，见到了完全不同的苹果。从抽象概念的角度出发，交换之后我们就都有两个苹果了。

这种情况下，经典计算只能采用"枚举"法，开始分类讨论了。我们刚刚用了整整一大段话、一百来个字，才勉强说明了这个问题在不同情况、不同前提下的不同答案。如果问题更复杂，涉及的当事人增多，交换的也不是苹果，而是更具现实意义的，比如铁路线路，那么需要枚举讨论的情况就会呈指数级增长，最终超出现有的任何计算机所能计算的上限。

而要是不对所有情况都进行分类讨论，只选取其中某部分看起来最接近的思路去演算的话，又有可能陷入诸如布雷斯悖论之类的困境，用局部最优解取代了全局最优解。

要是用量子计算的思路来看，这个困境马上就可以迎刃而解。在量子计算中，整个问题的解答过程可以划分为"波函数"和"测量方式"两个方面，不管情况有多复杂，都可以用某种波函数来严格描述。

我们用 | 交换前的苹果态 > 来表示交换苹果之前的量子态，有 | 交换前的苹果态 $\geqslant$ | 我手上的苹果，你手上的苹果 >。考虑交换算符 $\hat{P}$（这是个真实存在的算符，对应着两个粒子的交换），交换之后的量子态就可以写作

$$|交换后的苹果态 \geqslant \hat{P}|交换前的苹果态 \geqslant |你手上的苹果，我手上的苹果 >$$

一个简单的量子态变换，不就巧妙代替了经典计算中大量的枚举过程？

现在，我们再引入一个新的算符，对应着"出题人认为我们有几个苹果？"这个问题。这是一个复合算符，由"测量出题人的心态"和"我们手上有几个苹果"两个子算符组合而成。假设说这个算符叫作苹果算符 $\hat{A}$，于是有

$$我们手上的苹果数 \leqslant 交换后的苹果态^* |\hat{A}| 交换后的苹果态 >$$

$$\leqslant 交换前的苹果态^* |\hat{P}^\dagger \hat{A}\hat{P}| 交换前的苹果态 >$$

其中 + 代表对算符作行列转置，对于交换算符有 $\hat{P}^\dagger = \hat{P}$，使得 < 交换后的苹果态^* | = < 交换前的苹果态^* | $\hat{P}^\dagger$。$\hat{P}^\dagger \hat{A}\hat{P}$ 就是对应原问题的最终算符了，只要把它运用到原先的量子态上（出题人本身也是系统量子态不可分割的一部分），马上就能得到想要的答案。

所以，量子计算的核心就在于算符的设计，也就是如何选取一个合适的"测量方法"。如果我们可以构造出某种巧妙的算符，比如说正好对应于"在这个交通网络中，要实现最低通勤时间的线路布局是什么？"这个问题的算符，那么只要把它应用到实际的量子态上，当场就能得出全局最优的结果，而无须陷入无休止的枚举和迭代过程。

⚛ 四、波函数和观察者效应

（一）既生又死的"薛定谔的猫"

把测量和计算的过程划分为"量子态"和"算符"两个方面，让算法设计的数学变换和对实际问题的表征测量分割开来，是量子计算有别于经典计算的最大不同。

无论对应着算符的量子算法如何改变，在实际计算之前，都不涉及对量子态的测量。

那在这时，量子态是处于什么状态呢？

答案是谁也不知道。量子态作为一个整体是不可分割的，在没有进行测量的时候，谁也没法知道量子态的具体状态。量子态处于所有可能状态的叠加态。

在代入年龄算符之前，小明可能是 6 岁，也可能是 60 岁，还有可能是 660660 岁。在苹果算符得到答案之前，咱俩手上同时有 0、1、2 个苹果。

量子力学的态叠加原理表明，如果一个量子系统可以处于几种不同的量子态，那么这些量子态的线性组合同样也是可能的量子态，这种状态被称为量子的"叠加态"。量子叠加态是指一个粒子可以同时处于多种状态之中，这些状态之间相互叠加，在数学上表现为同一个波函数。

有关量子叠加态最形象且最著名的表述，是奥地利物理学家埃尔温·薛定谔提出的"薛定谔的猫"。

房间里有一个盒子，盒子里关着一只猫，还有一个盛满毒气的玻璃瓶，瓶子上用极不牢靠的细绳挂着一把重锤。在某个时刻，细绳可能不堪重负而绷断，锤子落下砸碎玻璃瓶，放出毒气毒死小猫。但也有可能细绳挺住了考验，拉着重锤保持静止状态。

在打开盒子之前，这只猫到底是活的还是死的我们不得而知。打开盒子就是对这个小小量子态的测量。在没有测量的时候，猫的生死还没有被决定，处于既生又死的叠加态（图 6-4）。

这个想法属实有些惊世骇俗。这只可怜的猫的生死怎么会是在我们打开盒子的时候才被决定呢？难道太阳是鸡叫出来的吗？有没有可能在打开盒子之前的某个时刻，猫的生死已成定数，只是我们还不了解罢了？盒子打开的时候，放下的只是我们心里的石头，而不是写定猫的生死簿。

这就是困扰物理学家一个世纪之久的"隐变

打开盒子前，毒气可能释放也可能未释放，猫处于生死叠加态

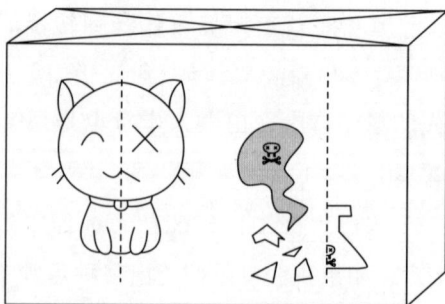

图 6-4 薛定谔的猫思想实验示意图

量"理论。细绳绷断与否是一个我们还不了解的隐变量，是它而不是打开盒子这个测量过程决定着猫的生死。

（二）先有结果还是后有原因

现在我们不再回顾关于贝尔不等式的纷纷扰扰了，换一个思路再来直面这个问题。

1979年，美国理论物理学家约翰·惠勒在纪念爱因斯坦100周年诞辰讨论会上提出了惠勒延迟选择实验（图6-5）。实验按如下方式进行：一个光源发出一个光子，该光子通过一个半透半反镜O时，被反射与透射的概率各为50%。之后，在光子反射或透射后的行进路径上分别放置反射镜A和B，使两条路径反射后在C处汇合。而C处则放有两个探测器，分别用于观察A路径或B路径是否有光子。此时只有一个探测器能够测得光子，即能确定光子走的是哪一路径（OAC或OBC）。

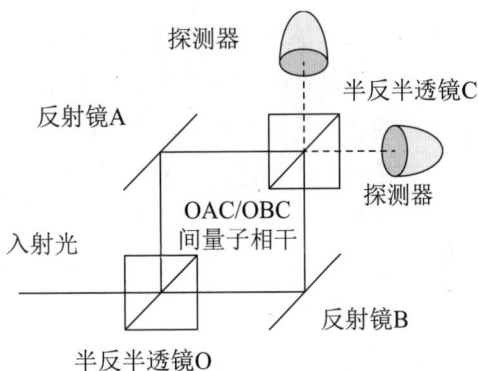

图6-5　惠勒延迟选择实验示意图

而如果在C处再放置一个半透半反镜，并适当调整光程差，使得在某一方向（A或B）上的光到达此处时刚好相消，那么此方向上的探测器将无法收到信号，另一方向上的探测器则必定会接收到信号。这是因为在到达C镜之前，光子就像在盒子里的猫，没人知道它到底走的是哪条路径，此时光子处于OAC和OBC两条路径的叠加态，如果这时候堵上一条路的话，就像带着"毒气毒不死猫的情况下猫是死是活"这个自带限制条件的特殊算符去测量一样，总会发现光子选择的是另外一条路径（因为测量必然要得到结果，否则我们就测不到光子，也就违背了测量的自洽性），让这个方向上的探测器接收到信号。

如果说"隐变量"理论成立的话，光子在通过O点的那一刻就决定了走哪条路径，那么两个探测器接收到信号的可能性应该都是50%。也就是说，我们会在某个探测器上测到时断时续的光子信号，而不是像量子理论预计的那样100%的常亮。

事实上，我们甚至可以在光子通过O点之后再决定在C处放置半透半反镜，这就是"延迟选择实验"名字的由来。光子有没有可能倒因为果，由未来的结果决定过去的原因呢？

2019年，南京大学的研究人员在严格的定域条件下进行了量子延迟选择实验，在两个相距141米的实验室的光学设备间传输光子。实验结果表明，在达到C镜之前，光子就是处在OAC和OBC的叠加态上，在同一时间同时通过两条路径。

在打开盒子之前，猫既是活的，又是死的。

（三）量子力学的不同诠释

该如何理解量子叠加态呢？物理学家们给出了几种不同的诠释。

最正统的诠释是哥本哈根诠释，它因提出该诠释的一批量子物理早期研究者所在的丹麦哥本哈根研究所而得名。按照哥本哈根诠释，在没有外界观察者存在时，量子系统处于多个量子态的叠加，这是一种量子相干态，让人捉摸不定且不可预测，只能以波函数的数学形式来表示。当我们打开盒子进行观察的时候，系统发生了退相干，原本处于叠加态的波函数坍缩到了其中一种状态。

这是一个不可逆的过程。《庄子》中记载，古代掌握中央的天帝是混沌（浑沌），混沌无所不知、无所不能，但是没有七窍，无法视、听、食、息。有一天，南海和北海之帝倏与忽出于好心，给混沌开凿出了七窍，虽然混沌像正常人一样可以视、听、食、息了，但随后却死去了。

> 南海之帝为倏，北海之帝为忽，中央之帝为浑沌。倏与忽时相与遇于浑沌之地，浑沌待之甚善。倏与忽谋报浑沌之德，曰："人皆有七窍以视听食息，此独无有，尝试凿之。"日凿一窍，七日而浑沌死。
>
> ——《庄子·应帝王》

没有观察者的量子态就像《庄子》里的天帝混沌一样，在同一时间处于全部可能状态的叠加，可以兼得鱼与熊掌，而代价就是不能为外人所知。我们进行测量和计算的过程，就是用某种特定的算符作为凿子，在混沌脸上开凿七窍。波函数会按照我们给定的模子坍缩，展现出合理自洽的测量结果，但同时原本叠加的量子态也会被破坏，在给出确定结果的同时也失去了其他方面的不确定性。

多世界诠释也是量子力学诠释的一种。和哥本哈根诠释一样，多世界诠释也认为在没有观察者存在的情况下，量子系统处于各种可能状态的叠加。只不过，在观测发生时，波函数不是坍缩到某一个确定态，而是发生了分裂，演变出一系列的平行宇宙，每个宇宙对应着一种坍缩的可能。测量带来的不是坍缩，而是分裂。

宇宙出现以来，已经进行过无数次这样的分裂，从而产生了无数的平行宇宙和平行世界。

按照多世界诠释，当盒子被打开后，猫生与死的两种可能都继续存在，但彼此之间发生了退相干。换句话说，当盒子被打开的时候，观察者和猫的纠缠态被分裂为两个平行宇宙：一个是猫存活的宇宙，另一个是猫死亡的宇宙。但是由于两种状态发生了退相干，它们之间不会出现有效的信息交流或相互作用，我们只会被动地进入某一条世界线里，意识不到其他平行宇宙的存在。

此外，还有客观坍缩诠释等不同诠释，该诠释认为量子态只是量子系统的不完备描述，波函数只适用于多次平均的特殊情况，以及当某些客观的物理量达到其阈值时，叠加态会自发地被摧毁。不同的诠释只是代表了对量子力学现象的不同解读方式，并没有实质意义上的区别。

人作为观察者，本身就是量子系统不可分割的重要组成部分。经典计算实质上是抛开了人的因素，尝试去构建一个完全基于逻辑的独立王国，这显然有悖于所有资源最大化配置的原则，也忽视了最应该被重视和利用起来的要素——作为观察者的我们和作为载体的世界本身。

历史是发展的、能动的，是随着时代的需要而变化着的。它从现实的前提出发，一刻也不离开这种前提。它的前提是人，是处在现实中的、无时无刻不在观察和测量着的人。

量子物理就是包含了作为观察者的人们的更为全面的物理学，量子计算也因而成了比经典计算更先进的下一代计算技术。

第二节　各类量子算法及其应用

一、量子搜索算法

（一）世界就是一台超大的量子计算机

有一种很有意思的说法，如果把我们所处的世界比作一台巨大的计算机，那么基于逻辑的经典计算，就如同在构成世界的计算机中运行了一个虚拟机。这个虚拟机同样有着一套逻辑完备的算法规则，能够以图灵完备的方式计算各种各样的问题。但是，就像是在 Windows 电脑上用安卓模拟器玩手机游戏一样，虚拟机最大的问题就是又慢又卡，只能靠堆砌算力来勉强维持运行。

而量子计算则是调用世界计算机的原生底层接口，直接利用世界本身的复杂性，来完成复杂问题的求解和计算。所以只要算法设计得当，量子计算可以在瞬间完成最复杂问题的最优化求解，要比虚拟机不知道快出多少倍。

量子计算的全部实质，就在于怎样把我们想要求解的复杂问题，转化为这个复杂的世界中本来就存在着的自然过程，然后再利用世界本身的物理学法则和规律，来帮助我们实现快速而高效的求解。

经典计算需要通过堆砌算力来加快计算速度，而量子计算的挑战更多源于算法设计。只要选择了合适的算法，量子计算可以在极短的时间内完成最复杂问题的最优化计算。

1994 年，美国计算机科学家彼得·肖尔开发了一种用于分解大数的量子算法，这是人们发现的第一个有现实应用价值的量子算法。

1996 年，美国计算机科学家洛夫·格罗弗发现了第二个实用的量子算法：一种通用的量子搜索算法，它能在非常短的时间里，在无序排列的数据库中找到特定的目标。

（二）搜寻算法的时间复杂度

如何在一个庞大且杂乱无章的数据库中搜寻某个匹配程度最高的特定结果，这是一个在日常生活中经常能遇到的问题。古代的学者要是突然间回想起了多年前看到过的某句评述，需要在浩如烟海的藏书中一本接一本地翻阅，才能最终找到出处。读过的书越多，需要查找的范围就越大，耗时也就越长。如果藏书有 N 册的话，平均来说就需要付出相当于通读 N 本书的时间来完成查找。在计算机科学里，这叫作时间复杂度为 $O(n)$，代表解决一个规模为 n 的问题需要花费相当于 n 量级的时间。

采用一些更高效的算法，可以节约一定的查找时间。假如说需要查阅的数据是有序排列的（虽然这意味着大量额外的排序任务），那么还可以使用二分法查找，每次选择中间的那个数据进行比对，按照大小差异一次排除一半的错误结果。二分法查找的时间复杂度是 $O(\log n)$，解决一个规模为 n 的问题需要花费相当于 $\log n$ 量级的时间。

如果数据量进一步增大的话，经典算法就黔驴技穷了。现代互联网的搜索引擎只能通过建设大量的数据中心，通过把每个关键词的搜索结果缓存下来的方式来加速用户的搜索反馈。谷歌公司的第五代数据中心网络 Jupiter 部署在全球几十个分布式机房里，利用 10 万台缓存服务器交换信息，才能勉强做到在 1/10 秒内反馈任意关键词的搜索结果。

> 充分发挥数据要素的放大、叠加、倍增作用，构建以数据为关键要素的数字经济，是推动高质量发展的必然要求。
> ——国家发展改革委等《"数据要素 ×"三年行动计划（2024—2026 年）》

而格罗弗的量子搜索算法的时间复杂度为 $O(\sqrt{n})$，也就是说解决一个规模为 n 的问题

需要花费相当于 $\sqrt{n}$ 量级的时间，这与经典算法相比是指数级的效率提升。假设待查找数据的规模是 1 亿条，比对 1 条数据需要花 1 秒钟时间，那么古代的学者们需要耗费 1 亿秒来完成查找，大致相当于 3 年零 2 个月；而量子搜索只需要花费 1 万秒，不到 3 个小时就可以比对完成。

3 年零 2 个月和 3 个小时，这是多么巨大的差距。数据规模越大，这种差距就越明显。

（三）量子算法舍弃了求解过程

格罗弗的量子搜索算法有一个不足之处，那就是它只能给出结果，而不能给出解答过程。

背后的原因很简单，量子算法的原理是让系统在最终求解之前处于尽可能模糊的量子叠加态，这个时候，数据库中所有的可能结果全部叠加在一起，共同构成了一个量子相干态。量子搜索算法只是构造了一个相当于"最符合匹配条件的搜索结果是什么"的量子算符，作用在这个相干态上而得到最后的结果（算法的实际过程要比这个通俗描述复杂一些）。原本叠加着的量子态在测量的一瞬间发生坍缩，直接给出了最终答案，而没有任何中间过程。

就像是走迷宫，经典算法是一条条路径枚举遍历过去，最后得到了入口到出口的不间断道路。而量子算法则是在同一时间同时走向全部可能的岔路，然后来到了出口。量子算法可以在很短的时间里找到出口，但代价就是不知道它是如何到达那里的。要想快速走出迷宫，就只能忘记走过的路。

2023 年，美国盖瑟斯堡国家标准与技术研究所的研究团队通过严谨的数学推导，证明了若要使任何快速的全面寻路算法成功实现，都需要不保留对所走过路线的记忆。量子算法并不是突破物理学极限的快，它只是在权衡利弊之后，付出了更大的代价：我们想要更好的结果，就必须放弃其中的过程。

但是有失必有得，量子搜索算法可以在极短的时间内完成任意复杂条件的匹配检索，这在信息和数据越来越膨胀的未来，将成为科学大厦必不可少的基石。

⚛ 二、量子模拟算法

（一）用复杂的量子模拟复杂的自然

1982 年，美国物理学家理查德·费曼首次提出了量子模拟的概念。量子模拟是指用可控的量子系统来模拟实际中的复杂现象。

比如说三体星系的运动轨迹是不可求解、不可计算的，但是我们总是可以用三个互相绕转的量子来组成一个量子态，模拟三体星系的运动状态，然后把某个特定时刻的星体位置作为需要求解计算的算符代入其中，总是可以得到想要的结果。

这种方法并不违背三体问题不可求解、不可计算的大前提，因为就像量子搜索算法一样，量子模拟算法只是借由可控量子系统的模拟运动来得到某个特定时刻的位置分布，而直接跳过了三体是沿着什么运动轨迹到达这个特殊位置分布这一中间问题。

2021年，以哈佛大学为首的联合研究团队利用周期性的里德堡原子构建了一个可控的人造晶体，该晶体可以实现对量子多体动力学的模拟。研究团队实现了多达256个原子的可编程量子模拟器，可以对二百五十六体运动进行一比一的量子模拟，为研究物质的量子相和非平衡纠缠动力学奠定了坚实的基础。

每一个量子都是一个独立的实体，可以对应于现实生活中的一个独立物体。可以操纵编程的量子数量越多，可以模拟的复杂现实问题的规模也就越大。如果有朝一日，我们可以实现80亿个量子的可编程操纵，那么或许我们就可以利用这80亿个量子，来模拟地球上的80亿人，在实验室中打造出一个一比一复制的小社会，从物理学规律的角度重新推演社会学的法则。

大自然本身并不是经典的，如果想要一比一地模拟自然，那就必须用量子模拟的方法来实现。运行量子模拟算法的计算机，从物理上来说就成了大自然的一部分，当然也就能给出最符合实际的计算结果。

（二）遗传算法是模仿生物的物竞天择

量子遗传算法是量子计算与遗传算法相结合的产物，其基本思想是利用量子来模拟生物的进化机制，通过选择、交叉、变异三种基本操作寻找特定环境下的最适应解。由于遗传算法受问题性质、优化准则形式等因素的限制，它仅用目标函数在类似物竞天择的竞争机制下就可以进行全局自适应搜索，因此在处理传统方法难以解决的复杂问题上，具有极高稳定性和广泛适用性。

2010年，日本北海道大学的科学家们利用遗传模拟算法，在26个小时内就一比一地复现出了东京市的铁路系统布线。要知道，东京市作为日本首都，人口超过1300万，就算放在中国也是排名前五的超级城市，论经济体量是仅次于美国纽约市的全球第二大都市。作为世界上交通状况最复杂的城市之一，东京拥有一个极为复杂庞大的地铁网络，该网络从1872年开始运行，由13条线路、近300个车站、通往全日本的新干线，以及6条私人运营线路组成。这个巨大网络的建设周期超过100年，几代工程师前赴后继地穷尽洞察力和创造力，才优化出如今的庞然大物。

为了模拟这一庞然大物，科学家们利用黏菌趋利避光的特性，用光斑模拟海岸线和地形，并且用不同大小的燕麦片来表示人口在地理上的不均匀分布（图6-6）。在一昼夜的时间里，黏菌在培养皿中疯狂繁殖，衍生出了大量菌群和输送养分的菌丝管线。随着生存空间的不断紧缩，传输效率低下的菌丝因为消耗过大而被逐渐淘汰，高效运送营养物质的管线则不断加粗，

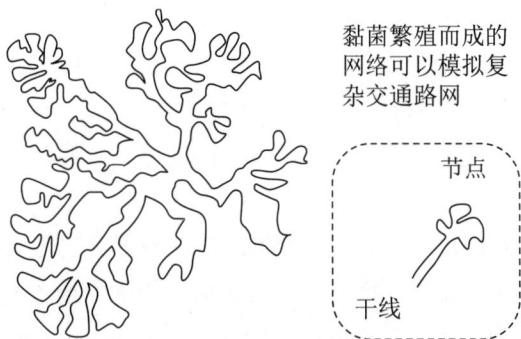

黏菌繁殖而成的网络可以模拟复杂交通路网

节点

干线

图6-6 利用黏菌模拟复杂路网示意图

最终形成了一个纵横交错的菌群网络。如果把菌群比作站点，菌丝比作地铁路线，这个网络就和日本耗费100年修建出来的东京铁路网几乎一模一样。

随后，一组英国科学家也跟进了这个研究，他们把燕麦片放在世界地图上24个大城市的位置，这一次，黏菌只花了18个小时，就构建出了和历史上的丝绸之路重合度达到76%的菌群网络。

这说明，无论是人类社会，还是生物进化，本质上都是有限资源约束下的多体运动优化问题。日本人还只是用黏菌进行模拟，黏菌是一种繁殖很快的单细胞生物，但每分裂一次最快也要20～30分钟，如果利用量子来取代黏菌作为模拟的基本单位，用量子所处的态矢量来代表染色体遗传物质的不同编码，微观粒子可以在几秒钟的时间里重复激发、弛豫、再激发的过程达亿万次，几乎可以在眨眼间就完成生物进化几亿年才走完的路，实现极其高效的量子模拟计算。

（三）基于粒子群的量子遗传算法

通过利用单个微观粒子来模拟现实生活中某个物体的运动行为，我们可以非常方便地用粒子群的运动模式来模拟大量运动物体之间的相互关系。这比经典计算需要逐一遍历迭代的计算效率要高出不知道多少个数量级。运动物体的数量越多，物体之间的相互关系越复杂，量子模拟的优势就越高。

2023年上映的《流浪地球2》中有这样一个片段，当时地球联军的无人机控制网络被黑客入侵，成千上万架武装无人机失控，变成了嗜杀的蜂群，承载着人类全部希望的太空电梯即将失守。这时候我国科学家拿出了刚刚研制成功的550量子计算机，插上网线，在几秒钟的时间里就重写了全部无人机的控制系统，重新夺回了战场的主动权。

这时候大放异彩的正是量子模拟算法，量子计算机内置大量可供操纵的量子比特，每

一个量子比特都可以对应模拟一架无人机。量子计算机的量子比特有多少位，量子计算机就可以一比一地模拟多大规模的无人机蜂群，迅速重写控制系统并接管控制权，用微观粒子的运动模式来指导操纵无人机蜂群的运动轨迹，实现对复杂环境下大量物体集群运动的高效实时模拟。

要知道，战场环境是高度复杂、瞬息万变的，战场上的无人机可不像是我们在大型灯光秀表演中看到的那些无人机，后者可以根据预定的轨迹，接受地面电脑的控制，在事先设定好的程序的操纵下进行早已排练过无数遍的飞行表演。在实际环境中，每一架无人机都是独立行动、任意穿梭的，要想合理控制它们的航路，不仅要防止无人机撞到障碍物，还要防止它们互相之间发生剐蹭，这需要合理规划每一架无人机的航路航线，必须依靠强有力的高效算法来实现。

2022年，浙江大学开发出了一种全新的无人机蜂群导航算法。在浙江省一片茂密的竹林里，一群小型无人机同时起飞，各自沿着不同的飞行路线和高度飞速穿行，既没有撞到竹子，也没有撞到其他的无人机。这群无人机完全依靠机载计算和机载视觉的能力，利用独创算法，自主穿越树林。在复杂的丛林中，它们要发现障碍物，并自动生成路线，在无导航的情况下实现穿越，这才是真正意义上的无人机蜂群。

这批无人机上搭载的正是配备了最新模拟算法的处理器，每一架无人机都能独立处理飞行中收到的大量信息，实现在复杂环境下的智能导航和动态避障。如果应用于战场上，这种无人机蜂群可以在大范围的现实区域里执行复杂的战斗任务。

2017年，美国国防高级研究计划局在当年度的研究报告中首次提出了"马赛克战"的作战思路。马赛克战指的是，在现代化的战争条件下，具备优势的一方将会采用海量的武器和装备来进行作战，这些武器和装备有着不同等级、大小和类型，可应用于不同的战场，可能是陆基、海基，甚至是空基、天基、网基，就像马赛克瓷砖一样拼接在一起，共同构成现代化的战争平台。每一种武器装备都力求实现最大化的杀伤力，这么多种手段配合起来，就像多种抗生素联用一样，根本不给敌人任何喘息适应的机会，能够达到"首战即终战"的效果。

根据马赛克战的作战理念，最出色的武器不是大口径、厚装甲的大舰巨炮，也不是耗资千万、堪比黄金的未来战斗机，而是由一系列又小又简单的自动武器组合在一起，构建起一张无死角的火力网络。这些武器不但数量巨大，而且种类繁多，展示出广泛而压倒性的力量，同时也让敌人很难确定一种方式来对抗这样一个手段多样、实力强劲的对手。

如此多的自动化武器和无人化装备的配合使用，对于集群网络的控制和操纵提出了很高的要求。要是控制网络的算法精度不够，这些武器很可能还没到达对方的战场上，就先自己撞到自己翻车了。

战场上的较量，说到底都是科技实力和综合国力的全面比拼。两军对垒，从本质上说其实就是两个大粒子群的互相碰撞。哪一方拥有更好的量子算法和更大的模拟装置，就可以以更低的延时、更强的灵活度带动更多更大的蜂群。千军万马，只在方寸之间。

⚛ 三、量子退火算法

（一）用更少的资源办到更多的事

理论和实践最大的不同在于，现实条件下的资源是有限的，人们必须在有限的时间里，利用有限的人力和有限的物力，尽可能地找到性价比更高的解决方案。

系统设计和统筹调度的根本目的是在给定的约束条件下找到全局的最优解。

传统的经典算法虽然可以通过枚举的方法穷尽尝试所有的组合可能，找到足够接近的近似解，但是因为算力资源总是有限的，所以总是有可能陷入某个局部最优中去，而忽视了真正的全局最优解。

古希腊的哲学家苏格拉底曾让他的学生在麦田中穿过，要在不许走回头路的情况去摘下尽可能最大最好的麦穗，且每人只有一次机会。

第一个学生走了几步看见一个大的麦穗就摘下来了。但他继续前进时，发现前面有许多比他摘的那个更大，懊悔不已。这就是局部最优掩盖了全局最优，虽然这个学生摘到的麦穗是前几步能看到的范围里最大的，但和麦田深处的比起来，却又不值一提。如果在局部最优上一下子投入了过多成本，那么等到找到更大更好的全局最优的时候，就只能陷入要不要吃"鸡肋"的两难困境里去了。

而另一个学生总觉得前面会有更大的麦穗在等着他，结果走到麦田尽头还是空着手，最终一无所得。工程项目总是不等人的，留给我们分析研判的时间总是有限的，如果执着于追求前方充满未知的更多可能，而不去就近找个凑合的保底方案，犹犹豫豫，到头来反而失去得更多。

在实际生活中，我们总是有可能陷入某种局部最优中去，在这个局部的小范围里，任何微小的变动都没法带来效率的提高，边际效用总是负的。就像前面提到的布雷斯悖论一样，虽然堵车现象持续存在，但要是新修道路，反而会进一步加剧拥堵。

如果把系统工程简单地看作总体效率随资源配置而变化的一条曲线，那么经典算法"分解"优化的原理就像是从曲线上的某个点出发，朝着成本更低、效率更优的那个方向一步地地改进，最终收敛到一个极值上去。这个方法最大的问题就是，成本曲线与资源配置之间的关系可能不是单调变化的，而是由一系列离散的峰和谷构成的。这一道道深谷，就是一个个局部最优的陷阱，一旦陷入，很难摆脱。

（二）多点优化的量子退火算法

量子退火算法就是用来解决这种复杂情景下的多参数优化问题的。

避免陷入局部最优的最佳方法就是多点切入，让"局部"的范围尽可能扩大，达到接近全局的水平。但是传统的经典计算方法搜索效率有限，要想覆盖如此大的搜索范围，要么需要高到离谱的算力资源，要么会花费相当长的计算时间，在前期投入有上限的现实条件下很难实现。

而量子退火算法则是利用了量子叠加态的原理。在退火过程开始时，量子系统处于叠加态，在同一时间位于成本曲线上的多个点，每个点都向距离最近的局部最优的方向开始优化收敛。

这就相当于苏格拉底一次性出动了成百上千个学生，站在麦田的不同位置就近游荡，虽然每个学生每趟还是只有一次摘取麦穗的机会，但是这么多人在这么多地方同时开始摘取，找到整片麦田里最大最饱满的那个麦穗的概率就大幅增加了。

同时，在退火过程中，还存在着另外的量子效应。成本曲线上的局部最优就像一个个陷阱，一旦陷入其中，就会被较高的"成本势垒"给包围住，要想跳脱出来难度巨大。但是量子不一样，量子在陷入非无限深势垒的时候总是能发生量子隧穿，就算陷入了某个位置的局部最优陷阱，还是有一定概率可以在不耗费额外成本的条件下隧穿出来，继续朝着更优的方向收敛优化。

退火过程的最后，量子态将在曲线的各处收敛到各个地方的局部最优中去，系统将处于多个局部最优的叠加态之中。这时候再进行实际的测量运算，在多个叠加着的局部最优中去选取成本最低、效率最高、最能代表全局最优配置的那一个结果出来（图 6-7）。

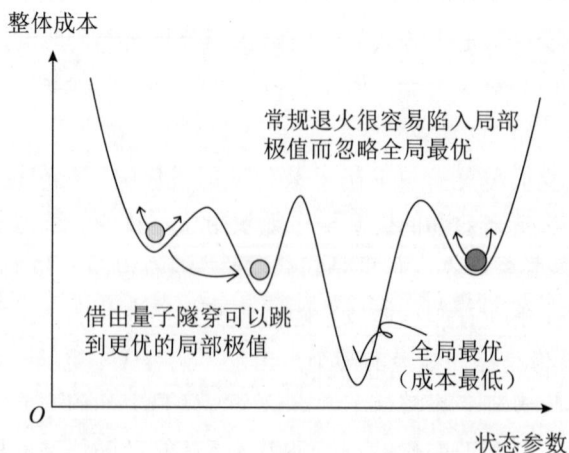

图 6-7　量子退火全局优化原理示意图

与经典优化算法相比，量子退火算法可以在更短的时间里，以更快的速度找到更优的资源配置方案，实现更高的效率提升。

量子退火算法最擅长解决的问题就是在有限资源的约束条件下如何进行资源配置，以期在达到尽可能高的效用的同时实现系统成本的最小化。比如快递包裹是立即派专车上路还是攒着一起发货，怎样才可以在不超时的前提下尽可能地降低物流成本？或者外卖员要怎样安排一条线路，才可以在最短的时间里送完手头的订单？

这些问题对应到物理情景中，可以类比看作寻找量子态的最小能量状态的问题：给定的粒子群要遵循什么样的模式分布，才可以在粒子数不变的前提下实现系统总能量的最小化。在物理学中，能量和温度存在紧密联系，能量越高，对应的温度就越高，系统向总能量最小化的方向弛豫收敛的过程，就对应着温度从高到低的降温过程。所以，用量子态能量弛豫来模拟求解复杂条件下系统优化问题的量子算法就被称为退火算法。

（三）量子退火计算机

加拿大的 D-Wave 公司成立于 1999 年，是全球第一家商业量子计算公司，其主攻方向就是称为"绝热量子计算"的量子退火算法。D-Wave 公司开发的量子计算机利用金属铌制成的电流环在接近绝对零度的温度下产生的顺时针方向与逆时针方向的电流并存的量子相干叠加态作为计算基元。

不同于通常所说的通用量子计算机，D-Wave 公司研发的量子计算机只能运行量子退火算法，是专用于处理特定条件下的组合优化难题的计算设备。

2011 年，D-Wave 推出了 D-Wave One，可以实现 128 位量子的绝热退火计算，很多人认为这是世界上第一台有实用价值的商用量子计算机。美国航空航天制造商洛克希德·马丁公司是 D-Wave 公司的第一个用户，他们把 D-Wave One 采购回去，用来寻找自家飞行控制系统的程序瑕疵，结果发现，原本需要花费几个月才能计算出来的问题，现在用上了量子退火算法，只需要几个星期就能解决，实现了将近 10 倍的效率提高。

2013 年，美国宇航局和谷歌公司决定联手购买第二代的量子退火计算机 D-Wave Two，单台报价 1500 万美元，占地相当于一小间屋子。经过实际测试，他们发现，在解决某些特定问题时，D-Wave 量子计算机的运行速度要比经典计算机快上 1 亿倍。但如果更换为其他的算法程序，两者之间的差距又会被抹平。

2023 年，D-Wave 公司又发布了最新一代的 D-Wave Advantage 系统，可以实现超过 5000 个量子位的绝热退火计算，拥有 20 路的内部链接。

作为一种专用于处理复杂条件下组合优化问题的量子计算机，量子退火计算机在一条独特的细分赛道上开辟了属于自己的量子纪元。

❂ 四、量子机器学习

（一）机器学习消耗大量算力资源

与经典的计算方法相比，设计得当的量子算法在求解特定问题的时候具有高得多的效率，可以节省大量算力资源。

目前，经典计算中算力资源开销最大的是机器学习，尤其是近年兴起的基于大模型深度神经网络的机器学习。

机器学习，顾名思义，就是用机器模拟人脑的学习过程，从大量训练集中抓取规律。这就好像衡水中学的教育模式一样，学生们通过大量练习历年高考真题和模拟试卷，只要做题量够大、学习够认真，最后总是能取得不错的考试成绩。

对于计算机而言，用于模型训练的样本输入就是历年真题，机器学习的过程就是对着这些真题 7×24 小时地反复训练，直到在随堂小测中达到一定的正确率，足够应付现实生活中的新题型。

海量的训练数据和超长的训练时长，意味着巨大的算力资源的消耗（图 6-8）。

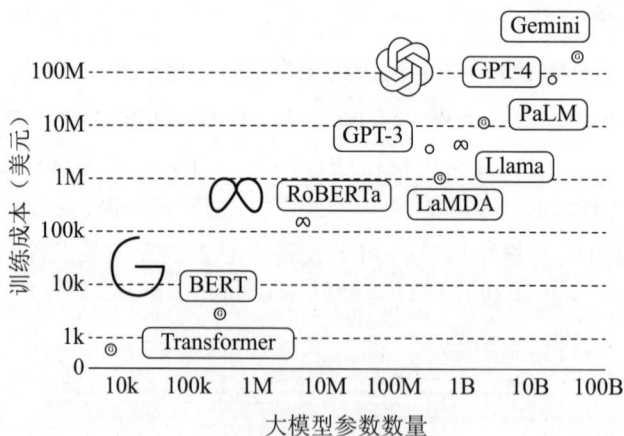

图 6-8　国外机器学习大模型训练成本
（数据来源：公开资料）

以 2022 年底出圈爆火的 ChatGPT 为例，这个机器学习大模型一共包含了 1750 亿个模型参数，这意味着每次训练都需要在 1750 亿维空间中进行收敛优化。为了训练

ChatGPT，OpenAI 公司一共提供了超过 13 万亿字词的训练数据作为输入，一次迭代训练需要 25000 张 NVIDIA A100 显卡跑上 3 个月至 5 个月。一张 NVIDIA A100 显卡 1 小时的使用成本大概折合人民币是几块钱，仅仅一次训练就需要花费近 1 亿元人民币。

在 2023 年访问量最大的时候，ChatGPT 每天都要处理来自全球不同地区几亿用户的访问请求。光是应对这些用户查询，就需要再调集 3 万张显卡，每天耗电 100 万度，相当于占地面积 4000 亩的光伏电站的日发电量，可满足 10 万人一日生活所需。

（二）量子计算节约大模型训练成本

面对如此巨大的资源消耗，我们不禁思考：能不能用量子计算来降低成本呢？是不是可以用量子的相干叠加计算，让大模型的亿万个参数在训练过程中暂时处于叠加态来简化任务，实现降本增效，更快地完成训练呢？

> 围绕机器人、教育、医疗、文化、交通等领域组织实施一批综合型、标杆性重大工程，促进大模型核心理论与技术突破，增强人工智能工程化能力，提高重点行业的科技水平和服务质量，构建跨行业、跨领域协同创新组织模式，形成大模型行业应用新生态。
>
> ——《北京市推动"人工智能+"行动计划（2024—2025 年）》

其实早在 1988 年，就有人提出了细胞自动机的量子推广，将量子力学原理与经典机器学习算法相结合，创造出量子神经网络计算模型。2008 年，澳大利亚国立大学和南京大学的研究团队共同提出了量子增强学习算法。随后，各种各样的量子机器学习算法不断涌现，人们提出了量子本征值分析机、量子支持向量机和基于贝叶斯网络的量子推理机等各式机器学习模型的量子实现。量子机器学习已成为量子信息和人工智能最活跃的前沿交叉领域之一。

毕竟经典计算机和我们大脑的运行机制是不一样的，很难真正模拟人类大脑 1000 亿个神经元的动态行为，但是量子机器学习是基于真正的量子相互作用，是最有希望达到这一目标的技术潜力股。

现阶段的量子机器学习最擅长的是对自然语言的处理。

一直以来，自然语言处理都是计算机领域一个公认棘手的难题。自然语言指的是人们在日常工作生活的交流过程中使用的口语化对话语言，不仅复杂多变，不拘泥于固定的语法规则，而且总是随时间和情景动态发展变化，不回顾上下文很难真正理解对话含义。但是，自然语言处理又是现阶段需求缺口最大的机器学习应用方向，只有让计算机理解了人类的语言，才能实现顺畅的人机交互，真正让互联网成为人们生活不可分割的一部分。

过去，工程师们常用的方法是将输入的文本按照语义拆成一个个词语，再将一定长度范围内的词语组合起来，构建出一个自带上下文的高维特征向量库。回顾的上下文范围越长，词语的可能组合就越多，消耗的算力资源也就越大，但相应的回答也就越智能，越易于被人类理解。老版本的 ChatGPT 支持的上下文长度是 4096 个字词，新的 GPT4-8k 和 GPT4-32k 版本分别可以支持 8192 个和 32768 个字词，勉强可以读懂一篇篇幅不长的短文。更长的上下文范围意味着更大的算力开销，只能通过舍弃部分可能的方式来简化训练过程，用一定程度的降智来换取更大的记忆范围。

而在量子机器学习中，组成文本段落的这一个个字词并不是孤立存在的，而是可以看作一个个互相联系的量子。字词与字词之间的逻辑联系关系，可以用量子与量子之间的纠缠来模拟表征，在量子计算机可操控的纠缠量子的数量范围内，量子机器学习的模型算法可以把全部的文字视作统一的有生命力的整体来处理，实现文学家级别的文字理解能力。

> 加快建设文献、语音、图像、视频、地图等多种类数据的海量训练资源库和基础资源服务公共平台，建设支撑超大规模深度学习的新型计算集群，建立完善产业公共服务平台。
>
> ——国家发展改革委等《"互联网 +"人工智能三年行动实施方案》

比如在新闻归类任务中，传统的机器学习算法可能只是基于关键词抓取，仅凭标题和表面内容就给一篇文章打上分类标签。而量子算法则可以挖掘文字背后的真正内涵，从文本深度寓意的关联性出发，把前后跨度很大但主题相同的新闻报道归类到一起，打造出适合阅读的合订本。

再如在续写创作任务中，经典的模型算法只是简单地提取学习了作者的文风特点，从文字中断点开始平铺直叙地续写下去，前后文可能只有主角名字是相同的，其他诸如性格特点、情节冲突等方面则完全可以看作断档式的同人创作。而量子机器学习模型由于可以同时处理大量元素的相互关系，能从前文的相关记述中挖掘人物的核心特征，让先前埋下的"草蛇灰线"伏笔在续写的文本中继续延伸下去，因此可以创作出堪比原著的续写作品。

目前，国内如京东探索研究院、北京科学智能研究院、香港量子人工智能实验室中心等一批量子计算和人工智能领域的领跑者们，已经开始陆续布局量子机器学习，致力于融合这两大前沿科技成果，朝着创造既像机器一样高效，又像大脑一样节能的量子人工智能的目标努力。

◈ 五、量子算法的应用场景

（一）量子算法赋能工业生产

虽然受限于现阶段的技术水平，量子计算很大程度上还停留在实验室里的原型概念阶段，只能算是刚刚触及量子纪元的门槛。但就算如此，量子计算还是在很多行业掀起了新一轮的技术革命。

在工业制造领域，量子搜索算法可以帮助企业在浩如烟海的订单和生产线中筛选出最优化的生产解决方案。工业发展到现在，早已不是几十年前那种前店后厂、来料加工，一对夫妇雇上两个工人师傅，老板跑生意，老板娘记账就能支撑起来的小作坊模式了。很多企业只是庞大上下游供应链网络中的小小一环，已经实现了"零库存"的管理模式，只在需要的时候，按需要的订单量生产所需的产品。某个原料某种零件的某个生产制造环节上的微小波动，都有可能引发连锁反应，甚至导致整个行业的供应危机。

以时下热门的新能源汽车为例，现在很多新势力造车厂事实上就是一个汽车供应链整合的解决方案供应商。一辆汽车按照零部件拆解，每个部件都来自不同的供应商，底盘和刹车由博世生产，电池来自宁德时代，车载大屏由京东方制造，车机系统又是出自某个互联网大厂的合作研发团队研发。车企只是负责从各地采购这些零配件，找个地方进行最后的总装和喷漆，一辆新能源智能汽车就这么开出了产线。

但是，在全球化大竞争的背景下，要想保证各种零部件源源不断地稳定供应，同时还要确保这些"万国牌"的配件装在一起不出岔子，也不是一件容易的事。汽车功能的日益升级使得需要的零件数量大幅增加，不仅每种相同功能的零件存在多种供货选择，而且零件之间也会存在耦合或互斥的关系，不能随意搭配。

不同车型的不同功能组合方案，又进一步增加了零件之间配合的复杂性，使得汽车零件的选配成本成倍增加。对于制造商和供应商来说，如何选择最佳的零部件配置以满足不同车型的需求，是一个复杂的优化问题。

比如，在制造某车型时，要达到目标需求，有多种可选的配置组合方案。如要实现电动四驱，可以选择双异步电动机或者双直流电动机两种方案，但双直流电动机方案必须与小型空气弹簧搭配，否则没法契合安装。在电机驱动的选择中类似的可选配置方案多达 692 种，包括 952 个互斥的约束条件。随着变量的增加，消耗的资源也会呈指数级增大，这也促使车企必须为零件选配找到更有效的方法以保证生产效率。

但如果换一种角度来看，工业制造供应链中的配置搭配问题其实就是给定约束条件下的组合优化问题，这正是量子搜索算法的强项所在。如果利用量子态的叠加性，同时检查不同零件的配置组合是否可以满足所有的约束条件，然后在所有可能的取值中，快速找到满足约束条件的解，不仅能实现指数级的效率提升，而且可以减少资源消耗，使车企和供应商能够高效完成零件选配和配置，进而优化汽车生产制造的效率。

（二）量子算法优化市场配置

在市场金融领域，量子退火算法可以实时动态优化资源配置，实现全要素生产率质的突破。金融体系存在的根本目的，就是要以最低的成本实现资金、土地、技术和劳动力等各生产要素的合理分配，让尽可能多的资源要素流向效率最高的生产部门中去。

这正好对应着量子退火算法的计算过程。如果把参与市场的一个个主体看作量子系统中的一个个量子，量子态向最小化能量状态的收敛退火过程，就代表着市场在"无形大手"的调节下走向了最优。量子算法加持指导下的金融市场可以最大化地发挥金融"润滑剂"的调节作用，以最低的资金成本和渠道开销，实现社会资源的高效配置和最优分配。

中国人民银行于 2022 年发布的《金融科技发展规划（2022—2025 年）》就明确提出，要"探索运用量子技术突破现有算力约束、算法瓶颈，提升金融服务并发处理能力和智能运算效率，节省能源消耗和设备空间，逐步培育一批有价值、可落地的金融应用场景"。

> 布局先进高效的算力体系，加快云计算、人工智能等技术规范应用，探索运用边缘计算和量子技术突破现有算力瓶颈，为金融数字化转型提供精准高效的算力支持。
> ——中国人民银行等《推动数字金融高质量发展行动方案》

量子算法对金融市场的提振赋能，从金融量化的交易效率上就能窥见一斑。

金融量化是指利用特定的计算机算法进行交易，从市场的非理性交易中提取利润，并促进市场秩序向最优化平衡过渡的一种交易策略。

举个例子，股票市场时涨时跌，一个股民如果想要跟着社会热点，跟风投资一个正受到资本追捧的新兴公司，他最优的建仓策略应该是把可用资金分成数份，每次只买入一点，如果股价上涨就捂袋观望，下跌的话就继续买入。

这样一来，就可以把买入过程分散拉长到相对较长的一段时间里，可以实现建仓成本的最低化，同时也不至于引起大的市场波动。这就对应着最优化的市场配置。

但是，股民作为人，往往容易受情绪左右。大家在冲动的时候肯定是一股脑地买入，而不会理性地分散建仓。这时候，受到热捧的公司股价就会因为大量资金的涌入而暂时性地上涨，这就是经济泡沫的由来。

处于泡沫期的股价与其真实的市场公允价值之间就会出现差异，而这种差异就可以被计算机算法捕捉到。合理的量化交易是资本市场必不可少的"清道夫"，既能提供较为稳定的逆周期流动性，又能及时消灭不合理的非理性价格差异，防范化解系统性风险。

据统计，发达的资本市场如美国股市里的量化交易占比高达 70%，期货期权类投资市场更是不低于 80%，且其中 90% 都是捕捉暂时性非理性差异的"清道夫"套利交易。

而我国的金融市场仍然处于长期的发展阶段。2012 年，我国一共只有 18 只注册的量化基金，产品总体规模为 281.7 亿元。2018 年，量化投资基金市场规模才刚刚突破千亿大关，达到 1160 亿元。截至 2022 年，我国量化基金的宽口径市场规模已达 6.03 万亿元，每日量化成交量大约在 1000 亿元至 2000 亿元之间，贡献了市场约 1/3 的交易流动性。但是与发达国家的成熟市场相比，仍存在不小差距。

制约量化交易规模的主要原因在于算法的不成熟。为了盘活市场流动性，提高整体定价效率，量化交易算法需要同时紧盯全市场大几千只个股，实时计算资金的流向配置，在不合理异动出现的那一瞬间就及时锁定捕捉，把危害市场效率的"害群之马"揪出来。这是一个很有挑战性的难题，对算法效率和算力资源都有很高的要求。

而量子算法又恰好极其擅长这种同时监控多个标的的复杂条件优化求解问题。配置得当的量子算法，可以让量化交易的优化效率得到指数级的提高。

量子模拟算法可以让几千只个股以量子的形式进行叠加处理，在一个统一的框架下迭代演化，以得到最优化的市场配置方案。量子机器学习可以从大量市场参与者的历史交易记录中汲取经验，总结出全面完备的投资者行为画像，用作下一步的投资决策参考。量子遗传算法还可以模拟资本市场的优胜劣汰，在虚拟出来的竞争环境中反复筛选，从而大浪淘沙，选出最为扎实牢靠的公司个股，同时又避免了实际竞争带来的恶性市场波动。

量子算法的出现，给我们带来了一个在市场金融领域弯道超车的宝贵机会。量子的纪元，同时也是市场经济高度发达的纪元，更是社会资源高效配置的纪元。量子算法将成为经济和社会发展的有效助力，赋能金融，创造价值。

（三）量子算法助力药物研发

在生物医药领域，量子机器学习可以帮助科学家更好地预测新型药物的疗效和性能，从而缩短制药周期，加快研发进度。在新型生物医药的研制过程中，要想实现更低的毒性，达到更好的疗效，从分子层面上直接对药物分子的化学结构进行优化是非常必要的。

但这是一个费力且成本高昂的过程，需要进行多次试错尝试。为了实现这一目标，人们已经开发了许多机器学习模型来进行分子优化，尽管这些方法已经取得了一些进展，但它们仍然面临着许多挑战。

而基于量子的新型机器学习算法将分子的结构参数视为量子态的态矢量进行模拟，可以在更大更广的组合空间中进行搜索，以更快的速度和更高的效率，找到符合要求的药物分子。

为了探索基于量子的离散优化算法用于分子优化的可能性，研究人员可以将分子编码为二进制的计算机编码，然后对这些编码进行量子模拟优化，再将它们解码回分子，从而得到潜在的新型药物构型。

2023 年，复旦大学与华为公司的联合研究团队提出了一种名为 Q-Drug 的药物分子优化系统，该系统利用量子算法，结合机器学习，对离散二元域变量上的分子结构参数进行深度优化。经过实际测试，研究人员发现，结合量子算法的药物分子优化框架找到具有更好特性的药物分子所需时间是传统算法的 1/20 至 1/10，而且可以部署于包括量子退火机和量子模拟机在内的多种量子计算平台上，具有很强的普适性。

2024 年，诺贝尔化学奖首次跨界，颁给了开发出基于神经网络实现蛋白质分子空间折叠方式机器学习预测模型 AlphaFold2 的人工智能科学家团队。这标志着模拟计算已经逐渐开始取代风险更高、耗时更长的临床试验，成了新型药物研发的基础一环。

各行各业，齐奏凯歌。量子纪元的曙光已经依稀可见，我们即将迎来又一个充满变革的时代，物理学或将又一次重塑我们生活的方方面面。

第三节　后量子时代的攻与防

⚛ 一、现代互联网的密码基石

（一）对称加密算法

先进的数学算法不仅可以用于指导系统设计和工程调度，还可以应用在密码学中，用更加安全高效的加密算法保护机密信息。

通过量子密钥分发和量子隐形传态，可以实现信息从根本上无法被窃取的点对点加密通信。但是在量子加密通信得到全面普及应用之前，我们还是主要依靠数学上的加密算法来进行机密通信的加密和解密。

从原理上来说，目前我们使用的加密算法主要可以分为两大类：对称加密算法和非对称加密算法。

对称加密算法很容易理解，加密和解密是两个对称的过程，我们可以用一串密钥把明文信息加密成密文之后，再用同一串密钥完成密文到明文的解密。就像老式的机械锁一样，用同一把钥匙正着拧一圈是上锁，反着拧一圈是开锁。

这种加密方式的好处就是简单直接，哪怕使用非常长的密钥，加密和解密也非常快。目前最主流的对称加密标准是高级加密标准算法（英文缩写是 AES 算法）。在使用 256 位长度的密钥的情况下，用最常见的家用笔记本电脑运行单线程的 AES 算法，一秒钟可以加密 10MB 或者解密 5MB 文件，十六核的电脑可以在一个多小时里加密完一整个 1TB 硬盘里的所有文件，已经足以应对绝大多数的使用场景了。

但是对称性加密算法的局限性也很明显，密文的发送者和接收者必须在进行加密通信之前提前交换好用于加密解密使用的密钥。也就是说，他们必须提前当面留好对方的密码本，要么另找一个安全的途径交换密码。这在陌生人社交成为主流的网络社会里，已经是天方夜谭了。

其实就算是基于量子隐形传态的量子加密通信，通信双方也必须在开始对话之前事先完成量子密钥的交换和分发。所以，量子加密通信本质上是一种特殊的对称加密通信。

（二）非对称加密算法

20 世纪 70 年代，人们开发出了非对称加密算法，专用于解决在不可公开信道中的通信问题。简单来说，非对称加密算法可以看作信息的数字签名，它把加密和解密视为两个独立的过程，对应一串公开的公钥和一串私密的私钥。加密只能由消息的发送方利用私钥完成，由明文信息计算出对应的数字签名，而任何人都可以凭借公钥对消息解密，验证特定的数字签名是不是由对应的某一方签发的。

这对于互联网应用非常重要，因为这种算法假定消息总是在不可靠的公开信道上传播，发送方可以放心大胆地在互联网上公开自己的公钥，让合作伙伴下载下来，凭借公开的公钥，后者就可以验证前者发送的每一条消息是真正出自本人之手，还是由不怀好意的第三方伪造的。在解决了可信沟通问题之后，通信的双方才可以安心坐下来，互相交换一个临时的共享密码，后续再用 AES 等对称加密算法发送密文。

我们现在网络上几乎所有的用户身份验证，都是通过非对称加密算法进行的。每个人的密码就是只有自己知道的私钥，每次我们登录网上银行进行转账的时候，我们就用自己手上的私钥密码对交易信息进行签名，然后银行就可以根据预留的公钥凭证进行比对，确认身份后才执行交易（图6-9）。

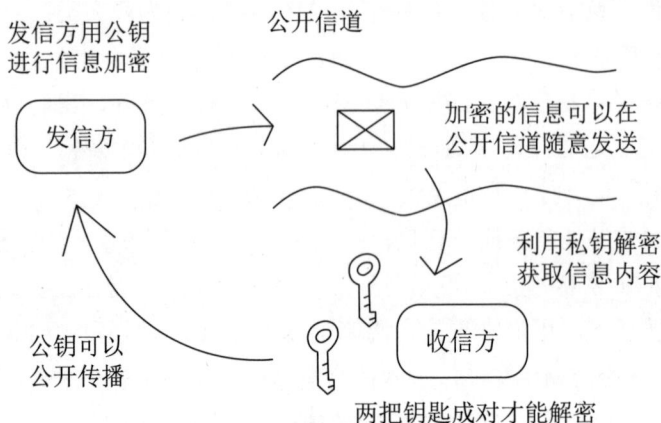

图6-9　非对称加密算法示意图

可以说，非对称加密算法是现代互联网的根本基石。

非对称加密算法的实质就是找到一个非对称的数学过程，使得用私钥推导出用于验算的公钥和签名很容易，而反过来用公开的公钥和签名倒推私钥却非常困难。

> 核心密码、普通密码用于保护国家秘密信息，核心密码保护信息的最高密级为绝密级，普通密码保护信息的最高密级为机密级。
>
> ——《中华人民共和国密码法》

（三）大数的除法比乘法难

现代互联网中最常用的非对称加密算法是RSA算法。RSA是提出该算法的三位科学家名字首字母的缩写。这种算法是一种大道至简的加密算法，它利用的是乘法和除法之间计算难度的不对称性。

我们将两个质数相乘，就可以得到一个更大的合数，比如17乘以23可以得到391，这种两位数的乘法运算小学生都能完成。但是要是想把合数反过来分解为两个质因数的话则要困难得多，我们必须一个数字又一个数字地逐一穷举尝试过去，才能算出来391=17×23。

RSA加密使用长度为2048或4096位的密钥，也就是两个几千位长的质数作为公钥和私钥。对于发送加密信息的人而言，把公钥和私钥以及密文信息乘在一起，计算出签名来非常容易，但是要是反过来想要通过公开的签名倒推出质因数却非常困难。哪怕使用最强大的超级计算机，也需要花上几十亿年的时间才能解决这么大的数字的质因数分解问题。而且想要提高加密等级非常容易，每增加几位密钥数字，加密过程只需要多花几秒钟，而破解者可能就要多花上几万年。

为了验证这一算法的安全性，从 1991 年开始，国际 RSA 实验室每年例行举办"因式分解挑战"，设立丰厚的奖励鼓励全世界各地的参与者在限定时间内尝试进行超大数字的因式分解。

目前，该赛事的世界纪录由法国和美国的计算机科学家们保持着，他们在几个月的时间里调用了上万台计算机，加起来一共运行了 2700 年的时间，才完成了 RSA-250 密码挑战，把 250 位长的大数分解成了两个 125 位的十进制数字。

现在通用的 RSA 密钥至少有 2048 位长，是 RSA-250 挑战的 10 倍长，难度整整高出了 10 的 10 次方个量级。

但是，这块现代互联网毋庸置疑的基石，在量子计算的攻击下开始有些松动了。

⚛ 二、量子算法对加密体系的冲击

（一）量子算法可以破解现有加密标准

1994 年，美国贝尔实验室的研究员彼特·肖尔提出了著名的肖尔算法，这是世界上第一个量子算法，专用于解决如下问题：给定一个整数 N，找出它的质因数组成。

肖尔算法在量子计算机上的时间复杂度是 $O(\log n)$，这就意味着对于规模为 N 的大数分解难题，肖尔算法只需要花费对数量级的时间就能解决。如果把大数加长 10000 倍，那么肖尔算法只需要多花 4 倍的时间就能完成破解。RSA 算法在加密和解密上的不对称性被彻底打破了。

这一算法的核心其实是利用量子完成离散数学的求逆变换。它把待求解的大数看作由一系列可能的因数叠加组合成的量子相干态，然后对这个量子态执行了一个算符为"这个数字是目标数的因数吗"的量子运算。波函数坍缩收敛之后，肖尔算法马上就能得到这个问题的答案。

量子计算对于 RSA 的破解意味着非常可怕的前景：一旦有人掌握了量子计算，现代互联网引以为豪的安全性马上就会变得如纸糊一般一捅就破。量子计算机只需要轻轻一算，很快就能破解现存网络上的绝大多数密码，攻入几乎所有的银行、政府、国家和军队的内部网络。

（二）加密货币的生命岌岌可危

受到量子算法影响的还有以比特币为首的数字货币。

数字货币又称加密货币，是完全依赖加密算法实现货币记账的互联网货币。数字货币可以看作一本由非对称加密算法加密的账本，账本上记载的是每个不记名账户的货币余额。这些不记名账户由各自的公钥标识，整本账本就是一个公钥本，依靠共识网络分发到每一个参与人手里共同保存。账户持有人要花钱的时候，只需要提供自己的私钥对交易信息进行签名，随便哪个持有共享账本的网络节点都可以完成账户信息的核验，然后把新的交易信息更新到账本上再传递出去。

这个过程不依赖于任何中心化的银行，也没有哪一方强势到可以控制所有货币的流通。这套货币支付体系完全依赖所有记账人的共识，是真正的去中心化全民记账。

2008 年，一位自称"中本聪"的数学家公开发表了名为《比特币：一种点对点的电子现金系统》的论文，文中详细介绍了怎样使用点对点网络和加密算法参与和维护"不依赖信任的电子交易系统"。很多人相信，比特币的发明是出于对当年美国为应对金融危机而开启的"量化印钞"的自发抵制，人们想要开发一套不受任何中心化的国家和政府控制的现代货币结算系统，没人可以通过一纸政令就大开印钞机。

次年，比特币网络开始正式运行。中本聪在创世区块的第一笔交易中嵌入了当天《泰晤士报》的头条新闻：2009 年 1 月 3 日财政大臣即将对银行实施第二轮救助。一套完全依靠加密算法，不受任何财政和货币政策制约的支付结算体系诞生了。

比特币的第一笔交易发生在 2010 年 5 月 22 日，交易发起人支付了 1 万个比特币，订购了两个披萨，市值 40 美元。

在随后的几年里，由于全球各国纷纷进入"大放水"时代，世界经济出现了持续性的通货膨胀，由主权国家的财政体系支撑的信用货币的稳定性受到了广泛的质疑。于是，代表着去中心化和反抗强权的比特币价格开始一路猛涨。2011 年，比特币价格首次超过 1 美元，2017 年最高峰时直逼 2 万美元，五年间增长了近 2 万倍。巴西、智利、委内瑞拉等国家先后承认了加密货币的合法地位，萨尔瓦多还成了世界上第一个将比特币定为法定货币的国家。

2024 年 1 月，美国证券交易委员会批准了 11 只现货比特币交易所交易基金，标志着比特币正式被主流金融秩序所接纳，成为国际市场的重要组成部分。基金获批准时，比特币价格超过了 6 万美元。同年底，比特币单枚价格突破 10 万美元大关。

目前，加密货币总市值超过了 2 万亿美元，其中 56.3% 为比特币，总市值已经超过了苹果公司的股票市值之和。

比特币使用的加密算法是 ECC 算法（"ECC"是"椭圆曲线密码学"的英文缩写），这是一种类似于 RSA 的非对称加密算法，使用椭圆曲线的几何求解替代质因数分解实现离散对数加密。

ECC 算法比 RSA 算法的安全性要高一些，256 位密钥长度的 ECC 加密可以实现和 2048 位长度的 RSA 加密差不多的加密效果。但两者总体上大差不差，最重要的是，它们都能被采用肖尔算法的量子计算破解。

也就是说，一旦量子计算投入使用，现有的比特币网络会立即崩溃。第一台通用量子计算机的发明人将立刻成为数字货币界的中央银行，掌握着无限滥发货币的至上权力。

2023 年，著名数字货币投研机构 a16z 在当年的全球区块链开发者大会上宣布，如果量子计算继续按照当前的速度发展，那么比特币网络将在十五年内被破解，届时加密货币将不再"加密"，留给全球开发者的时间已经所剩无几了（图 6-10）。

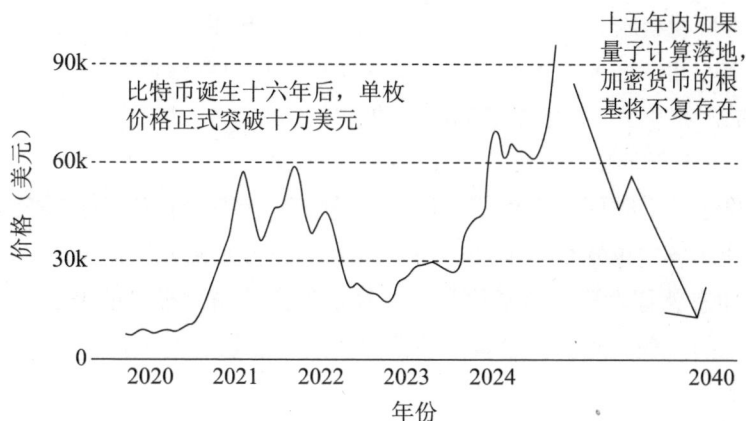

图 6-10 比特币价格历史走势
（资料来源：数字货币投研机构 a16z）

数字货币就是现代互联网安全性的一个缩影，量子计算实现之日，就是传统互联网的终结之时。

发挥数字人民币高效率、低成本等优势，拓宽数字人民币在行业资金流动融通中的应用场景，深化对公交易、财政奖补等领域应用，拓展智能合约、跨域支付结算等应用，提高零售消费领域应用占比。

——《福州市数字人民币试点三年（2024—2026）攻坚行动方案》

（三）量子危机的倒计时

美国云端安全联盟的官方网站上有一个大的倒计时钟，这就是著名的"量子年时钟"，指向量子计算机对基于离散数学的非对称加密算法（RSA 算法和 ECC 算法）完成最终破解的那个时刻。那个时刻来临之时，现存所有的互联网安全措施都会被攻克，现代信息社会将会迎来一场彻底的重塑。

上一次如此严重的网络危机还是 2000 年的"千年虫危机"。20 世纪的很多软件开发人员出于省事，用两位数来存储年份。而 1999 年到 2000 年的世纪之交意味着这些采用简化计年法的程序会发生崩溃，引发全球性的互联网危机。当时，全球几个主要国家联合起来，组建了危机应对专班，花费了大量资源提前准备，这才有惊无险地渡过危机。但就算如此，西非国家冈比亚还是受到了危机影响，出现了全国性的停电停网达半年之久的情况，给几百万人的生活造成了严重影响。

而量子危机可能造成的潜在影响将会远远大于"千年虫危机"。计算机程序因为系统漏洞而崩溃尚属小事，要是有不怀好意的黑客组织利用这些漏洞，处心积虑地发动针对各国政府组织的网络攻击，这才是最为可怕的。

目前，量子年时钟的倒计时终点是 2030 年 4 月 14 日。

现在限制量子计算破解加密算法的最后一道阻碍是量子计算机的量子比特数量。量子计算是通过让求解的未知数处于量子相干的叠加态来实现加速求解计算的，计算机中每一个量子叠加态就称为一个量子比特。计算机里能够同时操纵的量子比特数量越多，对应的量子系统的规模就越大，也就能够把更多的可能状态纳入叠加态中，进而解决规模更大的现实难题。

现有的量子计算机的性能还不够强，目前科学家在量子计算机上用肖尔算法分解过的数字规模还不够大（图 6-11）。

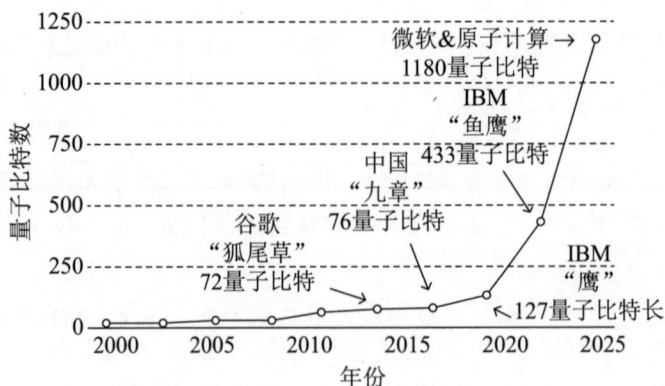

图 6-11　2000—2025 年量子计算规模化进展

2001 年，IBM 公司的研究人员基于 7 个量子比特，演示了 15=3×5 的量子计算分解。

2012 年，英国布里斯托大学的研究团队计算出了 21=3×7，这是当时量子计算能取得的最好成绩。

2019 年，IBM 公司尝试对 35 进行因式分解，但是算法因累积错误而失败。

2022 年，清华大学和浙江大学的联合团队发文宣称实现了 48 位数的因式分解，他们自述已经完成了对 11 位大数 1961、26 位大数 48567227 和 48 位大数 261980999226229 的因数分解，刷新了量子计算质因数分解的纪录。虽然这个结果尚未得到学术界认可，但是研究团队也特别指出了，有可能仅使用 372 个量子比特就可以实现对 600 位密钥长度的 RSA 算法的破解，如果可以操纵的量子比特数突破 10000，那么量子计算机将具备足够的实力在短时间内破解现行的几乎所有加密算法。

只要实现 10000 个量子比特的量子计算，量子年时钟的倒计时就会归零。这也是量子纪元正式来临的时刻。

⚛ 三、后量子时代的抗量子加密

（一）美国的抗量子标准升级

美国是最早意识到量子计算危机的国家之一。2016 年，美国国家标准与技术研究所（NIST）启动了一项重大项目，面向全社会征集能够抵御量子计算的抗量子公钥加密算法，用于公钥加密、密钥建立和数字签名算法。

来自世界各地的研究团队提交了 70 多个加密算法方案，每种算法都有三种不同的安全等级，用于对安全性有着不同要求的各种应用场景。随后，美国政府组织了顶级的密码学团队，对这些加密算法逐一进行分析研判。第一轮通过筛查的共有 19 种抗量子加密算法，这 19 种算法中又有 9 种通过了 2019 年的第二轮测试筛选，最后在 2020 年共产生了 3 个入围最终决赛的候选算法，分别是二锂（Dilithium）、猎鹰（Falcon）和彩虹（Rainbow）。

其中彩虹（Rainbow）算法是唯一由中国人主导的算法，该算法是由清华大学丘成桐数学科学中心的丁津泰教授于 2005 年提出的抗量子加密算法，也是 3 个入围算法中唯一申请了专利保护的加密算法。彩虹算法最大的优势在于其签名长度非常短，比其他两个入围算法短了整整一半还多。这对于以传递数字签名为主的互联网应用来说是一个难得的福音。

2022 年，拜登政府签署了以《国家安全备忘录》为内容的总统令，要求整合联邦资源，让美国控制的所有数字系统在 2035 年前完成抗量子网络安全升级。

基于评选结果和联邦命令，美国国家标准与技术研究所在 2023 年正式发布了三种抗量子密码算法标准草案，并且仍在草拟用于技术备份的第四套标准算法。

根据这套标准草案，美国将在接下来的几年间逐步完成对现有网络加密体系的全面抗量子升级。在 2030 年前，美国将会完全放弃加密长度在 112 位以下的加密算法，并在 2035 年前将所有政府机构采用的加密标准全部替换为最先进的抗量子加密算法。

到了 2036 年之后，美国将全面禁止使用目前的 RSA、ECC 等算法。同时，为了杜绝"先存储，后解密"攻击的风险，这套标准草案还要求所有的数据存储服务商进行彻底的数据转录，以早日提高抗量子计算的安全防御能力。

由于对量子计算破解能力的研究尚不深入，这套过渡方案并没有明确指定哪一个抗量子算法是"钦定"的标准算法，而是秉持不把所有鸡蛋放在一个篮子里的原则，提供多种算法标准互为备份，且仍在持续对新算法进行征集与评估。

标准算法的多样性在一定程度上提升了安全性，且为用户提供了充分的自由选择权，但也给下游产品的开发、测试和推广引入了更多不确定性。

加密算法更新是一个浩大的系统工程，需要大量的通信协议和行业标准同步更新迭代，不同技术标准组织和机构需要互相配合，共同完成升级，这样才能保证加密应用的互联互通。

> 重点攻关隐私计算技术，研发新型协议，突破隐私计算通讯效率瓶颈，降低隐私计算开销，实现抗量子的可证明安全。
> ——《上海区块链关键技术攻关专项行动方案（2023—2025 年）》

（二）其他国家的抗量子步伐

英国政府于 2023 年发布的《国家量子战略》强调，量子计算的能力可以带来巨大的社会和经济效益。然而，量子技术可能会破坏当前用于保护互联网数据的加密技术，这是一个国家安全挑战，必须克服这一挑战才能发挥量子技术的潜力。

英国政府目前要求所有商业企业、公共部门组织和关键国家基础设施中的网络安全专业人员必须接受有关抗量子加密技术的专项业务培训，以便为后续进行抗量子加密技术的迁移做好准备。

2022 年，法国国家安全局发布通知，要求法国国内的所有私营企业必须引入抗量子加密的防御措施，并在 2030 年前向用户提供可选的抗量子数据加密服务。

2023 年，中国信通院"密码＋"应用推进计划 CPII 量子计算组召开《后量子密码应用研究报告》研讨会，旨在探讨目前抗量子加密算法、应用实现及迁移等多方面面临的难题。中国信息安全标准化技术委员会于同年召开后量子密码技术与创新实践研讨会，围绕抗量子加密领域前沿技术、研究动态及发展趋势等方面进行探讨，推动了抗量子加密标准的建立及应用实施。

2024 年，新加坡金融管理局发布了专项指导建议，敦促该国金融机构为迎接量子计算时代的网络安全威胁做好充分准备。指导建议明确指出，未来，金融机构需要具备无缝集成抗量子加密和量子密钥分发技术的能力，以确保在面临潜在的量子攻击时，核心系统功能不会受到严重影响。

截至 2023 年，全球规模以上的量子企业共有 552 家，其中 278 家企业主营量子计算业务，占比达到 50%；63 家企业主营抗量子加密服务业务，占比达到 11%。量子时代"矛"与"盾"供应商的比例大约是 5 比 1。

一个时代有一个时代的使命，也有一个时代的矛盾和对抗。在矛与盾的不断制衡中，人类社会才能一步一个脚印地前进，迈向更加美好的明天。

第七章

量子芯片:
大国重器的雄心

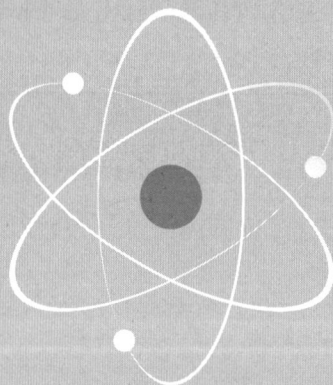

第一节 量子计算的具体实现

一、可逆的计算过程

（一）量子计算的核心是可逆过程

量子计算的核心是构建一个持续时间尽可能长的量子叠加态，然后再用这个量子态在特定算符作用下的坍缩过程去模拟实际难题的求解。

所谓量子叠加态，就是指量子系统在同一时间可以处于多个可能取值相互叠加的状态。借助相干叠加，量子系统可以在迷宫的岔路口同时走向不同的方向，从而总是能最快速地走到出口。

与只能穷举遍历、逐一尝试的经典计算方法相比，量子算法在计算高度复杂的非线性问题时具有碾压性的优势。

那么怎么才能构造出可以在同一时间处于多种不同叠加状态的量子叠加态呢？

首要的是实现计算过程的可逆性。

经典计算之所以必须依靠"分解"来完成，就是因为其每一步的计算都是不可逆的。每一小步的求解，在逼近最终答案的同时，也可能会对题干中的条件和变量造成影响，进而导致问题进一步复杂化。

可逆性是量子电路的基本前提，在量子计算领域发挥着重要作用。计算过程的可逆性是指系统可以从某次计算得到的最终状态出发，沿着计算过程的各个步骤逐一回溯，最终回归到计算前的初始状态，而不引起其他变化。

实现计算过程的可逆性，就好比让量子系统获得了暂时性回溯时间的本领。再打个比方，我们平时在给手机屏幕贴保护膜的时候，之所以要小心翼翼，就是因为贴膜这个过程是不可逆的，每一次贴歪，都会让保护膜的黏性降低一分，揭起再贴的膜上还会沾染去不掉的灰尘，在屏幕上留下大量气泡，非常影响使用体验。

但如果现在市面上出现了一种新型的可逆膜，贴歪了揭起再贴的话不会带来任何灰尘和气泡，这时候的贴膜过程就是完全可逆的了。我们在贴膜的时候可以放开手脚大胆尝试，反正贴歪了再贴也没有任何成本，大不了再试一次。

这种情况下，一个远离外界观察者的、正在用这种新型可逆膜在家给自己新买的手机贴膜的人，就可以近似看作处于贴膜的叠加态。

因为人总是有自尊心的，一定会夸大自己的成就，同时掩盖自己的失败。既然每次失败重试不会留下任何痕迹，而且在家又有足够的时间耐心尝试无数次，外人对于他到底贴了多少次膜、失败了多少次、又在什么时候完美贴准永远是不得而知的。只有当他带着贴好膜的新手机走出家门的时候，这个小小的量子叠加态才会发生坍缩，收敛到"贴膜成功"这个最终状态上去。

（二）可逆过程极其难觅

但是在实际生活里，要找到真正的可逆过程是非常不容易的。

热力学第二定律揭示了热力学变化过程的不可逆性。在一个封闭的孤立系统里，从一个平衡态到另一个平衡态的演化过程总是伴随着熵的增加，不可能从单一热源吸收能量，使之完全变为有用功而不产生其他影响，也不可能把热量从低温物体传递到高温物体而不产生其他影响。

也就是说，能量转化为热量带来的损耗是不可逆的。汽车向前开一段路，再挂上倒挡倒退回原位，虽然初态和末态的位置没有发生变化，但是汽车油箱里的油变少了，这部分油经过燃烧，带动汽车前进和后退，最后变成热能散发到空气中。几乎所有宏观物体的运动都伴随着热量的转化和耗散，因而也都是不可逆的。

计算机中的信息存储过程同样也是不可逆的。1961 年，IBM 公司的一位工程师罗夫·兰道尔发现，计算机每次删除一份数据，就会产生一点点热量，这点热量的产生对应于系统熵的增加。

经过推演，兰道尔证明了擦除一位信息所需的最小能量与系统运行的温度成正比，环境温度越高，存储和擦除一比特信息所需的能量就越高。这个对应关系后来被称为兰道尔定律。

根据兰道尔定律，在室温下，要存储 1 比特信息至少要消耗差不多 3 仄焦耳的能量（仄代表 10^{-21}）。也就是说，不管芯片工艺再怎么发展，只要人们还是用电子信号来存储逻辑比特，每存储 1GB 的数据，最少都要伴随着几纳瓦的热量流失。

因此，电子电路只能运行经典算法，而不能作为可逆处理单元进行量子计算。要发展量子芯片，只能抛开现有的电子电路，到新的领域中去另辟蹊径。

（三）只有量子变化中才有可逆过程

理想的可逆物理过程，只能从量子尺度的动力学变化中去寻找。

很多量子效应具有无摩擦、无损耗的特点，不会出现热量的流失和耗散，因此可以作为潜在的可逆物理过程候选。

首先，超导材料在发生超导效应时，其电阻就是零，电流不管怎么流动，都不会遇到阻碍，产生损耗。所以环形超导线圈中的电流流向的变化就是一个可逆过程，电流从顺时针流动变成逆时针流动，再从逆时针流动变回顺时针流动，都不会导致其他可以观测到的改变，因而可以作为产生量子叠加态的基础。

发生玻色-爱因斯坦凝聚作用的超流体同样也是如此。超流体在微纳尺度的管道中的流动摩擦为零，如果把管道首尾相接，折成环状，超流体就能在其中无限流动。这时候，超流体在环状管道中顺时针或逆时针的流动方向，同样可以构成一对可逆变化，实现相干叠加。

其次，量子系统与外界发生相互作用的时候，虽然也会产生能量的转化和耗散，但是由于变化的幅度非常小，流散出去的能量是以单个量子为基本单位的。如果把变化前后的量子系统及转化耗散出来的单位能量看作一个更大的整体，那么这一过程也可以视为一个可逆的物理过程。

原子吸收一个外界的光子，进入能量更高的激发态，在随后的弛豫过程中回到基态，并放出另一个新的光子。光子不仅参与了原子状态的变化过程，同时也是原子与外界进行能量交换的载体，原子与光相互作用导致的吸收激发和发射退激发的两个过程也是可逆的。

净自旋不为零、带有磁性的粒子在磁场中也可能存在可逆的变化过程。单个电子的自旋只有向上和向下两种取值状态，对应着两种不同的轨道运动模式。磁性粒子有可能从周围磁场吸收能量，从而改变自身的自旋状态；也可能先发生自身状态的隧穿跳变，然后再与磁场耦合释放出能量。这两个过程对外界都没有带来额外的影响和改变。

最后，处于量子纠缠态的粒子本身就是一个量子系统，多个量子态之间再以互相纠缠的形式连接起来，就可以得到一个具有足够多量子比特的相干叠加系统。正负粒子对的产生和湮灭、纠缠光子对的传播和扩散，都可以认为是量子纠缠导致的可逆变化过程，因而也可以用于量子计算。

不同的可逆物理过程，对应着量子计算的不同实现方法和量子芯片的不同构型。

⚛ 二、量子逻辑门

（一）电路与逻辑运算

现代计算机的基础是数字电路，它以高电位和低电位作为二进制的 1 和 0，在集成电路上使用数字信号完成对数字量的算术运算和逻辑运算。

算术运算就是四则运算加减乘除。对于自然数而言，四则运算是可逆的，减法是加法的逆运算，除法是乘法的逆运算。

逻辑运算是把单一的逻辑条件联立整合成复杂的判断准则的运算，数字芯片中处理逻辑运算的电路单元叫作逻辑门。

基本的逻辑运算有非、与、或和异或，对应着非门、与门、或门和异或门（图 7-1）。

"非"是最简单的逻辑运算，代表肯定和否定的相互转换。用二进制来表示的话，非门只有一个输入位和一个输出位，输入 0 时输出 1，输入 1 时输出 0（表 7-1）。

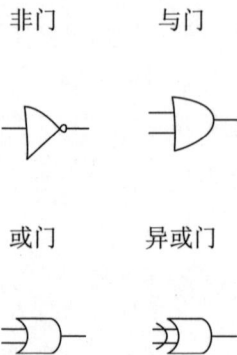

图 7-1　非门、与门、或门和异或门

表 7-1　非门的运算关系

输入位 1	输出位
0	1
1	0

非门是可逆的。否定的否定就是肯定，如果把两个非门串联起来，就可以得到与输入信号相同的输出值。

"与"表示只有两个输入条件同时满足才能给出肯定输出的情况。与门有两个输入位，只有两个输入位都为 1 时，最终输出才是 1，否则都是 0（表 7-2）。

表 7-2　与门的运算关系

输入位 1	输入位 2	输出位
0	0	0
0	1	0
1	0	0
1	1	1

或门和与门差不多，有两个输入位，不过仅当两个输入位都为 0 时，其输出才为 0；只要一个输入位为 1，最终输出都是 1（表 7-3）。

表 7-3　或门的运算关系

输入位 1	输入位 2	输出位
0	0	0
0	1	1
1	0	1
1	1	1

与门和或门都不是可逆的，我们没法从逻辑门输出的结果倒推输入的参数。

"异或"是介于"与"和"或"之间的中间态，异或门输出的是关于两个输入位是否相同的信息。输入为两个 0 或两个 1 时输出是 0，输入一个 0 和一个 1 时输出是 1（表 7-4）。

表 7-4　异或门的运算关系

输入位 1	输入位 2	输出位
0	0	0
0	1	1
1	0	1
1	1	0

异或门几乎是可逆的。虽然我们仍然不能从输出结果倒推输入数据，但是只要知道了其中一个输入，马上就能推算出来另外一个输入位。

这几个逻辑门是数字电路的核心，只要实现了这几种基本的逻辑运算功能，就具备了现代计算机的全部基础，理论上能够运行目前开发出来的所有经典计算算法和计算机程序。

《我的世界》是一款 2009 年发行的模拟游戏，这个游戏本来是供玩家在随机生成的虚拟大自然里体验挖矿和建造的玩法，玩家可以通过伐木、掘土和开矿获得不同的原材料方块，像搭积木一样创造自己的世界。结果，玩家们发现游戏中的一种名叫"红石"的虚构材料可以实现一些简单的逻辑运算功能：点亮的红石火把可以熄灭临近的红石方块，这是非门；两根红石导线连在一起，就是或门；红石火把和红石导线合在一起驱动活塞或是拉杆，可以实现与门和异或门。很快，一群芯片工程师就涌进了这款游戏，他们在游戏中大兴土木，搭建出一个又一个逻辑门，并将它们串联在一起，造出了超大号的积木芯片。

2010 年，《我的世界》中第一台红石电脑问世，引起了全球玩家的惊叹，原来电脑游戏里还可以再搭建出一台虚拟电脑，实现在电脑里玩电脑！其后几年，越来越多的红石电脑被设计出来，它们的运行速度越来越快，数字处理能力也越来越强。

目前最高级的红石电脑是 Red Pixel 工作室制作的 RSC-3230，由 250 万个积木方块组成，拥有 32 位运算能力的中央处理器、128 字节的内存，以及一个 32 像素 ×32 像素的屏幕和一个小型键盘。在游戏中打开 RSC-3230 后，还会播放一段启动自检动画，然后可以打开内置的虚拟操作系统，甚至还可以玩贪吃蛇和俄罗斯方块。

刘慈欣在《三体》中也设想了一段大开脑洞的架空桥段。穿越过去的冯·诺依曼让秦始皇安排三千万个士兵，每个士兵只负责一种逻辑运算，用举黑旗或举白旗来表示二进制数据，居然也可以实现人肉计算机，运行起现代化的操作系统。

冯·诺伊曼转向排成三角阵的三名士兵："我们构建下一个部件。你，出，只要看到入 1 和入 2 中有一个人举黑旗，你就举黑旗，这种情况有三种组合——黑黑、白黑、黑白，剩下的一种情况——白白，你就举白旗。明白了吗？好孩子，你真聪明，门部件的正确运行你是关键，好好干，皇帝会奖赏你的！下面开始运行：举！好，再举！再举！好极了，运行正常，陛下，这个门部件叫或门。"

——刘慈欣科幻小说《三体》

（二）量子逻辑门是可逆的

量子计算中的基本单位是量子比特。与逻辑比特只能是二进制的 0 或 1 不同，量子比特可以同时具有多种取值，对应着多个状态的量子叠加。

为了实现量子计算，我们需要把不可逆的逻辑门转化为可逆的量子门。为简化表述，我们继续以 0 和 1 的逻辑比特为例来讨论门运算的可逆化。

导致与门、或门和异或门不可逆的一个重要原因就是它们的输出信息比输入信息要少，这部分输入状态在运算后会丢失，损失的信息以热的形式耗散到环境中，造成计算过程的不可逆。

那么，我们可以给逻辑门加上一些额外的输出信息，使得输出的结果和输入的参数一一对应，从而实现逻辑运算的可逆性。

　　受控非门是大号的可逆的异或门，接受两个输入位，保留其中一位，同时对另外一位进行异或运算（表7-5）。

表7-5　受控非门的运算关系

输入位 1	输入位 2	输出位 1	输出位 2
0	0	0	0
0	1	0	1
1	0	1	1
1	1	1	0

　　把两个受控非门串联在一起，就得到了初始信号。所以受控非门是可逆逻辑门。

　　控制－控制－非门，简写是 C-C-NOT 门，或以发明者的名字托玛索·托弗利命名为托弗利。这个逻辑门有三个输入位和输出位，其中两个是控制位，剩下一个类似非门（表7-6）。

表7-6　托弗利门的运算关系

输入位 1	输入位 2	输入位 3	输出位 1	输出位 2	输出位 3
0	0	0	0	0	0
0	0	1	0	0	1
0	1	0	0	1	0
0	1	1	0	1	1
1	0	0	1	0	0
1	0	1	1	0	1
1	1	0	1	1	1
1	1	1	1	1	0

　　控制－交换门，或称弗雷德金门（也是以发明者的名字命名），缩写为 C-SWAP 门。和托弗利门一样，弗雷德金门也有三个输入位和三个输出位，对应八种不同的输入输出情况（表7-7）。

表7-7　弗雷德金门的运算关系

输入位1	输入位2	输入位3	输出位1	输出位2	输出位3
0	0	0	0	0	0
0	0	1	0	0	1
0	1	0	0	1	0
0	1	1	0	1	1
1	0	0	1	0	0
1	0	1	1	1	0
1	1	0	1	0	1
1	1	1	1	1	1

托弗利门和弗雷德金门都具有数学上的通用性，能够以可逆计算的方式实现任意布尔函数。把受控非门、托弗利门和弗雷德金门组合到一起，就可以实现全部的可逆逻辑运算（图7-2）。

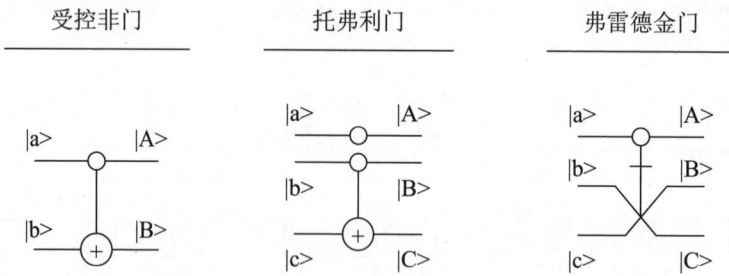

图7-2　受控非门、托弗利门和弗雷德金门

经典计算是用处于0和1两种状态的二进制电流信号作为逻辑比特，在以经典逻辑门为基础的数字电路上进行的。

如果将可以处于多种叠加态的可逆量子态作为量子比特，在以可逆逻辑门为基础的量子电路上运行，就可以在实现量子计算的同时，一定程度上保证对传统经典算法的兼容。这种量子计算的实现方法称为量子门量子计算，是目前最有望实现通用量子计算的技术路线。

⚛ 三、量子态的持久保存

（一）保存量子态需要隔离外界扰动

把相干叠加的量子态封存在设计好的可逆量子逻辑门中，我们就得到了可用于进行量子计算的量子电路。大量这样的量子电路集成在一起，就成了量子芯片。

量子芯片的核心在于量子态的相干叠加。由于量子计算总要涉及计算参数的输入和计算结果的输出，因此整个系统不可避免地会与外界发生相互作用。这就像贸然打开箱子来确定猫的死活一样，是一个引入外部观察者的过程，稍有不慎就会使脆弱的量子态发生退相干，导致芯片失效。

此外，现实环境中总是存在着各种各样的扰动：来自太空的宇宙粒子和深埋地底的辐射矿物，都会带来一定量的本底射线，时不时地冲击着芯片中的量子态；遍布各地的网线和电线，也会造成变幻不定的电磁辐射，干扰着本就勉强维持着的量子相干。

哪怕排除了这些外界因素，操作量子计算机的人本身就是个不小的扰动源头。人的正常体温是37℃，一般要比室温高出不少，人体就是一个行走的热辐射源。操作人员的走动会带来不规律的振动，会对量子的运动模式造成影响。人和大地之间还有一定的电容，徒手与仪器接触还会导致电场分布的变化。同时，操作员本身就是个观察者，会造成量子叠加态的坍缩和不可逆的破坏。

要隔绝这些外界影响，就要有一个足够坚固的外壳。整体接地的金属外壳可以实现法拉第屏蔽效应，有效地隔绝壳体外的电场和电磁波干扰。要是金属外壳的厚度达到一定程度，还可以吸收绝大多数的粒子辐射，同时提高整体器件的稳定程度。

江门中微子实验室位于广东省江门开平市，是由中国科学院和广东省共同建设的大科学装置。江门中微子实验室建设的目标是寻找一种叫作中微子的微观粒子的未知量子运动行为，这对于消除环境噪声干扰提出了极高的要求。

为了实现高度屏蔽干扰源的目的，人们在江门开平市的打石山地下730米深处开凿出一个被厚重的花岗岩层层环绕起来的洞穴。在洞穴里，又挖了一个44米深的水池，水池中间埋着一个直径为41.1米的不锈钢大球，相当于13层楼那么高。建成后的不锈钢网壳是国内最大的单体不锈钢主结构，由12万套高强不锈钢螺栓拼接而成。不锈钢外壳、水池中的水及山体花岗岩层共同组成了一道坚不可摧的屏障，隔绝了几乎所有的外界干扰。于是，实验团队才能捕捉到几十公里外的阳江核电站和台山核电站核反应过程中产生出的微弱中微子信号，进而进行前沿基础物理规律的探索。

当然，量子计算机未来总是要实现小型化和商业化，在工厂流水线里进行大规模生产的，我们没法给每一台出厂的量子计算机都配置几百米厚的岩层和几十米高的不锈钢外壳。

目前的量子计算机普遍采用的是悬挂安装的方案，也就是说机器并不是固定在地面上的，而是悬垂起来，通过天花板连接，和整间屋子形成一个刚性整体。从天花板往下，吊装着许多级平台，每一级平台都通过多根金属杠悬挂于上级平台之下。越往下的平台越小，但同时稳定性也越高，就像一个倒过来的金字塔一样，量子芯片就位于这个倒立金字塔的塔尖。最后，整台机器再用厚厚的金属外壳包裹起来，置于一个巨大的接地框体中。

这种构型虽然制造起来比较麻烦，但是可以有效隔绝绝大多数的外界干扰，尤其是避免了操作人员与机体之间的直接接触，保障了量子计算的顺利进行。

（二）极端气压环境排除大气干扰

屏蔽环境扰动的另一种方法就是创造一个尽可能极端的气压环境。正常的大气气压是 101.325 千帕斯卡（帕斯卡是衡量压强大小的国际单位），对应着 76 厘米高的水银柱。在这种气压环境下，大气分子的运动相对自由，非常随机。这对于生命活动是一个重大利好，但是对于量子态来说却意味着大量的潜在干扰，如果有灰尘和颗粒跑进了量子系统，或是封闭系统里的物质不小心泄露到了外界大气中，都有可能导致量子叠加态的不可逆坍缩。

如果把环境压力提高几个数量级的话，那么系统里的原子分子之间就会紧密贴合，致密堆积，分子热运动带来的随机扰动影响相对来说就变得微不足道了。

现有能产生最高压力的是金刚石对顶砧技术。金刚石压砧是一种用金刚石做成的钻头，两个金刚石压砧尖对尖地顶在一起，压着两张非常薄的二维材料垫片，垫片之间充满液体传压介质。压砧尖端的直径只有几分之一毫米，差不多相当于几根头发丝那么粗，当外力推动两个金刚石压砧相向而行时，所有的压力就会传导到压砧尖端。液体传压介质受到两侧的挤压，压力无处释放，所在空间的压强就会急剧上升，最高可以达到几百万个大气压强，比地心最深处的压强还要大上好多倍。

2015 年，德国拜罗伊特大学的研究团队利用金刚石压砧技术压缩金属铼，使其达到了 770 吉帕斯卡的压强，创造了实验室有史以来最高的静压纪录，这是大气压力的 762 万倍。同年，吉林大学的课题组通过数学推演，预测在这种百万大气压的极端高压条件下，氢气可以形成一种新型二元金属态，在接近室温的环境中实现超导。2023 年，美国罗切斯特大学的科学家们合成出了这种高压富氢材料，在15℃的近室温中诱导出了超导相变，这是人类迄今为止达到的最高超导转变温度。

把气压降低实现真空也是一种可行的思路。在真空环境里，物质的分布非常稀疏，虽然分子运动的阻碍变少了，但是一整个空间里也几乎找不出几个可以自由运动的分子，相应地也就能实现对干扰的排除。

一般的机械泵通过压缩抽气，可以达到10^{-2}帕斯卡的压强，相当于大气压的1/10000。涡轮分子泵的叶片旋转速度高达每分钟几千转，可以引导气流定向流动，达到约10^{-13}个大气压的极限真空。溅射离子泵和钛升华泵可以在腔壁上创造出新鲜钛膜，与残存的气体分子发生反应，进一步提高真空度一到两个数量级，达到10^{-15}个大气压。为了保持高真空环境，仪器的外壳必须造得像深海里的潜艇甲板那么厚，才能抵抗得住大气压力，防止漏气。

（三）降低温度消除热运动影响

除此之外，低温冷却也是一种非常重要的抗干扰手段。

环境温度越低，分子的运动就越不自由。在绝对零度的环境里，所有的分子和原子都被冻结在原地，不会发生任何热运动。低温冷却不仅是很多量子态存在的前提条件，同时也可以作为绝佳的屏蔽措施，帮助量子态保存得更久，实现尽可能大的相干范围和尽可能长的相干时间。

氮气的沸点是–196℃，这是液氮冷却可以达到的温度。要实现进一步低温，需要使用液氦作为冷却剂，其可达到–269℃，即绝对零度以上4℃。半导体制冷、激光制冷等更先进的制冷技术可以实现更低的温度，但相应地也需要更大的配套设施，也会消耗更多的能源。在量子计算机中，量子芯片仅占很小的一部分，剩下的绝大部分都是配套的冷却设备。

2022年，中国电科16所研制成功了用于量子计算机制冷的"国产大冰箱"，该"国产大冰箱"可以稳定实现7.9毫开（绝对零度以上0.0079℃）温度的无液氦稀释制冷，目前已交付长三角量子中心使用。

2024年，科大国盾量子公司研发出了起测温度6毫开的高性能抗干扰氧化钌温度计，这标志着我国在商业领域的极低温测量技术达到世界先进水平。

把运行量子态的量子电路封装起来，就得到了量子芯片，再加上配套的隔离外壳和真空、制冷等辅助设施，我们就得到了可堪一用的原型量子计算机（图7-3）。

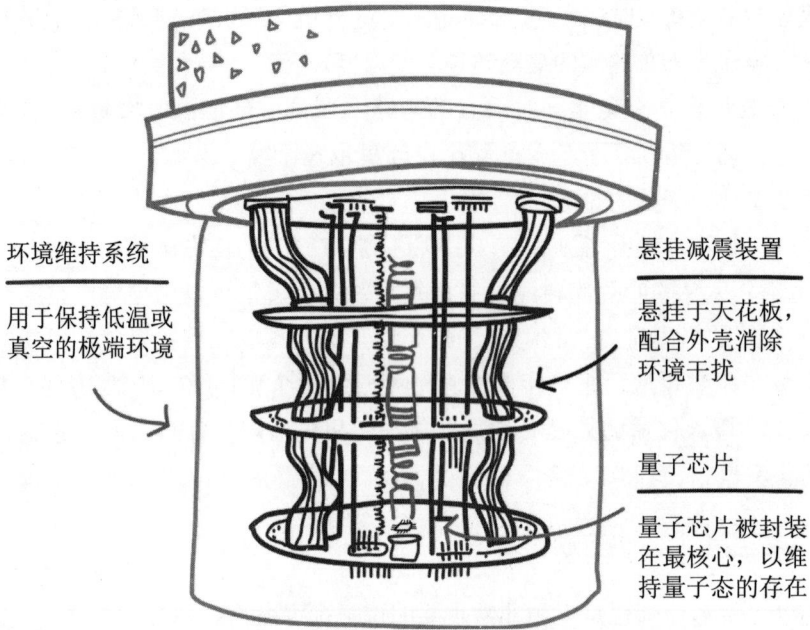

环境维持系统

用于保持低温或
真空的极端环境

悬挂减震装置

悬挂于天花板，
配合外壳消除
环境干扰

量子芯片

量子芯片被封装
在最核心，以维
持量子态的存在

图 7-3　量子计算机封装示意图

⚛ 四、量子计算机的发展阶段

（一）过去是早期验证时代

早在 20 世纪初，量子力学刚刚出现的时候，就已经有人提出了关于可逆量子过程的理论构想。但是受限于当时的技术条件，这一构想只能长期停留在纸面上，供学者们在茶余饭后畅想未来。

在 20 世纪七八十年代，人类的工程技术水平迎来了一次大飞跃。不仅电子计算机、低温控制、超强磁场等原本用于军事目的的储备技术完成了民用化，而且激光、微纳探针、真空设备等领域也取得了一系列重要的技术突破，人们终于可以用更精妙的手段和更精确的准度去操纵微观粒子的行为模式了。

这些要素凑在一起，标志着量子计算机的前置科技要求基本得到满足。

1998 年，加州大学伯克利分校的研究团队利用磁场调控原子核的自旋，实现了一个具有两个量子比特的量子系统，并演示了如何用这套系统来完成经典问题的量子求解。这是目前公认的世界上第一台量子计算机。只不过，这个时候的量子计算机的量子比特数量太少，能够求解问题的复杂度有限，基本就是实验室里的大号玩具。

量子计算的这个阶段叫作早期验证阶段，这个阶段的量子计算机更多的是一种原理上的验证，其象征意义远大于实用价值。

（二）现在处于嘈杂中型时代

进入 21 世纪后，量子计算迎来了一段快速发展的时期，人们提出了越来越多的实现方法，描绘出一张又一张关于如何实现理论上预测的通用量子计算机的不同蓝图。

各种各样的物理变化都被证明具有成为可逆计算过程的潜力，基于这些基础效应，全世界的科学家们通力合作，开发出了好几种从原理到外观都大相径庭的原型量子计算机。这是一个万物生机勃勃迸发的年代，人们把这个发展阶段称为嘈杂中型的量子时代。

顾名思义，嘈杂中型时代的特点是"嘈杂"和"中型"。

从规模性上来说，"中型"是指现在的量子计算系统容量相对于上一个发展阶段的玩具型量子计算机而言，已经有了一个质的飞跃。目前一些主流构型已经可以实现几百甚至上千个量子比特的状态容量，虽然还不能真正超越经典计算机，但是已经足以运行真正意义上的量子算法，在一些特定领域发挥出了显著的比较优势。

而从实用性上说，"嘈杂"是指量子计算正确率还堪忧，非常容易受到外部环境的干扰。这是当前量子计算的最大缺点。

尽管为了隔绝干扰，科学家们已经尽可能地用厚重的外壳和封闭的环境把运行着脆弱量子态的量子电路层层封装保护起来，打包成量子芯片，但是造出来的量子芯片和量子计算机总是要投入使用的，而投入使用就意味着必定会和外界存在交互，而存在交互就不可避免地就会引入噪声和干扰，从而缩短量子比特的寿命，甚至可能导致量子计算出现错误。

环境噪声和外界干扰可能导致各种各样的量子错误，其中最主要的是失相错误、位翻转错误和门操作错误。

失相错误指的是处于多状态叠加的量子比特可能会受到外界环境的干扰，从而导致其在计算完成之前就发生了坍缩，丢失了关于量子态的相位信息。

在发生失相错误之前，量子比特平均可以维持量子叠加态的时间叫作失相时间。失相时间与完成耗时最短量子运算操作的所需时间之间的比率是量子计算中的关键参数，称为"量子相干比"或"量子比特质量因子"。量子相干比必须大于 1，才能保证在错误发生前至少完成一次可靠的量子操作，得到可以信赖的量子计算结果。

位翻转错误代表的是量子态的意外翻转。例如热振动、电磁波，宇宙射线等各种环境因素都可能导致系统发生局部的去极化，部分量子位从一种状态突然翻转为另一种状态。因为这种翻转仅仅局限于一个或者几个量子比特里，所以有可能破坏这些量子位与系统其余部分之间的纠缠连接，从而导致量子计算失效。

门操作错误是量子逻辑门在量子计算期间发生的错误，即输入的量子态没有按照既定的逻辑运算规则到达对应的输出线路，而是发生了意外隧穿，跃迁到了另外一个输出线路上。目前，最高精度的双量子比特门保真度的水平也只能达到99.9%，这意味着每1000次双量子比特逻辑运算，大约会有1次是错误的。

正是因为存在这些干扰，所以嘈杂中型量子时代的量子计算机虽然具有足以进行量子算法概念验证演示的量子比特数量，但是运算总是会伴随着不期而遇的意外错误和计算误差，因此仍然无法达到超越经典计算机的最终目标。

（三）未来是容错计算时代

要怎么降低错误率，提高量子计算的可用性呢？

当然，我们总是可以加大力气、下大血本继续提高量子系统的封装工艺，把保真率在99.9%的基础上再加几个9。可是，经过几十年的发展，现在的量子计算机几乎已经摸到了工程技术的极限边界，基本上都要求在只比绝对零度高上零点零零几度的环境工作，同时还要配上定制化的外壳，量身定制打造屏蔽设施。尽管如此，退相干时长最长也只能做到接近秒级，想要百尺竿头更进一步的话，面临的是指数级提高的边际成本。

另一种方法是转变思路。既然从硬件上没法杜绝错误的出现，那么干脆就默认计算误差是一种常态化存在的现象，从软件算法上下手，探索一条与误差共存的道路。

这就像给城市设计下水道一样，如果仅仅只是按需铺设排水管道，每日平均排水量有多少，就按照上限去铺设多粗的管道，那么整套系统虽然足以应付日常所需，但一旦遇到意料之外的山洪或是暴雨，管道马上就会超负荷工作，只要随便哪里出点问题，整座城市都会陷入内涝。但要是把排水道挖得大一些，不把所有的设计容量都用来进行日常排水，那么管道系统对于突发事件的应对能力就会显著增强。

设计容量中预留的比例越高，系统冗余量越大，在发生错误时的自纠错能力就越强。

基于这一思想，科学家们提出了量子纠错的思路，也就是把好几个量子比特组合起来，当作单一的一个逻辑比特来使用。这些冗余的量子比特就可以作为储存信息的备份手段，就算发生了错误，也可以结合备份数据，及时把计算误差纠正回来，从而保证最终结果的正确性，增加整体系统的抗干扰能力。

按照信息学中的香农定理，现实中的任何通信信道在理论上都可以通过保留一定的冗余校验容量，来实现接近于无损的完美通信。只不过，信道中的噪声干扰越严重，需要留出来作为验证冗余的校验容量就越多。

低成本、高速度和高可靠，构成了通信中的不可能三角，我们可以同时实现三者中的任意两个方面，但永远也不可能兼顾所有的三方面。

我们所用的第二代居民身份证的编码就是一套典型的带有冗余自纠错功能的信息编码。

根据《中华人民共和国国家标准》（GB 11643—1999）中有关居民身份证号码的规定，居民身份证号码全长十八位，其中只有前十七位是记载有效信息的数字本体码，由六位数字地址码、八位数字出生日期码和三位数字顺序码组成。第十八位是数字校验码，是对前十七位进行一系列的数学运算而得到的。

通过刻意只使用十八个数字中的十七位，身份证号码就具备了一定的自纠错能力，要是在录入身份证号的过程中漏掉、弄错了几个数字，最后一位校验码就会对不上，从而可以提醒粗心的工作人员仔细检查，及时纠正。

预留的冗余越多，系统可靠性就越高，但是信息容量也会相应地降低。

（四）量子纠错的实现方案

肖尔算法的提出者彼得·肖尔在 1995 年提出了第一套带有自纠错功能的逻辑量子位编码方案——肖尔码。肖尔码把 9 个物理量子位编为一组，来表示 1 个逻辑量子位，其中 1 个用于记录信息，剩下 8 个作为冗余备份，也就是 8 比 1 的冗余度。肖尔码在理论上可以纠正单个量子位中的任意错误。次年，人们又在肖尔码的基础上进一步优化，将 1 个逻辑量子位编码为 7 个物理量子位，以 7 比 1 的冗余度来实现对任意单比特错误的自纠正。

此外，我们还可以用网格化排列的二维的量子比特来表示一维的逻辑信息，这种用高维载体编码低维数据的方法叫作表面编码技术。拥有 n 个物理量子比特的表面编码系统可以纠正高达 $\sqrt{n}/2$ 规模的偶发错误，是所有自纠错编码系统中性能最高的实现方案。

2023 年，谷歌公司的研究团队在《自然》杂志上发表论文称，他们首次通过实验证明可以通过增加量子比特的数量来降低计算错误率。谷歌的工程师们在论文中报告了两种不同大小的逻辑量子比特编码方案，一个版本把 17 个量子比特编成一组表示 1 个逻辑比特，这种编码每次能够自我修复一个量子错误；另一个版本把 49 个量子比特作为一组表示 1 个逻辑比特，可以实现对同时发生的两个量子错误的自纠错。

近年来，学术界又提出了拓扑量子纠错这一全新概念，把量子态的拓扑性质应用于量子纠错过程中，从而将量子纠错中可容忍的最高逻辑操作错误发生率提高了 3 个数量级，达到 10^{-2} 量级。

2012 年，合肥微尺度物质科学国家实验室成功制造出并观测到了具有拓扑性质的八光子簇态，并以此簇态为量子计算的核心资源，实现了拓扑量子纠错。这是中国科学家在世界上首次实现拓扑量子纠错。

2023 年，福州大学超导量子计算实验室提出的"玻色编码纠错延长量子比特寿命"研究成果，入选了当年度的"中国科学十大进展"。该成果找到一种量子纠错新方法，是我国科学家在量子基础研究领域的又一重大突破，有望进一步推动量子计算相关应用的落地。

2024 年，美国谷歌公司发布的"柳"（Willow）芯片采用大规模表面编码，是首个在增加量子比特数量的同时能够降低错误率的量子系统，也是迄今为止真正意义上的低于错误阈值的量子计算芯片系统。

通过量子纠错技术，我们有望超越嘈杂中型量子时代，进入容错量子计算时代。与前一个时代相比，容错量子计算时代里的量子计算在容量和体量上并没有很大的提高，仍然保持"中型"的规模体量，但是这一时代里的量子计算将具有更高的正确率和更好的保真度，可以真正投入实用，用于求解现实生活中的复杂问题。

从原型量子计算时代到嘈杂中型量子时代，再到容错量子计算时代，人们正在以缓慢但坚定的步伐，一步一个脚印地迈向量子纪元的黎明。

（五）怎样造一台量子计算机

2000 年，时任 IBM 沃森研究中心研究主任的物理学家戴维·迪文森佐提出了著名的迪文森佐准则。

迪文森佐准则有七项条件，前五项描述了量子计算的实现方式，后两项则是关于量子通信的落地转化。

任何一套机器系统，只要满足了迪文森佐准则的前五项，就可以运行格罗弗算法、肖尔算法等量子计算算法，成为一台可堪实用的量子计算机。如果满足了准则里的全部七项要求，那么不仅可以作为量子计算机使用，还可以实现不同计算机之间的互联互通，构建出连接世界的量子互联网。

换句话说，迪文森佐准则就是关于量子计算机的蓝图，描述了如何设计并建造一台现代意义上的量子计算机。

迪文森佐准则中有关量子计算机的五条准则如下。

第一，必须是一个能表征量子比特并可扩展的物理系统。也就是必须找到一个物理系统用作量子比特，作为量子计算的载体。在这个物理系统中，量子比特不仅能以相干叠加的状态稳定存在，而且量子比特的数量也要足够多，足以支撑大量的量子态，从而实现有意义的量子计算。

超导量子、囚禁离子、中性原子、量子点等许多物理系统都能满足这一要求，因而也都可以作为量子计算机的潜在备选平台。

第二，能够把量子比特初始化为一个标准态，作为量子计算的参数输入。需要开发出一套可以实现经典电路中传输的数字信号和量子计算使用的态矢量相互转换的兼容设备，并基于这些设备构建量子计算机的操作系统。

根据量子比特实现方式的不同，量子计算机可能具有大相径庭的量子态。量子态之间还会发生叠加、纠缠和相干，有着比经典计算中的二进制 0 和 1 多得多的组合可能。

量子计算机的操作系统就是跨越这些障碍的桥梁，把操作人员的指令输入转换成经典数字电路中的电信号，而后翻译成量子系统可以理解的态矢量语言，运行量子计算，再把计算结果转译回电信号，在屏幕上呈现为一行行的输出。

第三，退相干时间相对于量子门操作时间要足够长，这保证在系统退相干之前能够完成整个量子计算。

量子系统能维持多长的相干时间，取决于外界干扰被隔绝得有多彻底。要得到正确的量子运算结果，量子相干比必须大于 1。系统处于相干叠加态的时间越久，每次可以进行的量子计算数量就越多，量子计算机的效率就越高，性能就越好。通过应用量子纠错技术，能够以牺牲一定比例的量子比特为代价，进一步提高量子相干比，保证量子计算的可用性。

第四，构造一系列普适的量子门完成量子计算。

量子门就是可以对量子比特进行可逆运算的逻辑门。把量子比特和可逆量子门按照一定的顺序组合起来，就成了量子电路，可以同时兼容运行经典算法和量子算法。

第五，具备对量子计算的末态进行测量的能力。

量子计算的末态，就是运算的最终结果。对量子计算的末态进行测量，就意味着要打开薛定谔的盒子，人为地使波函数发生坍缩。但是这同时也意味着消除了量子态的不确定性，得到了明确的系统输出。

有关量子计算机互联互通的两个辅助条件如下。

第一，要能够在静止的量子比特和移动的量子比特之间实现量子信息的转换。

静止的量子比特是封装在量子芯片和量子电路里用于执行量子计算的基本单元。要想在多个量子计算机之间实现互联互通，组建量子互联网，就必须通过隧穿、纠缠等方式，让量子的态矢量从静止的量子比特转移到可移动的量子比特上，才能进而实现异地互联。

第二，具备在节点间实现量子比特传输的能力。

量子比特传输可以是赶在量子态的相干时间内完成物理上的传输交接，也可以是通过诸如量子隐形传态之类的方式，利用量子纠缠特性完成长距离之间的量子传输。

只要满足准则中的这些判据，就可以认定为实现了量子计算。

这是一道还没有标准答案的开放题，答题思路不止一种，对应着各种各样的量子计算机的实现方案。这些林林总总的潜在候选方案里，或许就隐藏着那把打开未来世界大门的钥匙。

第二节　不同构型的量子芯片

⚛ 一、超导量子比特

（一）超导量子芯片也是采用电信号

超导材料在达到特定的临界转变条件的时候，会进入超导态。这时候，超导体内的电子会发生量子相干，组合成库珀对，以整体的形式共同运动。

在这种情况下，超导体的电阻为零。电流在超导体内可以随意切换方向，而不会导致任何额外损耗。

把一截处于超导态的电线首尾相接，就成了一个最简单的可逆量子系统。

这个量子系统有两种基本状态，分别对应电流的顺时针流动和逆时针流动。因为超导体电阻为零，所以电流在两种流动方向之间的来回切换是无损的，在不切开电线进行测量的情况下，系统总是处于这两者的叠加态。

超导量子计算机是最早落地的量子计算方案之一，也是现在最流行的量子计算机构型。其中很重要的一个原因是超导量子计算机的制造工艺与现有的数字电路和电子晶体管的加工流程非常相似，直接在现有的芯片生产线的基础上稍加改动，就可以制造出可以进行超导量子计算的量子芯片。

和经典的电子计算机一样，超导量子计算机也是用电信号来表示量子比特，每个比特位同样有两种基本状态，对应着电流的两种方向。电子计算机用高电平和低电平来表示二进制比特位的 0 与 1，超导量子计算机用电流的顺时针流动和逆时针流动来表示量子比特的 |0> 和 |1> 两种状态（图7-4）。

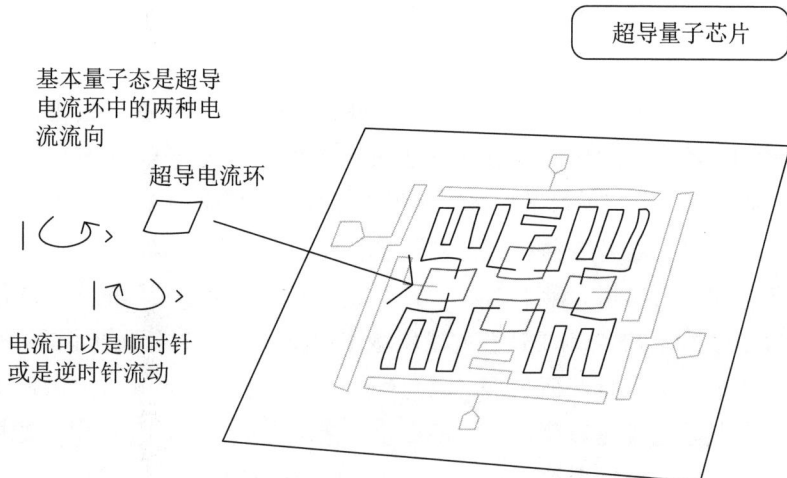

基本量子态是超导
电流环中的两种电
流流向

超导电流环

超导量子芯片

电流可以是顺时针
或是逆时针流动

图 7-4 超导量子芯片原理示意图

（二）超导量子芯片相对成熟

目前，单个超导量子比特的大小已经可以做到一个指甲盖那么大，已经可以算尺度相对较大的宏观量子系统了。并且超导量子比特可以直接集成到经典的数字电路板上，以电信号作为量子态的输入和输出，用导线的连接来实现不同量子比特之间的纠缠互连。常见的超导量子芯片通常包括几十上百个量子比特，可以进行一定规模的实用量子计算。

1999 年，日本电气公司研发出了第一台以超导量子比特为计算单元的超导量子计算机，只有一个量子比特，可以在微米尺度的超导电路中实现持续几纳秒的量子叠加。

经过几十年的发展，现在超导量子比特的寿命已经显著延长，其寿命达到几百微秒，已经整整提高了 6 个数量级。更长的量子态寿命意味着更久的量子相干时间，可以容纳更多的量子比特，支持更复杂的量子计算，从而具有更强的实用价值。

2019 年，谷歌公司推出了"悬铃木"（Sycamore）超导量子芯片，拥有 53 个超导量子比特，成功在 200 秒内完成了彼时最为强大的超级计算机"顶点"需要 1 万年才能完成的计算任务。2023 年，谷歌公司又对"悬铃木"芯片进行了升级，从 53 个量子比特增加到了 70 个量子比特，并且支持量子自纠错，健壮性提高了 2.41 亿倍。

2020 年，中国科学技术大学研发出了"祖冲之号"超导量子计算机，具有 62 个可编程超导量子比特，并在此基础上实现了可编程的二维量子行走。二维量子行走意味着量子信号可以在二维平面上传播，多个量子比特组成的二维阵列可以实现彼此间的纠缠互连，能够使量子计算机达到更高量级的计算复杂度。

2021 年，IBM 公司制造出了超导量子计算芯片"鹰"（Eagle）。"鹰"芯片拥有 127

个超导量子比特，是全球首个超过 100 量子比特的量子处理器。"鹰"芯片是在 2017 年的 27 量子比特"猎鹰"（Falcon）处理器的基础上改进而来的，IBM 公司利用新技术将控制布线置于处理器内的多个物理层上，同时将量子比特保持在一层上，从而使量子比特数显著增加。次年，IBM 公司又进一步推出了更新一代超导量子计算芯片"鱼鹰"（Osprey），它拥有 433 个超导量子比特，量子比特数约为原来的 3 倍多。

2024 年，量子计算芯片安徽省重点实验室与安徽省量子计算工程研究中心联合发布了中国自主研制的第三代超导量子芯片——"悟空芯"。"悟空芯"的名字来源于它的量子比特，这款芯片具有 72 个用于计算的逻辑量子比特和 126 个用于纠错的耦合器量子比特，一共是 198 个量子比特，而 72 个计算量子比特正好对应着《西游记》中孙悟空的"七十二变"，于是才有了这么个形象化的名字。搭载这款量子芯片的"本源悟空"量子计算机可一次性下发、执行多达 200 个量子线路的计算任务，比只能同时下发、执行单个量子线路的国际同类量子计算机具有更大的速度优势。

"悟空芯"和"本源悟空"的研发成功，意味着中国超导量子计算机制造能力从小规模开始进入中等规模阶段，具备了自主生产中等规模可扩展的量子计算机芯片和系统的能力。

（三）超导量子芯片的不足

超导量子计算机虽然体积小、成本低，并且可以沿用电子计算机的部分生产工艺，但是这种构型也存在着一定的缺点。

大多数超导材料的临界转变温度非常低，只能在绝对零度附近保持超导态。目前超导量子计算中最常用的超导材料是铝和铌组成的复合金属，临界转变温度约为零下 250℃，比绝对零度只高出大约 10℃。要让这么多个超导量子比特保持在如此低的温度之下，就必须配套建造非常复杂的制冷系统。

有时候，制冷系统的建造比超导量子芯片本身的开发还要困难。

中国计算机学会在合肥有个国产量子计算机科普展厅，就设在本源量子的总部大楼。展厅以量子计算机的国产化之路为主线，展出了国产超导量子计算机"本源悟空"从设计概念到原型出厂的全过程。整个展厅共分为五大展区，除了展示"悟空芯"量子芯片成品的第一展区和展示量子计算机 VR 图像的第五展区，剩下三个展厅的陈列展品全部都是配套制冷机的关键芯片，可见制冷系统是超导量子计算机生产研发中占比最大的核心环节。

不同的制冷机在物理空间上是相互隔离的，位于其中的超导量子比特阵列也就完全被分割开了。人们目前还没能实现量子信息的跨制冷机传输，也就是说量子信息还不能从一台制冷机的一个量子比特中转移到另一台制冷机里的另一个量子比特上去。

制冷机的腔室能够容纳多大的体积，就对应着可以装下多少个超导量子比特。制冷机的大小和性能直接制约了超导量子计算机的性能上限。

此外，超导量子芯片是由一个个独立的超导线圈组成的，每一个超导线圈都对应着一个超导量子比特，具有一定的宏观尺度。

虽然相对较大的量子比特有利于大规模的生产加工，但是这么大的超导线圈在制造过程中难免会产生一定的误差。因此，超导量子计算机的错误率较高，必须与量子纠错技术互相配合，才能实现实用级别的量子运算。

⚛ 二、离子阱量子比特

（一）用电磁场制造离子陷阱

离子阱，又称离子陷阱，是一种利用电场或磁场将带电的离子俘获，并囚禁在固定位置的装置。

离子阱技术发明于 20 世纪 50 年代，当时，物理学家们用这种技术将离子固定在原地，以便进行耗时较长的精密测量。

离子阱的原理很简单，就是利用磁铁同极相斥、异极相吸的特性。

把一个小磁铁放到更强的另一个大磁铁之上，小磁铁要么啪的一声就被紧紧吸到大磁铁上；要么就浮在半空中，摇摇晃晃地就是不落地。

把几个这样的大磁铁肩并肩地捆在一起，围成圆柱形，并且周期性地变换磁极朝向，就组成了一个最简单的离子阱。带有磁性的离子就像小磁铁一样，随着周期性的磁场变化不断向周围的大磁铁靠近、远离，再靠近、再远离。平均来看，这个离子就是漂浮在半空中的，在没有发生实际物理接触的情况下被束缚在了原地。

离子阱技术极大地提高了精确计量实验的精度，使许多以前无法进行的实验得以实现，并达到了前所未有的精确程度。得益于此，科学家们才有可能对一些基本物理定律进行更深入的检验，进一步提高了人类认识物质世界的能力。因此，这项技术与原子钟一起，获得了 1989 年的诺贝尔物理学奖。

（美国马萨诸塞州坎伯利基哈佛大学拉姆齐）以表彰他发明了分离振荡场方法及用之于氢微波激射器及其他原子钟。

（美国西雅图市华盛顿大学德默尔特与德国波恩大学保罗）以表彰他们发展了离

子捕集技术。

——1989 年诺贝尔物理学奖获奖理由

离子阱量子比特就是利用离子阱捕获带电的离子，然后再把这些带电离子作为量子比特来使用。这些离子自身就是微观粒子，因此本来就是天然的量子系统，其自旋、能级、取向等多种量子化的属性都可以被编码来存储量子信息，这些离子具有丰富的量子态（图 7-5）。

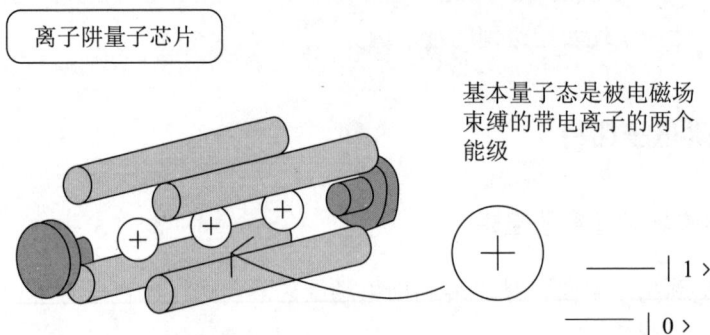

图 7-5 离子阱量子芯片原理示意图

作为对比，超导量子比特的载体是超导电流环。电流环只有顺时针和逆时针两种流向，所以超导量子比特和二进制的逻辑比特一样，只有两种可能的状态取值。

此外，离子阱技术可以与真空技术相结合，将被捕获的带电离子束缚在真空度极高的真空腔里，免受大气分子的干扰。离子阱量子比特的量子叠加态可以在相当长的时间里稳定存在，能够将量子信息保留数分钟乃至数小时，而最好的超导量子比特也只能实现几百微秒的相干时间。

（二）离子阱量子芯片成本较低

采用离子阱量子比特作为计算单元的离子阱量子计算机可以直接运行在室温环境里，不需要复杂的制冷设备，占地更小，成本更低，研发制造也更为简单。

所以，最热衷于离子阱量子计算机的主要是一些商业公司，因为该技术可以以相对较低的成本在比较短的时间里实现具有实用价值的量子计算。

美国的 IonQ 公司是世界上第一家完全以量子计算为主营业务的上市公司，也是最早开始主攻离子阱量子计算机的研究团队。其研发的 IonQ Forte 离子阱量子计算机使用镱离子作为量子比特，并用多路激光来一对一地调节每个镱离子的量子态。

2023 年，IonQ 公司推出了最新一代的 IonQ Aria 系统，具有 23 个算法量子比特，用户可以通过微软、谷歌和亚马逊的云服务接口直接调用 IonQ Aria 的量子计算服务。

跨国工业巨头霍尼韦尔下属的 Quantinuum 公司前身是英国剑桥量子公司，这家公司在 2020 年推出了第一台 H1 量子计算机，具有 32 个离子阱量子比特，双量子比特门错误率低于 1‰。2023 年，其推出的最新一代 H2 量子计算机拥有 56 个离子阱量子比特，并且可以实现所有量子态的全局非经典纠缠。

目前，Quantinuum 公司已经成为量子化学领域全球最大的解决方案提供商，为宝马、霍尼韦尔、新日本制铁公司和道达尔能源等大型制造工厂提供从原材料研发到生产工艺优化的一条龙量子模拟计算服务，是少数拥有明确且可证实的利用量子计算解决大规模科学和商业问题应用案例的量子公司。

奥地利量子计算公司 Alpine Quantum Technologies（AQT）总部位于奥地利的因斯布鲁克，是由因斯布鲁克大学和奥地利科学院的研究团队联合创立的商业公司，致力于离子阱量子计算机的研发。目前，AQT 公司已与德国电信签订了长期深度合作协议，作为欧盟量子网络联盟的重要支撑单位，将在之后的十年内完成欧洲各国基础算力设施的全面量子化升级。

2023 年，AQT 公司研发的 20 量子比特钙离子量子计算机现已在德国的莱布尼茨超级计算中心投入使用，为来自欧洲各国的学者和用户提供量子算力服务。这套离子阱量子计算机由慕尼黑量子谷耗资 980 万欧元购买，将成为未来遍布欧洲的量子加速器互联网的骨干节点。

美国芝加哥大学孵化的量子计算初创公司 EeroQ 是全球唯一一家采用氦电子作为量子比特的量子计算公司。

氦电子是一种特殊的离子阱量子比特，势阱的来源不是电场或磁场，而是处于量子相干超流体态的超流氦。超流氦没有黏性，流动摩擦为零，把超流氦引入管道循环，造出一个类似喷泉的结构，就可以在喷泉口上营造出一个小小的流体阱，刚好可以捕获束缚一个电子。这个电子就可以作为量子比特来进行量子计算。

目前，EeroQ 公司刚刚完成了 B 轮融资，预计将在未来几年内推出第一款氦电子量子计算机。

2023 年，中国量子信息科创公司启科量子发布了国内首台离子阱量子计算工程机"天算 1 号"，填补了我国离子阱量子计算机工程化的领域空白。工程机研制属于从"0"到"1"的突破，在推动我国量子计算领域的实用化和拓展量子计算的产业生态方面具有开创性意义。

（三）离子阱量子芯片的优缺点

具体来说，离子阱量子计算机有以下几个优势。

首先，离子阱量子计算机可以实现很长的相干时间，比超导量子计算机高出好几个数量级。2021年，清华大学的研究团队首次在离子阱系统中实现了超过一个小时的单量子比特相干时间，创下了人造量子态稳定性的新纪录。

其次，离子阱量子比特可以保存在高真空环境中，单量子比特门和双量子比特门的保真度较高，基本不受外界干扰。其中，单量子比特旋转的保真度高达99.9999%；双量子比特纠缠中，超精细量子比特保真度高达99.9%，只有超导量子比特的性能可以与之相比。

再次，因为离子阱中的量子态处于高度隔离的小环境里，所以状态制备和读出更直接，更易于以高保真度进行初始化和读出操作。2022年，Quantinuum公司推出的钡离子量子计算机的量子比特在激光测量中的保真度可以达到99.9904%，这是迄今为止最高的量子测量保真度纪录。

最后，离子阱量子比特的可重复性极高。作为量子比特物理载体的是单个的带电离子，而所有具有相同量子属性的同类离子在本质上都是全同的，处理系统中每个离子所需的微波或激光频率都是一样的，可以达到的相干时间也是完全相同的。

因此，离子阱量子计算机中量子态的均一性和重复性非常理想，易于扩展和推广。而超导量子计算机中每个量子比特都对应着一个至少是毫米级尺度的超导线圈，每个线圈在生产和制造的过程中总会存在略微差异，极大地限制了线圈之间的纠缠和相干等量子效应的稳定性。

当然，离子阱量子计算机也存在一定的缺陷和不足。

一方面，离子阱量子计算机中的每个量子比特都是处在高度隔离的真空小环境中，这也是离子阱量子计算超长相干时间和超高稳定性的来源。但是，如此高的隔离度同时也意味着量子比特很难与外界发生相互作用，一旦规模增大，量子比特间的连接就很难维持。

另一方面，离子阱量子计算机虽然不需要庞大的制冷设备，但是它对真空度的要求很高，需要不间断地抽气以维持高真空环境。同时，离子阱量子芯片的大小不能超过真空腔体的容积限制，量子信息也不能跨真空腔体传输，这也导致了这种构型的量子芯片的规模和尺度都很难做得很大。

⚛ 三、中性原子量子比特

（一）基于激光实现"超冷""中性"

中性原子量子比特又叫超冷原子量子比特，是通过激光将原子束缚在原地作为量子比特来使用的一种量子计算实现方案。

从原理上来说，中性原子量子比特和离子阱量子比特非常类似，都是将微观原子捕获固定下来，当作存储计算信息的量子比特来使用。两者间的区别在于，中性原子量子计算中固定原子的不是电场或磁场，而是激光的光场。

"中性"一词是相对于离子阱量子比特而言的，指的是这种技术不要求原子带有磁性或是具有电荷，可以适用于几乎任何种类的微观粒子。

而之所以叫"超冷"，是因为被激光束缚在原地的原子无法自由运动，对应着非常低的等效温度。

2010年，美国耶鲁大学的研究团队就是用激光来阻碍分子运动，把单个氟化锶分子冷冻到了仅比绝对零度高出几百微开的极低等效温度，这是人类目前可以让化学分子达到的极限低温状态。

光是由光子组成的电磁辐射，虽然光子没有静止质量，但它们携带能量和动量。当光照到物体表面时，光子与表面发生相互作用，传递动量，从而产生可测量的辐射压力，叫作"光压"。只不过，由于光子的静止质量为零，其所有的能量来自动能，因此光压一般来说非常微弱，以至于在日常生活中我们根本感受不到。

以太阳光为例，哪怕在炎热的夏日正午，照到地球表面一平方米范围区域的太阳光因光压产生的总压力一共也只有1微牛顿，差不多相当于1/100万公斤重量的物体产生的压力，远远低于人体的感受阈值。

但如果用的是激光，作用在单个原子上，产生的光压就不可小觑了。对于微米级尺度的微观粒子来说，因高能激光照射产生的微量光压恰好可以抵消粒子的重力。如果同时有多束激光存在，粒子就会受到来自各个方向的光压，进而被牢牢地固定在原地。这种利用激光照射技术捕获束缚微观原子的技术叫作光镊，意思是光像镊子一样，夹住粒子使其不得动弹。

1970年，美国贝尔实验室的科学家亚瑟·阿什金首次报告了微米级粒子上因光散射而抵消重力的现象。阿什金后来把这项技术推广到了生物学领域，成功地用激光实现了对单个烟草花叶病毒和大肠杆菌的非接触操纵。1986年，华裔物理学家朱棣文将光镊技术应用于冷却和捕获中性原子，首次实现了激光冷却。

朱棣文因在激光冷却和捕获气体原子研究方面所做出的突出贡献获得了1997年的诺贝尔物理学奖。2018年，阿什金因发明光镊技术与激光啁啾脉冲放大技术的研发者共享了当年的诺贝尔物理学奖。

使用激光产生的光阱而不是电磁场的离子阱作为束缚微观粒子的手段还有一个很大的好处，那就是激光可以在一定范围内大批量地制造出光阱，实现成规模的粒子束缚。

　　向静止的湖面投下一颗小石子，可以制造出涟漪。涟漪是水面的波动行为，以石子的落点为圆心，一圈一圈地向外扩散。如果两个涟漪交织在一起，就会发生波的干涉现象，在特定位置会形成固定不动的波峰和波谷。无论涟漪水波怎么扩散传播，位于波峰位置的水面始终处于高位，位于波谷位置的水面始终位于低谷。

　　光波和水波一样，都是传播着的波动行为。把两束频率匹配的激光交织在一起，同样会发生光波的干涉，形成一系列明暗交织的干涉图样。在明处，两束光相干相增，亮度极大增加；在暗处，两束光相干相消，光强为零。通过仔细调节入射激光，我们可以制造出呈二维点阵排列的干涉图样，点阵中一个又一个的暗点就对应着一个又一个的光阱，被光强极强的明点所包围，每个暗点正好囚禁一个原子，对应着一个中性原子量子比特（图7-6）。

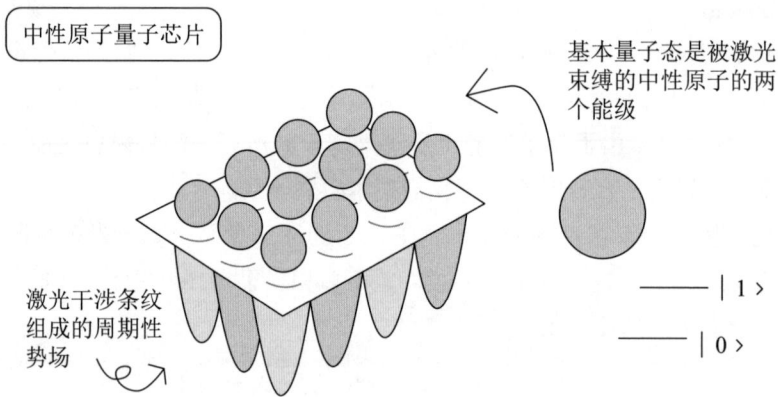

图 7-6　中性原子量子芯片原理示意图

　　中性原子量子计算机最大的特点就是可以实现非常巨大的量子比特数量。相干激光可以在一个相当大的面积里制造出二维点阵光阱，而且这些光阱都是严格呈周期性排列的，重复性和可扩展性非常好。要想制造更多的量子比特，只需要在激光的光路上再加一个透镜，进一步分裂光束，就可以实现量子比特的倍增。

（二）中性原子量子芯片易于实现超大规模

　　中性原子量子计算技术虽然在实用化方面起步较晚，但由于它非常容易实现大规模集成化的量子计算，因此在近些年成了业界追捧的主流。

　　2021年，美国中性原子量子计算领军企业QuEra公司宣布推出256量子比特的中性原子量子模拟器Aquila。这台设备由哈佛大学和麻省理工学院的联合团队开发，并于当年在亚马逊的量子云计算服务平台上上线。次年，QuEra公司又推出了新一代具有289个量子比特的中性原子处理器。该处理器采用了在两个空间维度上布局的里德堡原子阵列，进行了针对最大独立集问题的量子算法实验。

2022 年，美国芝加哥大学的研究团队用铷原子和铯原子排列成双元素中性原子阵列，实现了首个具有 512 个量子位的中性原子量子计算机。在由两种不同元素的原子组成的混合阵列中，相邻两个原子可以是不同元素，具有完全不同的频率。这使得研究人员更容易测量和操作单个原子，而不受周围原子的干扰。研究人员使用 512 个光镊捕获铷原子、铯原子各 256 个，在很小的尺度内集成了大规模的量子比特，同时还保证了相邻比特之间的高度隔离。

2023 年，美国原子计算公司（Atom Computing）研制的中性原子量子计算机首次突破了 1000 量子比特的大关。这家公司是由美国科罗拉多大学和加州大学伯克利分校的物理学家和化学家们联合创立的，成立还不到五年。他们用光学系统捕获锶原子，实现了 1225 个中性原子阵列和 1180 个量子比特，每个量子比特可以在长达 40 秒的时间里存储量子信息，并且实现一致且准确的量子位控制。

2024 年，美国加州理工学院的研究团队利用 12000 个光镊阵列捕获了 6100 个中性原子，实现退相干时间 12.6 秒，并且达到了 23 分钟的真空量子态寿命。这台中性原子量子计算机的量子比特数达到了整整 6100 个，这是迄今为止世界上最大规模的量子计算平台。

日本在量子计算领域的布局就主要集中在中性原子量子计算的赛道上。日本国家分子科学研究所已经牵头启动了一项产业计划，将集合富士通、NEC 等 10 家国内外企业，利用日本政策投资银行提供的专项资金，致力于实现下一代计算机"量子计算机"的商用化。通过产学研紧密合作，日本国家分子研究所将全力投入以"冷铷原子"为基础的中性原子量子计算机的研发，预计将在 2026 年完成试制机，2030 年之前实现实用化。

2022 年，长江量子、中科酷原在湖北武汉发布了国内第一款中性原子量子计算芯片"汉原 1 号"。"汉原 1 号"采用激光冷却和囚禁的单原子作为量子比特，可用量子比特数目达到 100 个以上，并利用微波实现单比特量子门，实现保真度大于 0.999，同时具备多量子比特的纠缠能力和任意量子比特间的连接能力，能适用于全局操控的量子模拟和线路式的量子计算。"汉原 1 号"能在普通室内环境下运行，无须低温系统，易于本地化部署，具有适应性强、稳定性高、保密性好和集成度高等优势。

2024 年，武汉市科技创新局宣布立项支持中科酷原持续开展原子量子计算关键技术攻关，计划用 2 年时间研制出 1000 比特量子计算机，进一步巩固提升我国在中性原子量子计算领域的优势。

与超导量子计算和离子阱量子计算相比，中性原子量子计算技术直接使用多路激光来达到原子制冷的效果，既不像超导量子计算那样需要庞大的制冷设备，又不需要像离子阱量子计算那样搭建复杂的真空电磁环境，在小型化和便携化上具有得天独厚的巨大优势。

这种量子计算技术唯一的缺点在于量子比特数量太多了，以至于现有的光路控制系统的精度很难保证同时完成对所有量子比特量子态的精密调节，总是存在一定的错误率。所以，中性原子量子计算机必须与量子纠错技术配合使用，以牺牲一定的量子比特数为代价，来保证运算结果的正确和可靠。

四、半导体量子比特

（一）半导体量子芯片的实现原理

半导体是电子电路的基础材料，搭载着大规模集成电路的数字芯片就是刻蚀在硅晶圆之上的。而各式各样的特种半导体材料还可以实现对不同环境条件的特异性传感，实现芯片功能的扩展。

一些特殊的半导体材料也能实现量子比特。

把半导体加工成几纳米大的微粒，就能得到半导体量子点。半导体量子点是理想的零维量子材料，具有独特的量子效应，自然也可以当作量子比特来使用。

如果让不同的半导体材料互相接触，形成异质结，还可能激发出二维的量子效应。例如，在铝酸镧（$LaAlO_3$）之上覆盖一层薄薄的钛酸锶（$SrTiO_3$），就能在两者之间的界面处形成二维电子气。二维电子气是一种特殊的拓扑量子效应，大量游离态的电子被聚集在一起，在两个不导电的绝缘体间创造出一个高导电的量子界面（图 7-7）。

半导体量子芯片

半导体芯片中镶嵌的量子点用作基本量子比特

图 7-7　半导体量子芯片原理示意图

早期对半导体量子计算的研究主要集中在砷化镓材料（GaAs）上，砷化镓是一种Ⅲ-Ⅴ族半导体。2011年，美国普渡大学的研究团队成功制造出了不含杂质的超纯砷化镓。这种超纯砷化镓半导体的精确性可以达到原子层级，镓原子和砷原子组成完美对齐的晶格，能捕捉二维平面内的电子，把电子限制在一种特殊的量子态中。在5毫开的低温中，这些电子发生了量子纠缠和相干，它们的量子态不再是独立的，而是形成了一个大范围的集体量子态，表现出遵循量子力学法则的集体行为模式。

但是，这种量子态对材料纯净度的要求非常高，任何一点小杂质都可能导致电子散射进而破坏这个脆弱的相干状态。同时，这种状态还要求极低的环境温度和超强的外加磁场，附带成本非常高。

半导体栅控量子点是一种基于量子限域效应的量子器件。通过给制备在半导体异质结表面的电极施加合适的电压，可以将电子束缚在"准零维"势阱内，从而形成可控性良好的人造量子比特。

2023年，日本九州大学的研究团队把多个半导体栅控量子点串联在一起，打造出呈2行2列排列的量子点芯片，可以同时束缚囚禁4个电子，等效实现4个量子比特。这是国际上首次实现半导体量子点的二维排列。

在过去的几十年里，人们对半导体尤其是硅基半导体的研究已经非常深入了，现代大规模集成电路工艺能够在只有指尖大小的硅片上蚀刻出数十亿个相同的晶体管。借助这些精密技术，我们仅通过对纯硅掺杂率的调控，就能实现完全由硅组成的硅基量子点。这条技术路线相当于把旧有的数字芯片制造工艺全盘继承过来，在起点就直接站在巨人的肩膀上了。

目前，人们主要通过两种方法实现硅的特异性掺杂。

一种方法是利用光刻等先进图案化技术，在硅表面一定区域内涂上高氢抗蚀剂，局部去除特定的氢原子。然后再通入高纯度磷化氢气体，从而把特定位置的氢原子替换为磷原子。经过磷掺杂的硅会成为n型半导体，很容易产生游离电子。这些游离电子就会被量子限域效应束缚在原地，成为可供使用的量子比特。

另一种方法是直接用离子束轰击硅基底，从而把特定的掺杂离子引入硅中。通过这种方法掺杂得到的硅可能是n型半导体，也可能是p型半导体。前者可以产生游离电子，后者可以捕获并束缚游离电子，从而产生对应的量子比特。

（二）半导体量子芯片承接芯片产业

1998年，澳大利亚新南威尔士大学的实验物理学家布鲁斯·凯恩率先提出可以用硅中掺杂的磷原子核的自旋取向来编码量子比特，这种构型被称为凯恩量子计算机。与许多量子计算方案不同，凯恩量子计算机原则上可以扩展到任意数量的量子比特。

目前，对于凯恩量子计算机的研究主要集中在荷兰、丹麦和澳大利亚。荷兰、丹麦两国的光刻技术非常发达，具备深厚的硅加工技术历史积累，而澳大利亚则是最早提出这种构型的国家，自然也是最为热忱的拥护者。

2014 年，澳大利亚研究委员会下属的量子计算机通信技术卓越中心在世界上第一次实现硅片单原子自旋量子比特，其运行准确率接近 99.99%。但是，由于缺乏大规模硅芯片集成技术，澳大利亚的研究至此遇到了瓶颈，反倒是半导体加工技术积淀更为扎实的荷兰接过了研究的接力棒。

2017 年，荷兰代尔夫特理工大学设计出了第一个完全可控的双量子位硅元器件。这标志着硅基量子芯片路线已经可以实现两个量子比特了。

两个量子比特对于技术验证来说足够了，但是距离实际应用还有很长的路要走，因为要实现量子纠错最少需要 3 个量子比特。

2021 年，丹麦哥本哈根大学的研究团队成功实现在一个量子芯片上同时操作多个硅基自旋量子比特。他们以 2×2 阵列的形式制造出了 4 个硅基量子比特，在之前成果的基础上迈出了坚实的一步。

2023 年，荷兰代尔夫特理工大学首次实现了对六硅基量子位处理器的完全控制。这次，他们一次性制造出了 6 个硅掺杂磷原子核量子点，两两间隔 90 纳米。借助最新的芯片设计方法和自动化校准程序，他们实现了对这些量子比特的初始化和读出，并且保持了较低的错误率。

在推进基础研究的同时，荷兰国家应用科学研究院与代尔夫特理工大学还联合成立了 QuTech 公司，负责将硅基量子芯片的最新成果落地转化。荷兰政府已经启动了专项战略投资，预计将在 2026 年建设完成第一台 100 量子比特规模的硅基量子计算机。

2016 年，QDevil 公司在丹麦成立，这是世界上第一家以硅基半导体量子芯片为主打产品的量子计算公司。

2022 年，北约宣布在丹麦首都哥本哈根新建一个量子技术发展中心，该中心的一个重要任务就是配合完成半导体量子芯片的后续研发工作。

2024 年，丹麦政府发布第 641 号法令，对第 635 号法令《出口管制法》进行修订。该修正案授权丹麦商业部长对未列入欧盟管制清单的某些两用物项制定国家管制清单。管制清单中最重要的就是涵盖了量子计算机和半导体微芯片的所有生产设备，未经许可，禁止出口。

同年，澳大利亚的量子计算机通信技术卓越中心实现了半导体量子芯片中的量子纠缠。研究团队成功让两个硅掺杂磷原子核发生电子交换，形成了跨量子比特的长程纠缠连接。

2023年，中国科学技术大学在硅基锗量子点中实现了对自旋量子比特操控速率的电场调控，以及自旋翻转速率超过1.2GHz的自旋量子比特超快操控。该速率是国际上半导体量子点体系中已报道的最高值，对提升自旋量子比特的品质具有重要的指导意义。

2024年，量子计算芯片安徽省重点实验室宣布推出第一代商业级半导体量子芯片电路载板。该载板最大可满足6比特半导体量子芯片的封装和测试需求，能使半导体量子芯片更高效地与其他量子计算机关键核心部件交互联通，将充分发挥半导体量子芯片的强大性能。

与其他量子芯片方案相比，半导体量子芯片虽然出身名门，但研究起步较晚，还未形成规模化的商业应用。

⚛ 五、光量子比特

（一）光量子芯片

光子又称光量子，是光的组成量子。

光子量子计算作为一种先进的量子信息处理方法，利用光子进行量子比特编码和操控，具有非常广阔的应用前景。

光子是没有静止质量的基本粒子，在适当条件下可以长时间稳定存在并传播，这使得光成为自然界中的常见现象。而且激光是理想的相干光源，具备非常优异的抗干扰能力和极长的退相干时间。因此，光子也就成了可扩展和容错量子计算的理想选择。

与其他量子芯片不同，光量子芯片不是用光子的不同属性来表示量子比特，而是用光走过的不同路径来代表不同的状态信息。一束光不管是正向传播还是反向传播，都一定是沿着相同的路径，这是光路天然的可逆性，也是光作为量子比特的基础。

在惠勒延迟选择实验中，我们已经知道，光可以同时经过两条完全不同的光路，处于两个路径的叠加态。光量子芯片就是把多条不同的波导光路组合到一起，两个节点之间由多条平行的光路连接。光的每一种传播路径称为一种模式，两个模式和一个光子就可以编码一个量子比特，其中一个模式对应 |0>，另一个对应 |1>（图7-8）。

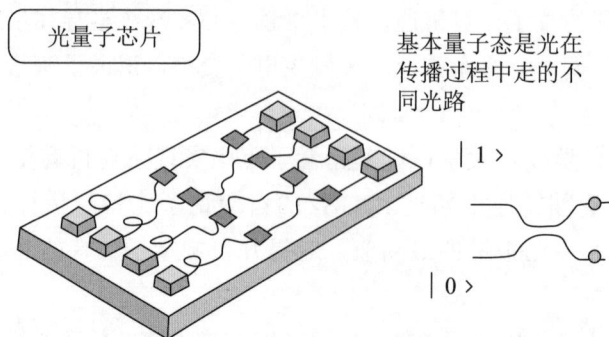

图 7-8 光量子芯片原理示意图

光量子计算具有诸多显著优势。

首先，微观粒子的状态可能受到非常多偶然因素的干扰，但是光的传播非常稳定，几乎不受外界影响，因此光量子比特的稳定性非常高，几乎不会发生量子错误，仅需要很少的冗余就可以完成近乎完美的量子纠错。所以，基于同样数量的物理量子比特，光量子计算可以实现更大的等效规模。

其次，光的传播不需要低温，不依赖磁场，对环境的真空度也没有太高的要求。唯一的环境要求可能就是要降低环境亮度，以便保证对光子状态探测的灵敏度。光量子计算芯片是所有量子芯片中最轻、最小、最易于携带的，不需要诸如制冷机、真空泵等附加的配套装置。

再次，光的传播介质是光纤，而基于光纤的光通信已经成为高度成熟的产业。自2012 年起，我国已连续组织实施 7 批电信普遍服务试点工作，为全国 13 万个行政村全部铺设了光纤网络，中国已经建成世界上最大的光纤网络，同时也孵化出了全球最大、最完整的光通信产业体系。光量子计算可以直接沿用现有的光电转换、光模块器件、光纤光缆等一系列光通信产业成果，也是站在了另一个巨人的肩膀之上。

最后，与中性原子比特一样，光量子比特具备极佳的可扩展性。要扩展一套光路，无外乎多铺设几条光纤、多连接几个模块。同时，光量子计算还可以采用频率模式复用、空间模式复用和时间模式复用等多种模式复用技术，实现计算容量的成倍扩展。

（二）光量子芯片的中国力量

2022 年，总部位于加拿大多伦多的量子计算公司 Xanadu 推出了可编程光量子计算机"北极光"（Borealis），并完成高斯玻色采样实验演示。"北极光"拥有 216 个压缩态量子比特，纠缠在三维空间中，只需要 36 微秒就可以完成超级计算机 9000 年的计算工作。

2023 年，法国 Quandela 公司在巴黎南郊开设工厂，旨在实现光子量子计算机的产业化生产。这是法国第一个进行大规模生产的量子计算机工厂，也是法国"科技 2030 计划"的战略项目，代表着欧洲量子计算机首次进入产业化。Quandela 公司计划生产的是最新式的光量子比特模拟器，可以实现 20 个光量子比特，以千赫兹的速率在多达 1500 亿个参数空间中探索，进而加速量子算法的设计与优化。

与这些国家相比，中国在光通信和光电产业上拥有更庞大的市场体量和更扎实的技术积累，自然也拥有更先进的光量子技术。

2017 年，中国科学院宣布成功研制出世界上第一台超越早期经典计算机的光量子计算原型机。这台光量子计算原型机可以实现对 10 个光子的精确操纵，其取样速度比国际同行类似的实验加快至少 24000 倍，比人类历史上首台电子管计算机快 10 倍，比首台晶体管计算机的运行速度快 100 倍。

2020 年，中国科学技术大学成功研制出具有 76 个光子、共 100 个量子模式的高斯玻色取样量子计算原型机"九章"。"九章"处理高斯玻色取样问题的速度比超级计算机"富岳"快 100 万亿倍，同时也比前一年谷歌发布的 53 比特超导量子计算原型机"悬铃木"快 100 亿倍，成功实现了量子计算的优越性。

2021 年，中国科学技术大学又成功研制出了具有 113 个光量子的"九章二号"和 66 个超导量子比特的"祖冲之二号"量子计算原型机，从而使中国成为在光学和超导两条技术路线上都实现了量子优越性的国家。

2023 年，最新一代"九章三号"问世，这台光量子计算原型机具有 255 个光量子，求解高斯玻色取样数学问题比目前全球最快的超级计算机快 1 亿亿倍，确立了新的算力里程碑。

同年，北京大学的研究团队制造出了基于超大规模集成硅基光子学的图论光量子计算芯片——"博雅一号"。研究团队利用该图论光量子芯片，首次在芯片上实现了多光子且高维度的量子纠缠态的制备、操控、测量和纠缠验证。

"博雅一号"单片集成了约 2500 个元器件，包括 32 个四波混频参量量子光源，以及 200 通道可编程移相器等器件，是目前国际上集成规模最大的光量子芯片。

2024 年，北京大学又研制出超紧凑型多功能集成光子平台，该平台基于逆向设计实现，具有 86 个逆向设计的固定耦合器和 91 个移相器，可以实现高保真度的量子态模拟和复杂的手写识别任务，同时支持光子神经网络处理。

显微成像领域从光子发展到电子，而电路芯片又从电子发展到光子，光和电的碰撞与转换的背后，是人们在科学技术上永无止境的探索与进步。

第三节　通往量子霸权之路

一、跨国科技公司的量子布局

（一）"量子霸权"的提出

量子霸权是量子计算优越性的别称，指的是在特定任务上量子计算机的效率能够大幅超过经典的电子计算机，从而带来碾压性的技术优势。

要知道，相比人脑而言，经典的电子计算机在计算速度和并发能力上已经是遥遥领先了。我们现在所说的算力极限，指的就是现有的电子计算机计算能力的极限。目前的很多技术标准，都是根据这一算力极限来制定的。

比如在密码学上，现在通行的 RSA、ECC 等加密标准就是利用了经典电子计算机在处理特定问题上的不可逆特性。随着加密算法使用的密钥长度的加长，加解密耗时只是线性增加，而经典电子计算机破解起来所需的时间却呈指数级的增长。这种加密标准的安全性源于常规加解密和密码破译在时间上的严重不对等。

1999 年，人们首次破解了采用 512 位密钥的 RSA 密码。这次破解一共花费了 5 个月时间，只是破译了一个密码，而加密方只需要再花 5 毫秒的时间，就可以更换一个新的 512 位密钥重新进行加密。一个月共有 2505600 秒，5 毫秒对 5 个月，差了接近 10 个数量级，可见破解难度非常高。

2009 年，瑞士洛桑联邦理工学院宣布完成了对 768 位密钥的 RSA 密码的破解，这次破解采用 2.2 GHz 的单核处理器完成，单次破译耗时两年时间。密钥长度仅仅增加了 256 位，破译就多花了 10 年。

现行的 RSA 加密通常采用 2048 位长度的密钥。一般认为，按照目前的技术水平，经典电子计算机需要大约 300 万亿年才能破解这么长的 RSA 密码，几乎可以认为无法破解。所以，这种加密标准成了国际主流的密码协议，保护着大大小小的政府、银行、公司等机构的各类机密数据。

但是，所有的这些破解用时数据，都是基于经典电子计算机的算力极限得来的。而量子计算机的出现，直接给这些旧有标准造成了严峻的挑战。

2019 年，谷歌公司和瑞典斯德哥尔摩皇家理工学院的研究团队合作发表了一篇论文，名为《如何在 8 小时内使用 2000 万个嘈杂量子比特分解 2048 位 RSA 整数》。论文通过严谨的数学论证，推论出一台错误率低于 0.1% 的量子计算机，只要其量子比特数大于

2000 万，就可以在 8 小时之内完成对 2048 位 RSA 密码的破解，比传统计算机不知道快出多少倍。

通行的加密标准一定是根据当时的平均算力极限而制定的。如果谁能抢先实现量子计算优越性，谁就能一举攻破现有的所有密码体系，成为网络世界的真正霸主。因此，人们提出了"量子霸权"的口号，"量子霸权"指的是第一个实现超越经典算力极限的量子计算机的人，最有资格主导这个世界的话语权。

（二）谷歌公司的量子计算机里程碑

2019 年，谷歌公司宣称自己实现了"量子霸权"。就在这一年，谷歌公司推出了"悬铃木"超导量子芯片，该芯片拥有 53 个超导量子比特。"悬铃木"在 3 分 20 秒时间内，完成了传统计算机需花费 1 万年时间才能求解的复杂问题。

但是，这只是"量子霸权"的一次小小演示，"悬铃木"强大的计算能力只能体现在某些非常特殊的小问题上，一旦遇到新的难题，其能力马上就捉襟见肘了。

在谷歌公司的内部路线图上，这次成功只是通往真正意义上的"量子霸权"的第一个里程碑，即实现几十个量子比特，并在特定问题上展现出超越经典计算机的能力。

谷歌公司预计的第二个里程碑是达到 100 个量子比特，并实现逻辑量子比特原型。逻辑量子比特原型的基础是量子纠错技术，是进行大规模量子计算的必经之路。

2022 年，谷歌公司成功使用 49 个物理量子比特实现了表面编码，并在整个系统中传播一致的信息。后续实验表明，随着编码码距的增大，逻辑错误概率下降，证实了量子纠错技术的现实可行性。

2024 年，谷歌公司组建了一支来自欧美各地 13 个顶尖院校和研究机构、拥有超过 200 名研究人员豪华阵容的庞大团队，实现了由 101 个量子比特组成的量子表面编码。至此，谷歌公司实现了自己设立的第二个里程碑。

第三个里程碑是实现纠错逻辑量子比特，在证明量子纠错技术的可行性后，要将这种技术扩展到一个足够大规模的系统，以此来证明大规模构建纠错逻辑量子比特是可行的。这一步的目标是实现错误率低于 10^{-6}，同时还能保持较长退相干时间的纠错逻辑量子比特，预计将在 2025 年完成。

2024 年底，谷歌推出了全新的量子芯片"柳"（Willow），具有 105 个量子比特，并且可以实现完全的表面编码，让错误率呈指数级下降。"柳"芯片花 5 分钟进行的一个基准计算，如果让当今世界上最快的超级计算机来计算，需要 10 亿亿亿年，而宇宙的年龄也不过 138 亿年。

"柳"芯片的出现，标志着困扰量子计算三十多年的纠错问题得到了彻底解决。

第四个里程碑是实现逻辑量子门。这个阶段至少需要 1000 个物理量子比特，构成两个以上的纠错逻辑量子比特，并搭建出量子晶体管和量子逻辑门。第五个里程碑是将这一系统的规模扩大到 10 万个物理量子比特。第六个里程碑是搭建出一台由 100 万个物理量子比特组成、能编码 1000 个纠错逻辑量子比特的通用量子计算机。

走完这六步，就实现了真正意义上的"量子霸权"。

（三）IBM 公司的量子计算机蓝图

为了与谷歌公司竞争，IBM 公司也于 2020 年推出了自己的量子霸权路线图。

IBM 公司量子路线图的起点是 2016 年。在这一年，IBM 公司上线了 IBM Quantum Experience 量子计算云服务，并于次年推出了配套的量子计算开源工具包。2019 年，IBM 也推出了自己的首台商用量子计算机 IBM Quantum System One，具有 20 个超导量子比特。2021 年，德国和日本各采购了一台 IBM Quantum System One，分别放置在德国的埃宁根和日本的川崎市，成为第二和第三个拥有先进量子计算机的国家。

2021 年，IBM 公司对 27 量子比特的"猎鹰"芯片进行了升级，推出了拥有 127 个超导量子比特的"鹰"芯片，并于次年再一次更新换代，推出了拥有 433 个超导量子比特的超导量子计算芯片"鱼鹰"。

2023 年，IBM 公司完成了对 IBM Quantum System One 的升级，推出了 IBM Quantum System Two。新型号的量子计算机采用三颗低温冷却超导芯片，能够显著提高纠错能力，与上一代系统相比实现了 5 倍的性能突破。

在此基础上，IBM 公司又规划了三个时间点。

到 2025 年前，IBM 公司计划提升量子电路的质量，使其能够运行 7500 个量子逻辑门，并结合模块化处理器、中间件和量子通信，推出第一台以量子为中心的超级计算机。

到 2027 年前，IBM 公司计划优化量子比特、电子设备、基础设施和软件，以减少系统占用空间、降低成本并提高能源效率。此时量子逻辑门的数量将提高到 1 万个。

到 2029 年前，IBM 公司预计将推出一个拥有全连接 200 量子比特、可运行 1 亿个门的量子系统，不仅具有低级专用经典硬件和以量子为中心的超级计算的编译器，而且将支持高速率、大规模的量子纠错，这是整条路线的终点。

与谷歌公司相比，IBM 公司提出的技术方案更强调量子门的数量，希望以更大的规模来弥补正确率的不足，从而实现通用量子计算机。

两家公司的最终目标都是在 2030 年前后实现通用容错量子计算（图 7-9），这就是量子年时钟的倒计时终点设定在 2030 年的由来。

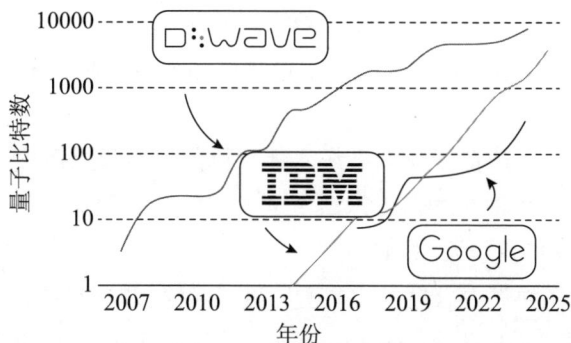

图 7-9　2007—2025 年商业公司量子计算量子比特数进展
（数据来源：Statista）

二、美国和欧洲的量子战略

（一）美国的量子战略

2018 年，美国国会通过了《国家量子计划法案》，该法案耗资 12 亿美元，为期 10 年，并额外授权了 5 年的量子科学研究经费。

2023 年，在《国家量子计划法案》临近到期之时，美国众议院科学、空间和技术委员会又通过了《国家量子计划重新授权法案》，追加了 36 亿美元的预算，将国家量子计划中的科学研究支持年限延长到 2028 年，并且明确了下一阶段的重点是量子技术在现代场景中的应用，力争在 2030 年初步实现量子技术的产业化。

美国的国家量子计划提出了三个主要目标。

第一个目标是用量子技术开发新一代传感器。目前，原子钟和激光测距仪已经成为测时和测距的标准设备，这些都是利用量子理论实现超高精度测量的典型案例。同时，下一代量子测量技术的研究也在有条不紊地推进当中。例如，量子纠缠的应用可以再将精度提高几个数量级，可以直接深入活细胞内部进行测量；基于原子干涉机制研发的重力传感器和加速度计，可以在不依靠卫星网络的情况下实现惯性导航；纳米尺度的磁场传感器还能进行单分子成像，大幅提高医疗诊断的精细度和准确度。

量子测量是量子产业技术中最接近成熟的细分类别之一。但是，要将量子传感器从概念设计和原型验证落地到可部署的产品应用的话，仍需要克服许多障碍，需要大量和持续的资金及坚定不移的政策保障。

第二个目标是打造量子计算机。美国是计算机时代的先发国，拥有最为强大的科研阵容和技术积淀，在量子计算机的研发竞赛中自然也不甘落后。谷歌、IBM 等几大公司已经推出了具有一定应用价值的量子计算机原型产品，预计在 2030 年前后实现通用量子计算机的突破。

第三个目标是建立全球量子通信系统。计算机的出现只是改变了科研生产力，而由计算机网络组成的全球互联网才真正重塑了全人类的社会生活。同样，对于量子计算机的研究也必须考虑未来的量子互联网。

2020 年，美国量子协调办公室发布《美国量子网络战略构想》，明确提出美国将开辟"世界首个量子互联网"。按照这个构想，美国计划在 5 年内实现量子网络基础科学和关键技术的突破和改进，并在 20 年内利用量子安全、传感和计算模式等来实现传统技术无法实现的新功能。文件围绕这两个目标确立了六个重点研究领域，规划了一条从量子局域网到量子互联网的战略路线。

在应用场景方面，美国国家标准与技术研究院具体负责推进量子系统的扩展和连接、量子设备性能和稳定性的提升，以及量子时代相关行业标准的制定，其中最重要的就是拟定后量子时代的抗量子加密标准。

2024 年，美国国家标准与技术研究院正式公布了第一批抗量子标准算法，并将其作为最新修订的《联邦信息处理标准》发布。第一批发布的标准协议包括模块化格基密钥封装机制标准、模块化格基数字签名标准和无状态哈希数字签名标准。这些标准涵盖了密钥封装、数字签名等互联网中最常用的加密应用，将会成为量子时代互联网的重要组成部分。

> 此法案旨在制定协调的联邦计划，加速量子研究和开发，保障美国的经济和国家安全。
>
> ——美国《国家量子计划法案》

美国国家科学基金负责量子领域国家战略研究项目的部署和推进。从 2020 年开始，美国陆续成立了多个量子飞跃挑战研究所，旨在通过构建多元化的研究和教育投资组合来提高研究能力并扩大量子信息科学与工程及相关学科的参与范围；同时，制订量子系统变革进展计划，每年确定一个研究重点开展量子信息应用概念工程的跨学科协作；此外，还设立了新墨西哥大学量子信息与控制中心、美国国家科学基金会量子铸造厂、加州理工学院量子信息与物质研究所、麻省理工学院－哈佛大学超冷原子中心、哥伦比亚精密组装量子材料研究中心、普林斯顿复杂材料中心等国家级量子实验室。

美国能源部主要负责量子传感、量子计算、量子通信等领域行业应用的研究和推广，重点关注分布、量子隐形传态、量子传感器网络，以及量子互联网组件、应用程序和测试平台的开发。

2024年，美国国会又通过一项新的法案，授权五角大楼启动新的量子计算机战略项目，以应对日趋复杂的国际军事形势。

（二）欧洲的量子战略

欧盟于2018年启动了《量子技术旗舰计划》，宣布创建量子互联网，用于连接量子计算机、量子模拟器、传感器及传输保密信息，以保护欧盟的数字基础设施。

> 量子技术旗舰计划是一项长期研究和创新计划，旨在让欧洲走在第二次量子革命的前沿。
>
> ——欧盟《量子技术旗舰计划》

2022年，欧洲《量子技术旗舰计划》的《战略研究和产业议程》发布。这份战略蓝图以2030年为基准，基于量子计算、量子模拟、量子通信、量子传感与计量等四大技术支柱，结合基础量子科学、工程和应用提出了明确的量子技术发展路线图。

在量子计算方面，欧盟的主要目标是开发能够超越或加速现有经典计算机的量子计算设备，以解决与工业、科学和技术相关的特定问题。到2026年，进行容错通用量子计算机的原型研制，并进行量子计算的可行性验证。到2030年前，完成容错量子计算机的开发，并在量子计算和量子通信能力的基础上开发量子互联网。

《量子技术旗舰计划》的中期目标是开发一台具有1000个量子比特的容错通用量子计算机，并尝试建成遍布欧洲的"量子互联网"。

在量子模拟方面，欧盟希望增强量子模拟器的模拟能力，以更高的控制水平和更强的状态可信度在一系列任务的模拟中展示量子优越性。长期目标是让量子模拟器能解决工业和研发中的实际问题，在工业和量子模拟研究之间架起桥梁，开发更实用的量子工业软件。

在量子传感与计量方面，欧盟计划开发出可服务现实需求的超越经典设备的量子传感设备。计划内容包括：协调推进芯片集成光子学、电子学和原子学，以及小型化激光器、离子阱、真空系统、调制器和变频器的开发，以提高成熟度并将量子传感器推向市场；提高量子传感、计量学和量子成像技术水平，基于自然界的量子特性、量子态的普遍性，达到对环境变化的超高灵敏测量。

在基础量子科学方面，欧盟提出了一系列研究方向，包括对量子经典跃迁和退相干机制的理解，探索生物学、化学和热力学系统中量子技术的创新应用等，继续努力创造量子技术领域潜在的增长新机遇。

2014 年，英国启动了世界上第一个国家量子技术计划——英国《国家量子技术计划》，计划投入 10 亿英镑，在量子计算、量子传感和授时、量子成像、量子通信等方面进行战略储备投资。

> 为了实现"量子驱动经济"的愿景，我们的目标是让英国成为量子科学技术发展的全球卓越中心、量子公司或跨国公司开展量子活动的首选之地、投资者和全球人才的首选之地。
>
> ——英国《国家量子技术计划》

2021 年，德国推出了"量子计算路线图"，决定拨出 20 亿欧元，为德国量子计算生态系统奠定基础。德国历来都是世界机械工厂，也希望在即将到来的量子纪元里继续保持这一传统优势，他们计划在五年内交付第一台完全由德国自主设计、生产、制造的量子计算机，并对全欧洲开放使用，希望把德国打造为欧洲的量子中心。

> 对于一个面向未来和技术主权的德国来说，使用即将到来的技术和先进应用至关重要。量子技术是一种具有颠覆性潜力，尤其具有广阔应用前景的未来技术。尽管这些技术仍处于相对早期的发展阶段，但商业和社会中的创新潜在用途已经出现，也可以解决上述挑战。
>
> ——德国《量子技术概念框架》

同年，法国发布《法国量子技术国家战略》，计划五年内在量子技术领域投入 18.15 亿欧元，使法国跻身量子技术国际第一梯队，力求在研发投入上比肩美国和中国。

为确保法国在量子技术及其工业应用上的独立性，法国量子技术国家战略支持全价值链的量子技术研发，确定了六大技术方向，包括量子模拟器和量子加速器、量子计算机、量子传感器、抗量子密码学、量子通信和其他相关配套技术。

> 20 世纪末以来，正在进行的第二次量子革命将使我们的计算能力成倍增加，使目前不可能的计算成为可能，使我们能够以前所未有的精度感知周围环境，并探索传输信息的新方式。
>
> ——法国《"法国 2030"计划》

2023 年，丹麦公布了丹麦量子技术研究创新规划。该规划是丹麦国家量子技术战略的重要组成部分，将指导丹麦社会和企业如何充分利用量子技术的长期潜力，目标是把丹麦建设成世界领先的量子研究中心。到 2027 年，拨款总额将达到 10 亿丹麦克朗（约合 10.2 亿元人民币），用于加强量子技术的商业化、安全性和国际合作。

量子技术领域已然成为大国之间"没有硝烟的战场"。

⚛ 三、其他国家的量子之路

很多国家都已经争先恐后地投入了量子竞赛（图 7-10）。

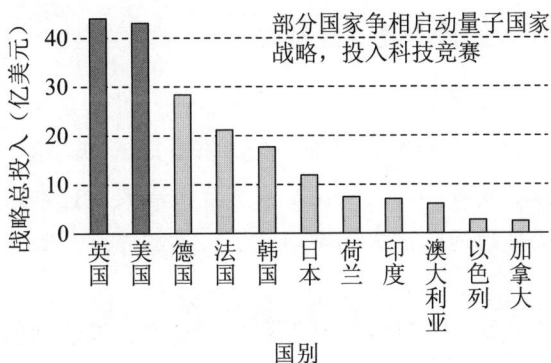

图 7-10　部分国家量子战略投资

（一）日本量子飞跃旗舰计划

2018 年，日本文部省发布量子飞跃旗舰计划，旨在资助本国在光量子科学方面的研究活动，期望通过量子科学技术解决重要经济和社会问题。

该计划以研发对经济、社会有重要影响的通用型量子计算机为主要目标，力争实现超越经典计算机的量子模拟或量子计算机。计划提出要在五年内开发多体电动力学模拟器的量子原型机，开始应用验证，并在十年后推出相干量子退火和量子化学模拟的原型机，上线量子云计算服务。

> 量子科学技术因其先进性和支撑一切科学技术的基础而成为一项稳定而持久的技术。虽然通常需要持续的研究和技术基础设施/研究基础设施，但一旦取得研究进展或突破，如果有解决方案，将有可能实现最初未设想的应用，并对经济和社会产生影响。
> ——日本《量子科学技术（光·量子技术）推进方策》

随后，日本内阁在每年的《综合创新战略》中不定期地强调发展不同侧重领域的量子技术。2018 年提出采用战略性创新推进计划稳步推进光量子技术的发展，2019 年又提出加强量子技术重要领域的研发支持和基地建设，2020 年和 2021 年进一步强调将量子技术作为战略性基础技术，推进基地建设和人才培养。

2020 年，日本内阁制定《量子技术创新战略》，提出将量子技术与现有传统技术融为一体，综合推进量子技术创新，发展量子人工智能技术、量子生物技术、量子安全技术三大量子融合创新技术，并制定五项战略，包括技术开发战略、国际战略、产业与创新战略、知识产权与国际标准化战略、人才战略，同时将量子计算与模拟、量子测量与传感、量子通信与密码及量子材料列为主要技术领域。

（二）俄罗斯、以色列和韩国的量子战略

2019 年，俄罗斯通过了国家量子技术发展路线图，计划总预算为 511 亿卢布（约合 50 亿元人民币），外加 87 亿卢布的预算外资金。俄罗斯认为，量子技术领域的研究与开发受到了各个发达国家的高度关注，一定是未来至关重要的技术领域。这份量子技术发展计划主要关注从中国等地缘政治大国学习量子技术的先进经验，以确保信息领域等方面的国家战略利益。

2022 年，以色列正式加入全球量子计算机研制竞赛。以色列创新局和国防部联合宣布将投资 6190 万美元，研发以色列首台国有量子计算机。以色列的魏茨曼科学研究所领下了这个军令状，在一个月后就成功建造了一台拥有 5 个离子阱量子比特的离子阱量子计算机，让以色列成为全球为数不多的可以自行研制量子计算机的国家之一。

2023 年，韩国科学与信息通信技术部发布《韩国国家量子科技战略》，以实现国家量子科学、技术和产业的量子飞跃。该战略是韩国首个量子科技国家战略，包含量子科技的中长期愿景和全面发展战略。

韩国的目标是到 2035 年成为全球量子经济中心，实现途径包括开发和利用量子计算机、从互联网强国迈向量子互联网强国，以及用世界一流的量子传感器抢占世界市场。具体而言，韩国政府计划到 2035 年将韩国的量子科技水平提升至领先国家的 85%，培养 2500 名量子技术核心专业人员，将韩国的全球量子市场份额扩大 10%，并培育 1200 家量子科技企业。

韩国将量子科技人才储备视为最优先的事项，将在量子科技领域建立新的部门，设立量子研究生院和量子教育与研究中心，培养量子技术核心人才，并且扩大研究人员可以直接利用的开放性量子工厂设施，建立量子组件和设备的测试和验证设施。

> 为了克服现有技术的局限性，培育颠覆未来高科技产业和国家安全的量子技术和产业，政府提出了"推动量子技术和产业基地创建"的国家任务。
>
> ——韩国《量子科技和量子产业促进法案》

（三）澳大利亚和印度的量子战略

2023年，澳大利亚政府也发布了首个国家量子战略，并提出到2030年将澳大利亚打造成公认的全球量子产业领导者。该战略用于指导科学研究，推进行业伙伴、初创企业和政府之间的合作，目标是培育工业、企业、大学、各州地区和国际合作伙伴间的合作优势，建立一个繁荣、可靠的澳大利亚量子生态系统。

该战略的具体行动包括通过新的项目激励量子传感、量子通信和量子计算方面的应用；推动生态系统增长，加强与国际国内战略合作伙伴的联系；支持产学研联合开展量子研究成果应用转化；通过总投入为150亿美元的国家重建基金资助包括量子技术在内的技术研发和企业发展，其中至少10亿美元投入到关键技术研发中去。

澳大利亚希望在2030年前在其国内建成世界上第一台纠错量子计算机。

> 国家量子战略涵盖了量子技术的全部领域。它为即将实现商业化的应用（如量子传感器）提供了发展途径。它还将为澳大利亚在量子计算等长期应用方面的成功奠定基础。
>
> ——澳大利亚《国家量子战略》

印度同样在2023年宣布了自己的国家量子任务，拨款6000亿印度卢比（约合500亿元人民币），将量子计算、量子通信、量子模拟及量子传感和计量列为四大支柱。

为此，印度已授权在全国的学术和国家研发机构中设立四个主题中心，以协调每个垂直领域。每个主题中心将通过公开招标的方式授予某个机构或财团特许权，作为开展转化研究、孵化初创企业、与行业建立联系、促进国际合作的核心。

印度没有押注具体的量子路线，而是全面推进，同时押宝囚禁离子阱、超导、半导体、光子和中性原子量子比特等多条技术路线，目标是在五年内开发出具有50～100个逻辑量子比特的量子计算机，并在八年内跨多个硬件平台实现超过1000个量子比特的规模。研究重点将放在开发与国家需求相关的实际应用的量子纠错和量子算法上，旨在创建一个对初创企业友好的产业生态系统，并在长期内创造有利可图的商业案例。

印度孟买的塔塔基础研究院已经开发出了具有3个超导量子比特的超导量子计算机，

浦那量子技术基金会也研制成功了一台具有 20 个离子阱量子比特的离子阱量子计算机。同时，印度理工学院也在紧锣密鼓地开展半导体量子计算机的研究工作。

科技与创新是推动人类社会向前发展的根本力量，而前沿基础学科又是科技进步和创新驱动背后的核心支撑。当前，世界百年未有之大变局加速演进，量子技术的发展又孕育着新一轮的科技革命和产业变革，给全球带来了巨大机遇与严峻挑战。各国都在争先恐后地投身于这场伟大变革，谁能拔得科技竞赛的头筹，谁就能掌握量子纪元的世界霸权。

唯有不断进取，才能屹立潮头。这是未来的呼唤，更是时代的重托。

第八章

量子产业：
量子革命的黎明

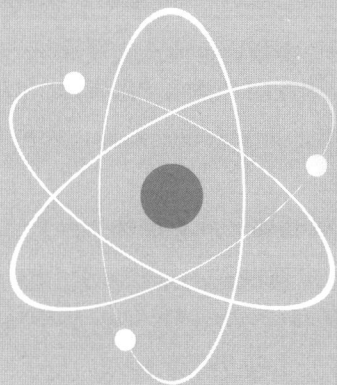

第一节　我国量子产业现状

⚛ 一、我国已经成为量子技术大国

（一）党中央高度重视量子技术

科技的进步和产业的发展从来就不是渐进的，而是充满了一次又一次的飞跃。

2013 年，习近平总书记到中国科学院调研时指出："科学家们开始调控量子世界，这将极大推动信息、能源、材料科学发展，带来新的产业革命。"

2020 年，十九届中央政治局就量子科技研究和应用前景举行第二十四次集体学习。习近平总书记在学习中强调："要充分认识推动量子科技发展的重要性和紧迫性，加强量子科技发展战略谋划和系统布局，把握大趋势，下好先手棋。"

2024 年，在全国科技大会、国家科学技术奖励大会、两院院士大会上，习近平总书记又一次指出："技术创新进入前所未有的密集活跃期，人工智能、量子技术、生物技术等前沿技术集中涌现，引发链式变革。"

总书记殷殷嘱托的背后，是中国量子科技的蒸蒸日上。

在量子通信方面，中国已经坐拥世界上最大的量子通信网络。2016 年，中国发射了自主研制的世界上首颗空间量子科学实验卫星"墨子号"。此后，中国科研人员利用量子卫星在国际上率先成功实现了千公里级的星地双向量子纠缠分发。2017 年，全球首条量子保密通信骨干网"京沪干线"项目通过总技术验收，标志着中国量子通信网络正式诞生。

截至 2024 年，中国已成功贯通总里程超过 104 公里的国家量子骨干网，覆盖京津冀、长三角、粤港澳、成渝等重要区域，推动了量子保密通信的规模化应用。中国自主研制的量子通信装备为纪念抗战胜利 70 周年阅兵、北京冬奥会、杭州亚运会等国家重要活动提供了信息安全保障，这标志着国产量子通信技术在安全性和保密性上已经取得了实际应用的成功。

在量子计算方面，中国已经在超导量子计算和光量子计算两条技术路线上都实现了量子计算优越性，成为世界上第三个可以交付量子计算机整机的国家。量子计算云服务"本源悟空"上线不到半年，就已经吸引了全球范围内 125 个国家近 1400 万人次访问，成功完成超 25.2 万个运算任务。

在量子材料方面，中国已经成为世界上最大的量子材料生产国。截至 2023 年，我国石墨烯全产业链布局已基本成型，覆盖了从上游原材料到石墨烯制备，再到下游工业应用的全环节。同年，中国天然石墨产量已达 91 万吨，占全球总产量的 65.38%。根据相关行业调查，中国量子点市场规模已达到 115.03 亿元人民币，占全球总市场规模的 1/3，已成为全球量子点第一大生产国和第二大消费国。

（二）量子产业脉络初具雏形

量子产业，已经成为中国掌握核心话语权的重要赛道。

目前，我国把现代化产业体系按照前沿技术含量高低分为传统产业、战略性新兴产业和未来产业三大类别，每一种类别都有各自的发展侧重点。

其中，传统产业主要需要注重转型升级，要结合数字化、信息化、智能化、绿色化和融合化的发展趋势，使传统的劳动者、劳动资料和劳动对象及其组合方式跃升为新型生产要素。

战略性新兴产业以重大前沿技术突破和重大发展需求为基础，对经济社会全局和长远发展具有重大引领带动作用，是培育壮大新增长点、加快新旧动能转换、引领新质生产力发展的重要动力。

未来产业代表着科技和产业的发展方向，是科技含量高、绿色发展足、产业关联强、市场空间大的产业，也是创新技术与多领域深度融合的产业，这些都是新质生产力的重要特征。加快培育未来产业将为新质生产力发展壮大提供广阔空间。

关于战略性新兴产业和未来产业，一个通俗划分标准是看这个产业是否为大众所熟知。

诸如以电动车为代表的新能源汽车产业、以数字化信息化为代表的新一代信息技术产业和以无人机为代表的低空经济产业，都可以归类为战略性新兴产业，已经具备了较为成熟的产业模式，只是仍未得到全面普及推广，还需要在市场引导和投资建设上下工夫，鼓励社会资本有序流入这些新兴产业。

而未来产业更多的是布局十年以后的未来。未来产业可以分为未来制造、未来信息、未来材料、未来能源、未来空间、未来健康六个重点领域。对于这些未来领域具体会以什么样的技术路线出现，我们暂时还不得而知，但是为了今后长远发展考虑，必须提前谋篇布局，以便让今天种下的种子，在若干年后能茁壮成长为支撑国民经济的参天大树。

（三）未来产业方兴未艾

2024 年，习近平总书记在新时代推动中部地区崛起座谈会上强调，对于新兴产业，需要"培育壮大"；对于未来产业，需要"超前布局建设"。

作为新质生产力中未来产业的重要组成部分，量子技术在 2024 年《政府工作报告》中被两次提及。《"十四五"规划和 2035 年远景目标纲要》更是明确提出，中国将在包括量子信息在内的八大前沿领域，"实施一批具有前瞻性、战略性的国家重大科技项目"。

为把握新一轮科技革命和产业变革机遇，加强对未来产业的前瞻谋划、政策引导，围绕制造业主战场加快发展未来产业，支撑推进新型工业化，加快形成新质生产力，工业和信息化部等七部门于 2024 年联合出台了《关于推动未来产业创新发展的实施意见》。

这份实施意见遵循未来产业发展规律，从技术创新、产品突破、企业培育、场景开拓、产业竞争力等方面提出了到 2025 年和 2027 年的发展目标。

到 2025 年，未来产业技术创新、产业培育、安全治理等全面发展，部分领域达到国际先进水平，产业规模稳步提升。建设一批未来产业孵化器和先导区，突破百项前沿关键核心技术，形成百项标志性产品，打造百家领军企业，开拓百项典型应用场景，制定百项关键标准，培育百家专业服务机构，初步形成符合我国实际的未来产业发展模式。

到 2027 年，未来产业综合实力显著提升，部分领域实现全球引领。关键核心技术取得重大突破，一批新技术、新产品、新业态、新模式得到普遍应用，重点产业实现规模化发展，培育一批生态主导型领军企业，构建未来产业和优势产业、新兴产业、传统产业协同联动的发展格局，形成可持续发展的长效机制，成为世界未来产业重要策源地。

未来产业着眼于"未来"，在这些领域我国当下已经有了一定的积累，正处于爆发式增长的前夜。

2021 年，美国商务部以限制"可能对美国国家安全构成威胁的组织和个人获取敏感技术"为名，扩充了出口管制的实体制裁清单，这一次扩充的名单中包括中国科学技术大学合肥微尺度物质科学国家研究中心等 12 个中国量子实体，理由是"防止美国新兴技术被用于支持中国量子计算的军事应用，破解加密（指'量子计算'）或发展不可破解的加密（指'量子保密通信'）的能力"。

2024 年，美国又进一步扩大了实体制裁清单，宣布将 37 家中国实体纳入出口管制实体清单，包括多家与量子科技相关的中国实体，如北京量子信息科学研究院、中国科学院量子信息和量子科技创新卓越中心、深圳量子科学与工程研究院等。这一次，美国商务部给出的理由更为直接，"获取或试图获取美国原产物项，用于发展量子技术能力"。

目前，我国量子企业已经处于世界第一方阵，在量子通信等细分领域甚至独步全球（图 8-1）。

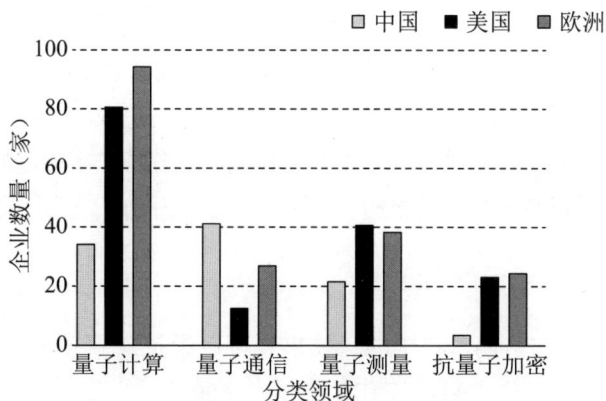

图 8-1　各国（地区）量子企业数量对比

我国已经是一个名副其实的量子技术大国了。

⚛ 二、我国同时也是量子科学强国

（一）现代科学需要一支庞大的研发队伍

所有产业的核心都依靠基础科学的支撑，而科学理论的研究归根到底还是依靠高素质的科研队伍。

"曼哈顿计划"是美国在 20 世纪发起的最庞大的一项科研计划，旨在用最短的时间，把最前沿的原子物理理论转化成可堪使用的战场武器。为了实施好这项计划，美国调集了整个同盟国的科学团队，凑齐了数十名诺贝尔奖得主，只为研究出能一劳永逸快速结束战争的终极武器。

但是，美国人很快发现，武器装备的实际研制和实验室里的科学研究本质上是不同的。光是承载原子弹的支架就由几千个零部件组成，有上万颗螺丝，纵然诺奖得主们天纵奇才，也总归是肉体凡胎，一天也只有二十四个小时，全投到工作里也只能把支架勉强组装到位，更别提核心部件的制造了。让天才科学家们完成理论上的构型设计没问题，而到了实际的生产线上就进度堪忧了。

好在当时正值第二次世界大战的高潮期，美国已经完成了全面的战争动员。很快，同盟国的战时劳动力委员会就批准了最高优先级的征召令，从全世界募集有一定科学素养且基本能力过硬的人员。到了 1944 年，参与"曼哈顿计划"的全职人员就多达 13 万人，包括 8.5 万名建筑工、4 万名操作员和将近 2000 名军事人员，此外还从全美国的高校院所里抽调了一大批相关专业的教授学者。

这些劳动力还远远不够，既懂理论又能干活的高技术人才仍有巨大缺口。1943 年开始，美国陆军启动了陆军特别训练班，在 227 所美国大学中开设专项课程，既不是培养作战军官，也不是进行科学教育，而是同时兼顾专业技术和生产知识的速成培训，为"曼哈顿计划"定向输送原子物理人才。这些培训课程给"曼哈顿计划"培养了一个整编的特种工兵分遣队和一个技术勤务组。美国最终在 1945 年造出了震惊世界的原子弹，迫使日本无条件投降。

（二）我国的科研队伍已然强盛

中华人民共和国成立初期，我国的科技事业可以说是从零起步。1950 年，全国科技人员不超过 5 万人，专门从事科研工作的人员仅 600 余人，专门科学研究机构仅 30 多个。人才匮乏，科研设备严重短缺，基础条件落后，导致我国只能靠发扬大无畏的革命精神，才勉强追上了原子物理的产业步伐。

而到了几十年后量子产业革命开始的今天，我国已经建成了一支高素质的产业人才队伍。1991 年以来，我国按折合全时工作量计算的研发人员总量增长了 10 倍，2013 年超过美国，2023 年达 724 万人年，连续 11 年稳居世界第一。

学术界对科研成果的衡量方式通常是看学术论文的被引用数。由于科学研究是一代又一代的接力赛跑，因此在撰写学术论文时，科学家们总是要引用其他同行的公开文献，或是说明理论模型的普适性，或是保障研究方法的严谨性，又或是沿用同行们已经研究透彻的实验参数。这样的做法极大地减轻了成果发表的工作量，科学家们不用对所使用的每一条公式、每一台仪器和每一个步骤作出详尽说明，可以直接以前人的基础作为新研究的出发点，更好更快地探索未知领域。

1960 年，美国文献学家尤金·加菲尔德发明了"科学引用索引"制度，也就是后来所说的 SCI。"科学引用索引"收编了全世界具有一定影响力的全部学术期刊，并对期刊中每一篇论文统计引用量和被引用量。通常，一篇几千字的科学论文可能要引用几十篇同行论文，这篇论文一旦被公开发表，它引用的几十篇参考文献的引用数就各加一。这样，我们就可以统计出每一篇公开发表的科学论文的被引用数据。

被引用量代表了一篇论文的影响力。被引用量越大，就代表这篇论文越有资格为科学大厦添砖加瓦，成为新的基石。把某份学术期刊过去两年发表的论文在这一年间的总引用量加在一起，再除以该期刊在两年内的总刊文量，就得到了这个期刊的学术影响力，称为影响因子。

英国自然出版集团旗下的《自然》和美国学术促进会旗下的《科学》杂志的影响因子分别为 50.5 和 44.7。也就是说，在这两份顶级期刊上发表的每一篇论文，每年至少被引用 50 次，可以说是世界知名了。

各学科影响因子最高的期刊可以被看作世界各学科最具影响力的期刊。2022 年，全球共有 159 份高影响力期刊，涵盖 178 个学科，全年共刊登 54002 篇学术论文。其中，中国在这些期刊上发表的论文数为 16349 篇，占世界总量的 30.3%，首次超过美国，排名世界第一。

各学科影响因子和总被引用次数均处于本学科前 10%，且每年刊载的学术论文及述评文章数大于 50 篇的期刊，可以认为是世界各学科代表性科技期刊。

2023 年共有 384 种国际科技期刊入选世界各学科代表性科技期刊，发表高水平国际期刊论文 35.25 万篇。按第一作者第一单位统计分析结果显示，中国发表高水平国际期刊论文 11.85 万篇，占世界总量的 33.6%，被引用次数为 81.89 万次，论文发表数量和被引用次数均居世界第一位。

此外，国产核心期刊的影响力也在稳步提升，越来越多的重大科研成果发表在中国人自己的学术期刊上。2024 年版《中国科技期刊引证报告》收录 2165 种中国自然科学领域期刊，发表论文 44.32 万篇，收录社会科学领域期刊 407 种，发表论文 4.94 万篇。

2001 年，美国科睿唯安公司开始整理发布全球高被引科学家榜单，此后每年更新一次，榜单规模为五六千人。2023 年，全球共有 6849 位学者入选该名单，累计达 7125 人次中国内地以 1275 人次居世界第二名，占比达 17.9%。

（三）我国科研投入全球领先

除了科技人才，我国在科研投入上也是投入巨大。

从总量上看，中国的研发投入经费仅次于美国，位居世界第二（图 8-2）。2020 年，中国研发经费投入规模总量突破 2.4 万亿元，相当于美国的 49%，是日本的 2.1 倍，德国的 2.9 倍，加拿大、意大利和法国研发经费总和的 2.9 倍。

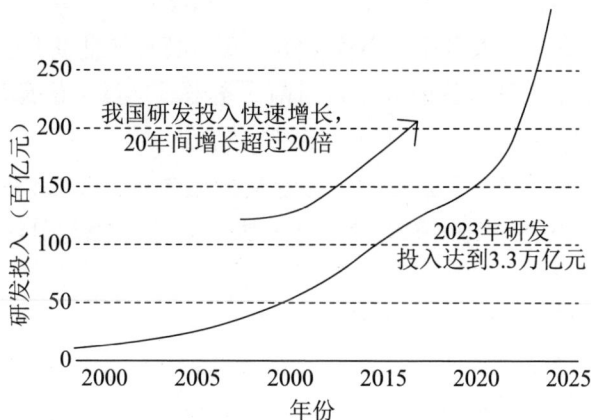

图 8-2　2000—2025 年我国研发投入情况
（数据来源：每日经济新闻）

国家重点研发计划和国家自然科学基金等大型战略级资助项目也在持续运行，2023 年国家重大专项的基础研究经费就达到了 2212 亿元，约占全年社会研发总投入的 1/10。

中国在建和运行的重大科技基础设施项目总量已达 57 个，数量位居全球前列。每台大科学装置都是"烧钱大户"，只有真正的泱泱大国才能支撑。以兰州重离子加速器为例，这台加速器的建设成本达到了 10 亿元，此后每年还需要 1 亿元用于维护更新。要知道，太平洋上的岛国图瓦卢每年的国民生产总值也不过才 6000 万美元，约合 4 亿元人民币，单单一台重离子加速器，每年就要烧掉图瓦卢国民生产总值的 1/4，而这样的大科学装置，中国还有将近 100 台。

从大学数量上看，印度是世界上大学数量最多的国家，拥有 8410 所高等院校；其次是美国，拥有 5762 所高校；中国目前拥有 2956 所大学，世界排名第三。

同时，中国大学的世界影响力也在持续上升，进入泰晤士排名榜单前 500 名的大学越来越多，几乎每年净增三四所。2024 年前 500 榜单中，中国高校数量为 31 所，相比 2019 年翻了一番。

泰晤士排名是英国《泰晤士高等教育》周刊所做的世界大学排名，是全球具有影响力的大学排行榜之一。其排名评分标准囊括"研究环境""教学""研究质量""国际视野""行业"5 个大项指标，其中研究环境、教学、研究质量 3 个指标各占近 30%，大项之下另有 17 个小项指标。

中国高校在排行榜上的快速进步，靠的是"研究质量"这一指标的成绩。在 2024 年的指标评价中，中国高校的"研究质量"整整提升了 10 分，增长了 17.8%，远高于美、英高校在同一指标上的分数增幅。

同时，中国更是紧跟时代步伐，是全球首批在物理学之外单独开设量子技术相关学科的国家之一。2020 年，教育部首次增设量子信息科学专业，中国科学技术大学和国防科技大学成为国内率先开设该专业的高校。2023 年，教育部批准合肥工业大学、西安电子科技大学、太原理工大学、福州大学、河南大学增设"量子信息科学"专业。至此，国内开设"量子信息科学"专业的院校已经达到 13 所。

科技进步带动产业发展，产业发展又锤炼专业人才，专业人才进一步提振了市场体量。科技、产业、人才三者相辅相成，奠定了我国在量子科学领域毋庸置疑的大国地位。

⚛ 三、但我国仍是量子产业"小国"

（一）工业革命需要全社会总动员

所有技术革命的核心都不是前沿技术本身，而是技术大范围普及带来的社会总体变革。

人类历史上一共发生过三次工业革命。

第一次工业革命于 18 世纪 60 年代从英国发起，其主要特征是以蒸汽机作为动力机，开创了以机器代替手工劳动的时代。

第二次工业革命开始于 19 世纪中后叶，以电力的大规模普及和石油内燃机的广泛应用为标志。主要的工业生产集中于大工厂，劳动分工使得技术更有生产效率，生产的社会化显著加强。

从先进机器的应用上来说，中国也算是及时参与了每一场工业革命。自 1861 年开始，清朝政府就启动了以"师夷长技以制夷"为指导思想的洋务运动，引进大机器生产技术，成立了江南制造总局、福州船政局等一系列西式大工厂，还组建了一支亚洲第一、世界第八的北洋水师。到了民国时期，民国政府更是大抓工业生产，从 1927 年开始了号称"黄金十年"的大发展，初步建成了与世界主流接轨的重工业生产线，可以自行生产装甲车、坦克、飞机。

但是，中国在这两次连续的工业革命里，还是越发展越退步，从一个傲视全球的庞大帝国，变成了一个积贫积弱的半殖民地半封建国家。

其核心原因就在于当时的中国只在表面上引进了最先进的机器和生产线，但是这些先进的技术思潮并没有真正传入中华大地。所有的工业化从头到尾只有少数高官大员和社会精英在忙活，自然掀不起什么大的波澜。

第二次世界大战结束后，第三次工业革命开始了。

按照欧盟在 2007 年给出的定义，第三次工业革命有几大支柱，分别是可再生能源和绿色建筑、新型能源储存技术、运输业的更新换代和带来全球互动的互联网技术。其中最重要的就是互联网带来的信息化变革，在体力劳动解放的同时还带来了脑力劳动效率和创造性的提升，推动生产力水平进一步跃升。

这一次，中国抓住了机遇，一举追上了前两次工业革命中落后的差距。2017 年，来自"一带一路"沿线国家的各国青年们评选出了中国的"新四大发明"：高铁、扫码支付、共享单车和网购。这些都是第三次工业革命的产物，也是高速增长中的中国带给世界的新"中国印象"。

其实，这几个所谓的"新四大发明"，没有一个是真正起源于中国的。高铁的前身是日本 1964 年建成的新干线铁路；1978 年美国就出台了《资金电子支付法案》，1995 年美国的亚马逊和 eBay 公司推出了最早的电子商务在线商城；而大规模的共享单车则可以追溯到丹麦在 20 世纪 90 年代提出的哥本哈根自行车复兴计划。

但是，这些原产于他国的"洋发明"最后却在中国得到了发扬光大。"新四大发明"

提出的当年，中国的移动支付总额达 12.7 万亿美元，为全球之最，同时全国共有 4 亿名共享单车注册用户和 2300 万辆共享单车，注册用户数量超过欧洲总人口的一半。

五年之后的 2023 年，这些数字又迎来了一次飞跃。2023 年，全国银行共办理非现金支付业务 35425.89 亿笔，金额 5251.30 万亿元，其中电子支付业务 2961.63 亿笔，金额 3395.27 万亿元，移动支付业务 1851.47 亿笔，金额 555.33 万亿元，移动支付普及率达到 86%，居全球第一。共享单车体系覆盖了全国 31 个省、自治区、直辖市，投放运营的县级及以上城市超过 400 个，共享单车注册用户总数达 12.95 亿户，日均订单量超过 4470 万单。

（二）全产业链的社会化普及是中国速度的根本

为什么中国在第三次工业革命中的发展成就如此耀眼呢？归根到底，就是中国在这次的工业革命里，不仅在前沿技术上不断追赶，更是把技术的普及做到了真正的世界第一。

中国是全世界唯一一个以政府为主导，不计成本地把高速网络覆盖到每一寸国土的国家。目前，我国已经取得了全国行政村 98% 通光纤、4G 网络覆盖率 98%、建成 5G 基站超 70 万个、5G 用户占全球 85% 的耀眼成绩。全国每一个角落都能享受到无死角覆盖的网络信号。

举一个小例子，内蒙古大兴安岭的深山里有一片人迹罕至的原始森林，除了护林员，几乎没有几个人到访。但就算是这样的无人区，也在 2022 年纳入了中国国家第七批电信普遍服务项目，铺设了 3029 公里的光缆，架设了 121 个 4G 基站。茫茫林海中，不仅手机信号无死角，还能享受全覆盖的高速 4G 网络。

与之形成鲜明对比的是，同期高速宽带在欧盟国家的覆盖率仅为 44%，使用 100Mbps 及以上网速的家庭只有 26%。直到 2019 年，德国的高速宽带普及度还不到 30%，法国还有 680 万人无法上网，占全法国人口近 1/10。

如此全面的基础设施，成就了我国高速增长的网络文化。中国互联网络信息中心每年发布《中国互联网络发展状况统计报告》，截至 2023 年 12 月，我国网民规模达 10.92 亿人，较 2022 年新增网民 2480 万人，互联网普及率已经达到 77.5%。

十亿人的总动员，让中国在第三次工业革命中占尽先机，完成了天翻地覆的大发展。

现在，第三次工业革命已经接近尾声，以量子技术、基因技术、虚拟现实等颠覆性未来产业为代表的第四次工业革命已经临近。这是又一次新的机遇，也是必须把握的全新挑战。

（三）我国大众的科技素养仍有待提高

量子技术是第四次工业革命的重中之重，其特点是知识需求高，只有对前沿物理学有一定了解的人，才能成为量子时代的合规技术公民。

在这一点上，我国的短板仍然十分明显。

从在校生数据来看，我国已建成世界最大规模的高等教育体系，在学总人数达到4430万人，高等教育毛入学率从2012年的30%，提高至2021年的57.8%，提高了27.8个百分点，实现了历史性跨越。2022年，全国拥有大学文化程度的人口超过2.18亿人。2023年，全年新生儿出生人口数为902万，而当年的高校毕业生规模为1158万人，高校毕业生比新生儿数量还多，若干年后我国将全面实现人人有书读、人人都是大学生的教育盛景。

但是，由于历史条件限制，我国总体的高等教育普及度仍有待进一步提升。根据世界经合组织的统计数据，我国人口中文化程度在高中以下的还有63.37%，高中文化人口占18.09%，受过大学以上教育的只有18.54%。也就是说，全国还有六成左右的人只是勉强完成了义务教育。而同期全球学历最高的国家是加拿大，在25～64岁人口中，拥有大学及以上学历的占比高达62%。此外，俄、韩、美、英等发达国家的大学教育占比都超过了50%。

不仅如此，太平洋上的千岛之国印度尼西亚，其文化程度在高中以下、高中、大学以上的人口占比数据分别是57.05%、29.78%、13.17%，文化程度在高中以下的人口数比我国整整少了6个百分点。素有"离天堂太远，离美国太近"之名的墨西哥，其文化程度在高中以下、高中、大学以上的人口占比数据分别是57.19%、22.35%、20.46%，不仅文化程度在高中以下的人口数比我国少，大学以上人口占比也多了两个百分点。

全民教育水平不仅有待提高，我国的科普工作也困难重重。

2022年，中共中央办公厅、国务院办公厅印发《关于新时代进一步加强科学技术普及工作的意见》，文中强调，党的十八大以来，我国科普事业蓬勃发展，公民科学素质快速提高，但是还存在对科普工作重要性认识不到位、落实科学普及与科技创新同等重要的制度安排尚不完善、高质量科普产品和服务供给不足、网络伪科普流传等问题。

国际上衡量公民科学素质的方法是抽样调查问卷，考察科学知识、科学方法、科学精神与思想、应用科学的能力等四个方面的指标，问卷百分制达到70分以上即判定为具备科学素质。一个国家或地区公民科学素质水平用具备科学素质公民占18～69岁总人口的百分比表示。

根据中国科协的调查统计，2022年我国公民具备科学素质比例达12.93%，同时区域、城乡、人群之间差异极大。作为参考，美国公民具备科学素质的比例为28%，加拿大公民具备科学素质的比例为42%，瑞典公民具备科学素质的比例为35%（图8-3）。

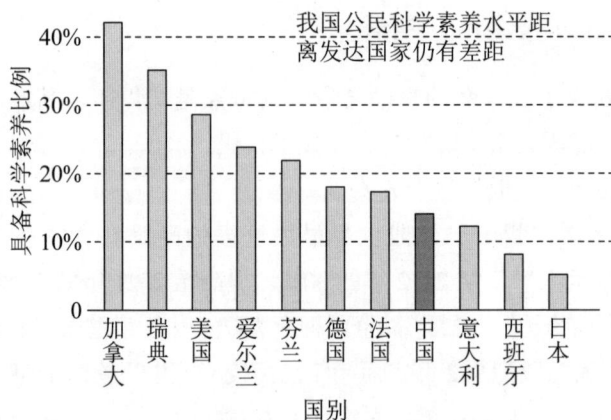

图 8-3　部分国家公民具备科学素养比例
（数据来源：Science Culture）

《关于新时代进一步加强科学技术普及工作的意见》提出，预计到 2025 年，我国公民具备科学素质的比例有望超过 15%，各地区、各人群科学素质发展不均衡明显改善；到 2035 年，我国公民具备科学素质的比例达到 25%，城乡、区域科学素质发展差距显著缩小。

习近平总书记指出："科技创新、科学普及是实现创新发展的两翼，要把科学普及放在与科技创新同等重要的位置。没有全民科学素质普遍提高，就难以建立起宏大的高素质创新大军，难以实现科技成果快速转化。"这一重要指示精神是新发展阶段科普和科学素质建设高质量发展的根本遵循。

——国务院《全民科学素质行动规划纲要（2021—2035 年）》

尚未普及的高等教育，加之相对落后的科学素养，使得大众对于以量子产业为代表的未来产业的认知还有待提高。一个很典型的表现就是各种打着量子旗号的"伪科学"项目大行其道。

2018 年 3·15 消费者权益日时，新华社曾经进行过一次专题调查，结果令人触目惊心，市面上 90% 以上的量子产品都是挂着"量子"噱头的保健、养生等"三无"产品。比如既能"防臭"还能"增加能量"的量子袜，一双价格大几十元；号称可以"直达肌肤底层"的量子美颜喷雾，售价近百元；售价 798 元的"升级版量子富氢水杯"30 天内已售出超过 25 件；内含"60 核量子芯片"的"量子超能共振器"，标价 16800 元，不仅能"快速消除乳腺增生、子宫囊肿"，还能"对调理前列腺、增强肾功能有一定的保健作用"。深圳一家名为"龙爱量子"的企业，旗下有量子农业、量子工业、量子医学、量子养生等"九大运营板块"，只要消费 8.5 万元就可以增值 13.5 倍，后被警方定性为"保健产品传销"，在全国多地进行查处。

2019 年，又有多家教培机构推出"量子波动速读"课程，声称可以利用量子波动"让头脑中产生动态影像"，以此"让感知器官产生多维感受"，只需要不停翻书，就能"产生波粒二象性，通过眼睛作用于大脑，最后眼动脑动"，进而阅读、理解书本内容。甚至多地还举办了专门的量子波动速读比赛，参赛学员号称能够在 5 分钟之内阅读 10 万字。很快，深圳市教育局发布《关于禁止中小学生参加"量子波动速读"培训核查有关情况的通知》，禁止该市中小学生参加量子波动速读的培训，同时市场监督管理局也马上立案对相关机构进行查处。

2020 年，国务院教育督导委员会办公室发布对培训机构违规培训的查处情况通报，叫停了愈演愈烈的量子波动速读培训浪潮。

产业革命的实质在于先进技术带来的生产方式的改变，最终形成社会形态的变革。其中不仅需要"自上而下"的前沿技术的攻坚，而且需要"自下而上"的技术思潮的普及。

只有全民都能真正理解量子科学、掌握量子思维，能够在接受量子技术带来的新质生产力变革的同时又不被各种各样的"量子"骗局所蒙蔽的时候，我国才能真正建成全方位的量子产业，迎来属于泱泱大国的量子纪元。

第二节　各地量子产业政策思路

一、量子产业专项规划陆续出台

目前，我国多个省份已经开始布局量子赛道，尤其是北京、江苏、浙江、广东等东部省份和安徽、湖南、湖北等中部省份（图 8-4）。

（一）山东量子技术创新发展

山东是国内最早布局量子科技并出台量子产业专项发展规划的省份。

2018 年，山东省科技厅组织制定了《山东省量子技术创新发展规划（2018—2025年）》，提出要充分发挥量子技术创新对推动新一代信息技术产业发展的重要作用，加快山东量子技术发展并带动相关产业快速集聚，做大做强新一代信息技术产业。

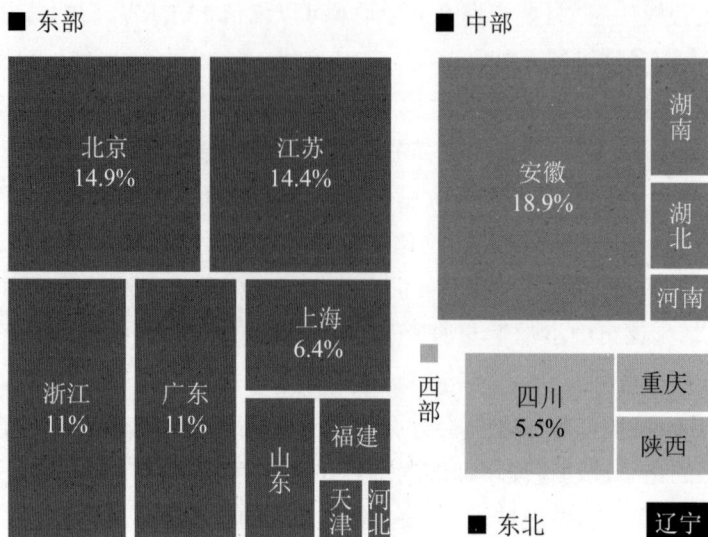

图 8-4　量子科技产业资源聚集度
（数据来源：赛迪顾问）

　　山东省的八年规划中提出了四个主要任务。一是做大做强量子科技产业发展基础，依托筹建中的量子信息科学国家实验室，加快推进济南量子通信试验网建设，加强量子通信网络试验床、城域与城际量子通信网络等基础应用网络和量子通信装备研制，加强产业运营平台建设。二是加快推进关键技术与核心器件研发，瞄准铌酸锂新型光电子学器件、量子安全区块链等重点产业应用场景。三是拓展量子信息技术示范和推广应用，优先在党政、司法、国防、金融、电力、工业互联网、车联网等领域开展量子通信应用。四是推进量子科技服务，建立健全科技服务体系，满足量子科技创新需求和促进产业孵化。

　　计划到 2025 年，形成以济南为中心、辐射山东全省的量子技术产业集群，营收达到百亿级规模，实现量子技术应用市场的突破，使山东成为全球量子技术及产业发展的战略高地之一。

　　量子技术能够在保证信息安全、提高运算速度和提升测量精度等方面突破传统信息技术瓶颈，为经济社会发展若干重大问题提供革命性的解决途径，极有可能在保障国家战略安全和支撑国民经济可持续发展方面取得重大技术突破。

——《山东省量子技术创新发展规划（2018—2025 年）》

2019 年，济南市又出台了《济南市量子信息科学中心建设发展规划（2019—2025）》《济南市量子信息产业发展规划（2019—2022 年）》和《济南市人民政府关于加快建设量子信息大科学中心的若干政策措施》。这是国家首个由地级市政府推出的针对量子产业的中长期发展规划和精准扶持政策。

规划提出，济南将打造世界级量子信息科学中心、新旧动能转换辐射带动极、国内领先的"量子＋"应用示范区，以及量子信息产业国际品牌高地。到 2030 年，济南将实现量子信息产业规模 300 亿元，具备千亿级产业发展能力。

济南作为国家"863"计划首个量子通信领域主题项目的实施地，自 2010 年起就开始持续布局量子信息产业，将量子科技发展列入"十大千亿产业振兴计划"，具备产业先发优势和发展潜力。截至目前，济南市已拥有国际上最早建设的面向实用化的"济南量子通信试验网"，并率先在政务领域探索商业化服务，是量子保密通信"京沪干线"的重要节点城市、服务枢纽和核心设备的研发及制造中心。同时，全国量子计算与测量标准化技术委员会也落户济南，致力于构建起结构完整、覆盖全面的量子信息标准化研究和实践体系。

> 推动"量子谷品牌打造""关键技术和产品研发""国家级研发平台建设""科技服务平台建设""专精特新企业培育""产业链集聚""筑巢引凤""量子通信应用示范""量子测量应用示范""量子计算应用示范""科研人才团队集聚"和"金融支撑"等十二项重点工程实施。
>
> ——《济南市量子信息产业发展规划（2019—2022 年）》

（二）广东培育量子信息战略集群

2020 年，广东省推出了《广东省培育区块链与量子信息战略性新兴产业集群行动计划（2021—2025 年）》，重点对广东省区块链与量子信息产业现状与问题进行梳理和分析，提出四大发展目标，并围绕目标制定了一系列的重点工程和配套保障措施。

这套行动计划注重区块链与量子信息产业的培育，给出了明确的表述。国内外目前在区块链与量子信息领域的产业规模都不大，均处于起步阶段。广东省将重点支持广州、深圳吸引省外、海外量子信息高水平院校、优势科研机构与龙头骨干企业在本省设立分支机构，汇聚优势资源打造开放合作的粤港澳大湾区、泛南方、泛西南地区量子信息产业格局。

根据计划，到 2025 年，广东省区块链产业进入爆发期，可信数据服务网络基础设施基本完善，广东省将形成区块链技术和应用创新产业集群国际化示范高地；同时广东"量子谷"也将落成，目标是打造世界一流的国际量子信息技术创新平台和我国量子信息产业南方基地。

> 增强源头创新能力。加大量子科技基础研究和关键核心技术攻关，围绕量子计算、未来信息材料等主要领域，打造量子科技创新平台，实现引领性原创成果重大突破。
>
> ——《广东省培育区块链与量子信息战略性新兴产业集群行动计划（2021—2025 年）》

（三）湖北加快发展量子科技产业

2023 年，湖北省出台《湖北省加快发展量子科技产业三年行动方案（2023—2025年）》明确提出，以打造全国量子科研高地、产业高地为目标，推动形成湖北量子科技创新先行、项目先进、产业先聚、市场先熟、品牌先立"五项创先"。

湖北省量子科技产业发展的核心是推动光谷的量子化，依托武汉光谷打造"量子谷"，深化与合肥、上海、北京等地量子科技产业的协同、错位竞争。

三年行动方案包括创新突破发展、科技成果转化、场景应用示范、产业融合发展、产业人才集聚五大工程，打造"量子＋科技"城市、"量子＋新基建"基础设施、"量子＋智慧交通"、"量子＋金融安全"、"量子＋综合 PNT（综合定位、导航与授时）"等五大应用场景，推进"量子＋新能源与智能网联汽车""量子＋生命健康""量子＋高端装备""量子＋电子信息""量子＋北斗""量子＋电力电网"等现代化产业融合发展。

方案指出，到 2025 年，建成国际国内一流的量子科技创新引领区、产业集聚区、应用示范区，量子科研实力、产业实力进入全国前列，拥有量子科技领域领军专家团队 20 个以上，骨干科研人员 100 名以上；建成 4 个以上量子科技产业园和孵化器，1 个"量子科技产学研检用融合发展园区"；培育、引进一批"单项冠军""专精特新"量子科技企业。

> 聚焦产业发展趋势和需求，推进"量子芯片和元器件""量子精密测量""量子保密通信""量子计算机及量子计算服务""量子功能材料"等五大领域关键技术攻关。
>
> ——《湖北省加快发展量子科技产业三年行动方案（2023—2025 年）》

同年，武汉市也推出了配套的《武汉市加快发展量子科技产业三年行动方案（2023—2025 年）》，提出要进一步提高认识，统一思想，增强责任感、紧迫感，抓紧抓实深入推进行动方案，在量子产业"无人区"里跑出"加速度"。

2024 年，作为计划核心的光谷所在的武汉东湖高新区发布《关于支持量子科技产业发展若干措施》，将实施量子初创企业孵化、创新平台建设、成果转化等六大工程，从支持高水平创业、引育领军人才、建设成果转化平台等十二个方面，培育、汇聚更多主体；同时，提出十二条切实有效的产业扶持措施，以推动量子科技产业加速发展，开辟未来产业新赛道，大力发展新质生产力。

⚛ 二、量子科技纳入未来产业蓝图

今天的未来产业，是明天的战略性新兴产业，也是后天的支柱产业，具有强大的发展后劲，一旦跨越前期的起步阶段，就能够快速形成产业规模，成为经济发展的先导性、支柱性产业。

当前，各地都在争先恐后地把未来产业看作拼经济、谋长远的重点，接连推出一系列的未来产业发展行动方案。在这些行动方案中，发展量子产业始终是发展未来产业的重中之重。

（一）北京和上海全面布局未来产业

2023 年，北京市制定了《北京市促进未来产业创新发展实施方案》，提出到 2030 年形成一批颠覆性技术和重大原创成果，构建一批应用场景、中试平台和技术标准，到 2035 年集聚一批具有国际影响力和话语权的创新主体，不断开辟产业新领域新赛道，塑造发展新动能新优势，形成若干全球占先的未来产业集群，建成开拓世界科技产业前沿的人才高地，成为全球未来产业发展的引领者。

北京市的未来产业规划主要面向未来信息、未来健康、未来制造、未来能源、未来材料、未来空间六大领域，致力于打造未来产业策源高地。按照规划，面向未来信息通信和先进计算需求，将在海淀、朝阳、石景山、通州、北京经济技术开发区等区域，重点发展通用人工智能、第六代移动通信（6G）、元宇宙、量子信息、光电子等细分产业。

在量子信息领域，规划重点面向量子物态科学、量子通信、量子计算、量子网络、量子传感等方向，开展量子材料工艺、核心器件和测控系统、量子密码、量子算法、量子计算机和操作系统等核心技术攻关，包括研制超导量子计算机，培育量子计算技术的产业生态和用户群体，加快量子密钥分发、量子安全直接通信等创新突破，拓展量子通信在国防、金融等高保密等级行业的应用。

在光电子领域，规划提出要加快研制开发硅光产线核心设备和成套工艺，构建异构集成技术、硅光子晶圆测试系统等基础支撑能力，攻关光子矩阵计算、片上光网络和片间光网络等核心技术，推进高性能光子计算芯片在数据中心、金融交易、生物医药、前沿新材料、自动驾驶等应用场景的示范应用。

> 聚焦北京优势领域，构建人工智能、量子信息、生命科学等领域的科学高地，全力推进材料、零部件、高端芯片、基础软件、科学仪器设备等研发攻坚，实现未来产业软硬件自主可控。
>
> ——《北京市促进未来产业创新发展实施方案》

2022年，上海市推出《上海打造未来产业创新高地发展壮大未来产业集群行动方案》，提出到2030年，要实现建设核心技术自主创新的未来高地，做强未来产业集群发展的未来引擎，形成大中小企业融通创新的未来范式，营造要素集聚、开放包容的未来生态，到2035年，形成若干领跑全球的未来产业集群。

上海市将在浦东、徐汇、杨浦、宝山、闵行、嘉定、青浦等区域，以场景示范带动产业发展，打造未来智能产业集群。其中，围绕量子计算、量子通信、量子测量，积极培育量子科技产业；攻关量子材料与器件设计、多自由度量子传感、光电声量子器件等技术，在硅光子、光通信器件、光子芯片等器件研发应用上取得突破；推动量子技术在金融、大数据计算、医疗健康、资源环境等领域的应用。

上海市目前已建成上海量子密钥分发城域网，一期具有7个节点，实现上海外环内覆盖率100%，可支持不少于100万名的用户容量。中国电信未来将以上海为首城起点，在全国范围内部署量子城域网，逐渐与骨干网打通，最终形成天地一体的量子通信网。

2024年，上海市又出台了《上海高质量推进全球金融科技中心建设行动方案》，立足上海国际性金融中心的优势地位，大力支持探索量子科技赋能金融创新的无限可能。

> 重点围绕人工智能、云原生、区块链、隐私计算、量子计算等领域，推动金融科技底层技术基础研发和原始创新。
>
> ——《上海高质量推进全球金融科技中心建设行动方案》

（二）福建和安徽重点扶持量子未来产业

福建省在2023年的政府工作报告中提出，要布局人工智能、量子科技、元宇宙等未来产业。

2023 年，福州市推出了《关于加快培育发展未来产业的实施意见》，提出了建设东南沿海创新策源地、未来产业竞争力持续提升、创新主体活力竞相迸发、产业发展生态优化完善的发展目标。

其中，量子科技与未来网络是福州市重点布局谋求创新发展的前瞻性产业，计划重点发展量子计算、量子通信、量子测量等领域，建设一流研发平台、开源平台和标准化公共服务平台，建设东南量子科学中心，开展量子科技领域关键工程装备和量子精密测量等关键核心技术研发，力争在量子通信、量子智能计算等应用场景上取得突破。

> 前瞻布局量子科技、未来网络等 2 个孕育期未来产业。到 2030 年，涌现一批有影响力的未来技术、创新应用、头部企业和领军人才，聚力打造具有较强国际竞争力的未来产业集群和原始创新策源地。
>
> ——《福州市人民政府办公厅关于加快培育发展未来产业的实施意见》

2024 年，安徽省发布《安徽省未来产业发展行动方案》，坚持前瞻布局、创新策源、应用牵引、分类推进、开放协作原则，实施"7+N"未来产业培育工程，完善前瞻性、颠覆性技术遴选更新机制和"源头创新—技术转化—产品开发—场景应用—产业化—产业集群"的未来产业培育链路；计划到 2027 年，前沿技术实现突破，经营主体活力迸发，产业规模快速壮大，发展生态更加优化；到 2030 年，形成未来产业发展的长效机制，产业竞争力显著提升，部分领域实现全球引领，基本建成具有重要影响力和竞争力的未来技术策源地、未来场景应用地和未来产业集聚地。

所谓"7+N"是指量子科技、空天信息、通用智能、低碳能源、生命科学、先进材料、未来网络七大核心产业发展方向，以及积极布局第三代半导体、先进装备制造、区块链、元宇宙等前沿领域。量子科技首当其冲，方案指出，需要加快量子计算、量子通信、量子精密测量技术突破和产业化应用，多路径研制专用量子计算机及量子计算算法、软件及云平台，加快上游关键材料、核心器件、仪器设备等研发。

合肥量子科技未来产业先导区将是安徽省发展量子科技的核心载体。

早在 2020 年，合肥市就制定了《合肥市量子信息产业发展规划（2020—2030 年）》及《合肥高新区未来产业发展规划》，聚焦"世界量子中心"战略目标，以量子信息为核心，致力于打造全球量子科技创新和产业发展试验田。

目前，合肥高新区拥有量子产业链企业超 60 家，其中量子核心企业超 30 家。仅2024 年上半年，合肥量子产业链企业就实现营收近 20 亿元，世界级的量子中心已经初具雏形。

> 聚焦量子科技、通用人工智能、空天信息、聚变能源、生物制造等未来产业，落地一批面向未来产业的科技型企业、高层次创业人才、科创服务机构，培育形成完善开放包容的未来产业发展生态。
>
> ——《安徽省未来产业发展行动方案》

（三）重庆与甘肃着手培育未来产业集群

2024 年，重庆市印发《重庆市未来产业培育行动计划（2024—2027 年）》。该行动计划提出，到 2027 年，重庆市未来产业发展将取得实质性突破，技术创新能力明显提升，完成培育一批具有核心竞争力、带动作用强的骨干企业，形成一批具有全国竞争力的优势产业集群。

其中，光子与量子技术、脑机接口及脑科学、沉浸技术一道被分类为需要探索发展的高潜力未来产业，要跟踪全球前沿科技发展趋势，鼓励引导高校和科研院所开展前沿技术预研，力争取得重大创新成果，积蓄未来产业新动能。

重庆市重点布局光子与量子技术，包括探索光学智能感知、光通信信号识别、光通信传输、光通信信号处理等光通信技术，研发激光存储、超分辨光存储、全息光存储等光存储器利用的先进光子技术，研究量子密钥分发、量子隐形传态、量子机密共享等量子通信技术，开发量子干涉仪、量子陀螺仪、量子磁力仪等量子测量设备，研发专用量子模拟机、量子计算工程机和原型机产品等量子信息技术。

> 以现有产业跃升和前沿技术产业化落地为主线，构建创新引领、人才汇聚、市场推动、全链协同的未来产业培育发展新生态，打造具有全国影响力的国家未来产业创新发展先行区，为加快建设现代化产业体系、培育发展新质生产力提供坚实支撑。
>
> ——《重庆市未来产业培育行动计划（2024—2027 年）》

2024 年，甘肃省推出了《甘肃省推动未来产业创新发展行动方案》，计划大力培育未来产业，引领科技进步，带动产业升级，开辟新赛道，塑造新质生产力。

甘肃省将量子科技与深度数字孪生一道视作未来信息产业的组成部分，进行超前布局。同时，甘肃省瞄准量子频标技术，将其与特种机器人、脑机接口、可回收和大载荷火箭等先进产品一同纳入重大技术装备攻关工程，将投入专项资源开发标志性产品，以整机带动新技术产业落地。

> 要超前布局未来产业，围绕量子计算、量子通信和量子测量三大领域，强化基础研究，加快技术成果转移转化，推进量子科技产业化。依托兰州空间技术物理研究所、兰州大学等省内量子科技领域技术成果及产业基础，推进热电材料产业化、激光量子通信技术在铁路信号、电力传输等领域的转化。
>
> ——《甘肃省推动未来产业创新发展行动方案》

⚛ 三、量子新基建成为投资新热点

新型基础设施是以新发展理念为引领，以技术创新为驱动，以信息网络为基础，提供数字转型、智能升级、融合创新等方面基础性、公共性服务的物质工程设施。

2020年，国家发展改革委首次明确了新型基础设施的定义和范围，包括信息基础设施、融合基础设施和创新基础设施。其中，信息基础设施又可以分为以5G、物联网、工业互联网、卫星互联网为代表的通信网络基础设施，以人工智能、云计算、区块链等为代表的新技术基础设施，以数据中心、智能计算中心为代表的算力基础设施等。量子新基建属于信息基础设施中的新技术基础设施。

2024年，工信部等十一部门联合印发《关于推动新型信息基础设施协调发展有关事项的通知》，提出要加强全国统筹规划布局，合理布局新技术设施，有条件的地区要支持企业和机构建设，"合理布局量子计算云平台设施"。

不少省市已经将量子新基建纳入了新一轮的基础设施投资计划，长远规划，前瞻布局，致力于打造量子新质生产力。

（一）浙江和重庆聚焦新型基础设施

2020年，浙江省印发了《浙江省新型基础设施建设三年行动计划（2020—2022年）》，聚焦数字基础设施、智能化基础设施、创新型基础设施三大重点方向，按照三年见成效的要求，实施新型基础设施建设三年万亿计划，努力打造"重要窗口"的标志性成果。

作为互联网大省，推动新型互联网基础设施建设是浙江省进行数字基础设施建设行动的核心举措。在这份行动计划中，浙江省提出要推进量子通信城市间干线和中心城市城域网等商用网络建设，打造量子通信商业化标杆。

同时，计划提出要围绕网络通信、先进计算、柔性电子、网络安全、下一代集成电路、泛化人工智能、量子信息等未来产业推进建链工作，着力形成标志性科技成果和创新产品，做大做强新基建产业链。

面对量子科技发展的重要战略机遇期，我省必须抢抓机遇，加强统筹谋划，以国家信息安全保障、计算能力提高等重大需求为导向，在量子科技发展中抢先发力，构筑发展新优势。

——《浙江省量子科技发展"十四五"规划》

2020 年，重庆市制定了《重庆市新型基础设施重大项目建设行动方案（2020—2022年)》，方案提出，到 2022 年，基本建成以新型网络为基础、智能计算为支撑、信息安全为保障、转型促进为导向、融合应用为重点、基础科研为引领、产业创新为驱动的新型基础设施体系，实现基础设施泛在通用、智能协同、开放共享水平全面提升，打造全国领先的新一代信息基础支持体系，筑牢超大城市智慧治理底座、高质量发展基石。

根据方案，量子通信网与低轨卫星移动通信、空间互联网一道被列入未来网络设施，重庆市将提前布局量子通信网，探索量子通信信息安全加密服务应用，建设重庆至北京、上海等地的保密通信干线网，逐步拓展量子安全认证和量子加密终端等新型应用场景。规划实施 3 个项目，投资额约 204 亿元。

（二）海南与江苏瞄准具体应用场景

海南省没有出台专门的新型基础设施建设计划，而是直接与中国科学院控股的国科量子合作，在海南打造全球第一个"星地一体"环岛量子保密通信网络。

海南的环岛量子网络第一期投资 5 亿元，包括"星地一体"量子通信卫星接收站、环岛量子通信总控中心、量子通信空间实验中心、量子卫星试验场几大组成部分，并在文昌建设实用化量子卫星地面站，实现与"墨子号"的对接，从而通过量子卫星将环岛量子保密通信网络无缝接入到国家骨干网，实现海南和北京、上海、广州等重要城市跨域数据及面向全球的跨境数据的安全流通。

2023 年，江苏省制定了《打造具有全球影响力的产业科技创新中心行动方案》《江苏省加强基础研究行动方案》《关于加快培育发展未来产业的指导意见》等一系列配套政策，积极布局新赛道、新领域，持续实施产业前瞻与关键技术研发项目、前沿引领技术基础研究重大项目，力求以新技术激发新动能，为培育新质生产力注入科技内涵、夯实技术底座。

其中，量子相关设施被列入重大科技基础设施范畴，是用于提升探索未知世界、发现自然规律、引领技术变革、支撑产业发展能力并面向社会开放共享的大型复杂科学研究装置或系统。

通过投资基础研究，突破前沿设备开发，进而反哺带动相关产业链，是江苏省建设量子产业的核心思路。

无锡市创造性地提出了"研究所＋产业园"孵化发展模式，即依托研究所积淀一批技术和产品，孵化和吸引企业来充实壮大产业园。无锡量子感知研究所和量子感知产业园、上海交大无锡光子芯片研究院与光子芯谷等"研究所＋产业园"配对共建，开创了量子科技产业化的新道路。全球首台金刚石量子计算教学机、首台商用量子钻石原子力显微镜均在此诞生，催生出了一个完整的以量子测量仪器为核心的先进仪器产业集群。

苏州市则是直接瞄准量子计算机的研制。2021 年，量子科技长三角产业创新中心落地苏州，苏州市承诺在 5 年内向创新中心投入不少于 24 亿元的研发经费。在地方的大力支持和充足的资金保障下，创新中心短短一年多时间内就攻克了量子计算机的全套技术、工程难题，完成 26 比特量子计算机的研发。基于这一成果，苏州市开展了高性能量子计算机、超导量子芯片、量子–电子协同算力网产业化探索，搭建量子计算云服务平台，积极推动实验验证和商用化方案探索，同时尝试量子通信在金融、政务、能源等领域的广泛应用。

> 开展高性能量子计算机、超导量子芯片、量子–电子协同算力网产业化探索，搭建量子计算云服务平台，强化图形化编程和量子任务管理，推广量子计算算力服务，打造量子计算产业体系。围绕高成码率、高集成度、超远安全传输距离、量子共纤传输等量子通信重点方向，开发量子随机数发生器、量子路由器、量子交换机等关键核心设备，积极开展实验验证和商用化方案探索，推动量子通信在金融、政务、能源等领域的广泛应用。
>
> ——《苏州市人民政府关于加快培育未来产业的工作意见》

（三）河南打造"中原量子谷"

2023 年，河南省启动了"中原量子谷"的建设。根据规划建设方案，中原量子谷将打造"一院、一城、一平台、多网点多基地"，为一流高校、科研院所来豫围绕量子产业开展高水平研究提供全要素保障，同时，为科研人员创新创业和量子科创企业在豫发展提供科技对接、科技金融、企业孵化与产业培育全链条服务。

中原量子谷力争 3 年内打造 5 个省级以上科技创新平台，引进和孵化超 30 家量子及上下游产业科技型企业，预计产值规模达 20 亿元；在产业示范方面，中原量子谷力争 5

年后建成百亿级量子产业集群，孵化 5 家至 8 家量子科技上市公司，成为国家量子产业成果转化和产业化的聚集示范基地和建设量子科技应用示范城市。

技术基础设施、网络基础设施、科研基础设施、产业基础设施虽然侧重点各不相同，但都是各地根据地方实际情况，对量子新基建这一新鲜事物作出的独具特色的解读与回应。

中国是全世界最擅长基础设施建设的国家，在量子新基建上自然也不会落后。再过若干年，等到各地的新基建工程相继完工之时，中国将成为真正意义上的量子大国。

第三节 吹响量子纪元的时代号角

⚛ 一、新兴产业的量子破局

（一）量子化是面向未来的信息化

在计算机网络和信息技术的普及和推广过程中，出现过一个"信息化"的概念。所谓信息化，是指将信息技术应用于传统意义上非信息相关的产业门类，进而实现生产效率提质增效和生产力大突破的赋能效应。非信息相关的传统产业经过信息化改造，就成了信息时代的先进产业。

> 信息化是充分利用信息技术，开发利用信息资源，促进信息交流和知识共享，提高经济增长质量，推动经济社会发展转型的历史进程。
>
> ——国务院《2006—2020 年国家信息化发展战略》

人们开垦土地，种上庄稼，让自然原始的世界完成了农业化；到了工业时代，机器动力的运用引起了农业的工业化；而信息时代则是推动了工业的信息化。

步入量子时代之后，工业和信息也将开启量子化的进程。

借由量子化过程，一些陷入发展瓶颈、达到增量饱和的产业门类可以开启一批更新的增长机遇，重新焕发生机。

（二）光伏产业的量子转型

光伏产业就是这样一个典型案例。作为战略性新兴产业支柱和可再生绿色能源的代表，光伏产业曾是一张响当当的"中国名片"。根据海关总署数据，2023 年我国光伏组件、电池片、硅片出口量分别为 211 吉瓦、39 吉瓦、78 亿片，再创历史新高。目前，我国光伏产业链各环节产能产量占全球比重均达 80% 以上，连续多年位居全球第一。

其中，江苏是我国最重要的光伏生产基地，江苏光伏行业仅 A 股上市公司就有 20 多家，其中 10 家市值超过了 100 亿元。2023 年，江苏省太阳能电池产量达到 175 吉瓦，同比增长 15.63%，占全国产量比重达到 32%。这一年美国刚好开启了新一轮清洁能源国家投资，当年度全美光伏新增装机容量同比增长 52%，达到 35.3 吉瓦，正好是江苏光伏产能的 1/5。也就是说，光是江苏一省的光伏年产能，就需要 5 个全力发展清洁能源的美国才能消化。

产能过于巨大的光伏产业迫切需要新增市场来消化生产出来的光伏电池。2024 年上半年，中国新增发电装机容量 1.53 亿千瓦，其中新增并网风电和太阳能发电装机容量 1.28 亿千瓦，占新增发电装机总容量的比重已经达到 84%。当年底，江苏省新能源发电装机容量已达约 8252 万千瓦，历史性地超过煤电，成为江苏省的第一大电源。

很快，国内市场和全球市场加在一起都已经消化不了光伏电池的产量供应了。2023 年，由于严重地供大于求，光伏组件价格开始一路走低，从 2 元/瓦一路跌至不足 1 元/瓦，国内硅料、硅片、电池片和组件端价格的跌幅分别为 66.91%（单晶致密料）、48.66%（M10 硅片）、55.00%（P 型 182 电池片）、48.01%（P 型 182 单晶组件）。2024 年 10 月，中国光伏行业协会还特地发布通告，提醒光伏组件低于成本价投标中标涉嫌违法，同时公布了 0.68 元/瓦的最低成本价，是两年前平均中标价的 1/4。一个月后，财政部、国家税务总局公告，将部分光伏产品出口退税率由 13% 下调至 9%，光伏产业遭遇雪上加霜。

光伏市场在不断萎缩，但其背后的光电半导体产业基础仍然屹立着。一些先行者已经嗅到机会开始了转型，从光伏转向光量子，跳出越来越内卷的红海，向未来产业出发去开拓未知的蓝海。

2022 年，苏州首次提出要打造光子产业创新集群，启动建设世界级太湖光子中心。次年，苏州又举办了世界光子产业发展大会，提出了光子产业三年行动计划，发布"高光 20 条"配套政策，大力抢占产业高地，资本效应、集群效应日益显现。

在《苏州市培育发展光子产业创新集群行动计划（2023—2025 年）》中，苏州提出，到 2025 年力争实现光子产业规模突破 5000 亿元，新增光子领域上市企业 10 家以上，并明确要将太湖光子中心建设成世界级光子创新中心。

很快，一大批光子产业重点企业汇聚落地，国内唯一的砷化镓 6 寸线、世界第三的光纤通信生产线、市场占有率全国第一的功率半导体激光芯片纷纷诞生、成长，形成产业上下游。到了 2023 年底，苏州市光子产业集聚企业已经接近 1000 家，产业规模达

3600亿元。

无锡市也不甘示弱，2022年，无锡半导体产业规模居全国第二，其中封装测试和配套支撑全国第一。基于这一优势，无锡宣布投资81.5亿，建设全国首个集光子芯片前沿应用研究和产业化于一体的无锡光子芯谷创新中心，并配套推出"新光18条"政策。该中心将以高端光子集成芯片的研发为核心，聚焦量子计算、光学人工智能与光通信前沿技术和产业化应用，打造全球光子芯片设计研发及产业化集聚区。

2024年，由上海交通大学建设的国内首条光子芯片中试线在无锡正式启用，这标志着光子芯片正式步入产业化快车道，即将突破计算范式限制，一个属于光量子的辉煌时代即将开启。

从传统的光学到新兴的光电，再到未来的光子，江苏抓住机遇，完成了工业化、信息化再到量子化的"三连跳"，在时代转型中走出了独特的发展道路。

（三）动力锂电池的量子升级

动力锂电池是另外一个即将面临供需失衡的产业市场。从1998年中国第一条液态锂电池中试生产线落成开始，我国锂电池产业一路高歌猛进，到2023年，全世界动力电池装机量排名前十的公司里，中国公司占据六席，市场占有率合计高达63.7%。而从新增产能上看，中国动力电池年产能占到了全球70%以上，每三块动力电池就有两块是中国制造。

2022年以来，动力电池的实际产能已经远超过装机量。中国汽车流通协会数据统计显示，2020年动力电池装车的生产电池装机率达到76%，2021年是70%，2022年是54%，2023年是51%。其中，三元电池装车比例已从此前的80%降低到2023年的48%，磷酸铁锂电池从71%降至56%。2022年，我国动力电池累计产量545.9吉瓦时，同比增长148.5%，而同年动力电池累计装车量294.6吉瓦时，累计同比增长90.7%。

我们生产出来的电池，只有差不多一半最后实际安装在汽车上，剩下的都在仓库里"吃灰"。

要知道，动力电池是一种寿命有限的工业制品。锂电池负极石墨会随时间出现晶格塌陷，影响电池寿命。即使不进行充放电，电池容量也会在五年后大幅衰减。仓库里"吃灰"的库存电池，其容量每一分每一秒都在衰减，几年后只能直接报废。

结构性过剩是当前动力电池产业面临的最大问题。

锂电池对应的量子化升级是固态电池。固态电池是一种使用固体电极和固体电解质的电池，采用锂、钠制成的固态化合物或石墨烯等新型量子材料作为传导物质，取代以往锂电池的电解液，不仅能大幅提升电池的能量密度，还能显著延长电池寿命，缓解容量衰减。

从 2022 年开始，海内外汽车公司陆续布局固态电池。2023 年，丰田宣布实现了固态电池技术的巨大进步，将在 2025 年推出首款搭载全固态锂金属电池的纯电动汽车，并计划在 2030 年实现全固态锂金属电池的量产。梅赛德斯－奔驰和斯特兰蒂斯集团投资的固态电池研发企业也推出了早期实用款全固态电池，能量密度可达每千克 450 瓦时，差不多是主流锂电池的两倍。

2024 年，多家国内车企跟进布局固态电池技术，上汽集团、奇瑞汽车都发布了各自的固态电池时间表，计划在两年内推出半固态电池车型，并计划到 2026 年，全固态电池实现交付量产。

固态电池技术一旦取得突破，困扰锂电池多年的能量密度和容量衰减问题将迎刃而解，电池的仓储寿命将成为过去，整个动力电池领域的产业格局和供应链关系将会彻底改变。

量子化是继工业化和信息化之后的又一次全方位的产业升级，量子时代将再一次重启技术驱动的增长引擎，带领我们走向更加强盛的未来。

⚛ 二、传统产业的量子新生

（一）产业革命一定遍及所有生产部门

生产工艺的优化和新产品的发布带来的是技术进步。技术进步是依靠某个特定行业的微小革新，无数个微小革新汇总在一起，最后引起天翻地覆的剧变。

而产业革命则不同，革命带来的影响是颠覆性的、全方位的，遍及每一个生产部门、每一条生态链条。在一场无死角的技术革命中，生活中的角角落落，都充满着飞跃和变革。

石油是第二次工业革命的核心。除了大家都熟知的作为燃料驱动内燃机运转的基本功能，石油还衍生出了一整条化工产线，在衣食住行等诸多方面彻底重塑了人类的社会生活。

从地底开采出来的石油经过精炼分馏，可以得到三种主要的石油产品，包括以液化石油气、汽油、石脑油为主的轻馏分油，以煤油、柴油为主的中间馏分油和以重燃料油、润滑油、蜡、沥青为主的重馏分油。

轻馏分油、中间馏分油是主要的石化燃料。汽油和柴油的热值可以达到每千克 4000 万焦耳，是极为优质的动力源，燃油车一分钟加注的燃油，抵得上新能源车充电一小时。

重馏分油更为黏稠，主要作为润滑剂使用，此外，其中的沥青既不透水，也不溶于水，同时具有一定的结构柔性，是重要的路基材料。

2020年开始，各地陆续启动道路"白改黑"工程，就是将白色的水泥路面改为黑色的沥青路面，从而达到环保、防尘、降噪和增添行车舒适性的效果。

石油和天然气中还含有大量的氢元素，在炼油过程中，这些氢元素可以被提取出来，与空气中的氮元素反应，生产出氨。氨是极为重要的化学原料，可以用来合成硝酸铵、硫酸铵、尿素等化学肥料，也就是俗称的化肥。

化肥对作物单产贡献在50%以上，我国之所以能够用全球8%的耕地生产出全球21%的粮食，除了先进的农业育种，还得益于占全球35%的化肥消耗量。我们餐桌上丰盛的菜肴，很大程度上源自石油的馈赠。

此外，石油还能提炼出一系列烯烃化合物和芳烃化合物，用于制造合成橡胶、塑料薄膜等高分子材料。目前世界上的合成橡胶总产量已远远超过天然橡胶，同时塑料也成了最重要的人造材料。

高分子化合物还可以拉长成丝，织成人造化学纤维。目前，合成纤维已成为纺织纤维的重要组成部分，全世界合成纤维供应纺织用量已超过纺织用纤维总量的50%。现在市面上至少2/3的衣服含有化纤面料，石油让人们实现了吃得饱、穿得暖。

可见，产业革命带来的影响必然是方方面面的。在颠覆性技术的普及中，各行各业都会迎来属于自己的量子化升级。

（二）建筑、艺术也有属于自己的量子时代

涂料是一种历史悠久的技术，往物体表面涂覆液体，干燥之后就会形成一层薄薄的固态涂层，可以起到增色、改性、保护等诸多作用。古代的中国人很早就懂得在木制品的表面刷上油漆，制成既能长久保存又富有色彩光泽的漆器。

到了工业时代，以合成化工产品为原料的高分子涂料已经形成了一个重要的产业门类，几乎所有工业制品的生产流程都涉及刷漆镀膜，尤其是建筑、家装、船舶等领域，更是离不开各种各样的功能涂料。2023年，我国涂料工业总产量突破3500万吨，连续15年位居世界涂料产量排行榜首位，年产值近5000亿元。同时，亚太地区涂料总产量占全球60%，总产值占全球45%。涂料产业已经成为一个体量巨大的工业门类。

而量子技术出现以后，具备先进量子功能的新型涂料也陆续问世。2016年，美国洛斯阿拉莫斯国家实验室制造出了薄层量子点涂料，喷涂在普通玻璃上就可以立即将其变成太阳能玻璃，能够实现1.9%的光伏转化效率，寿命达14年之久。2019年，德国莱布尼茨新材料研究所开发出了一种以高分子聚合物环糊精为主要成分的纳米涂料，这种涂

料中的分子排列极为特殊，每个分子可以"记住"自己的位置，只需要加热就可以自行修复微小刮痕。2020 年，美国洛斯阿拉莫斯国家实验室又推出了新型的量子点功能涂料，可以涂覆在任意表面，在受到拉伸或挤压时会改变颜色，人们只需要观察不同部位涂料颜色的变化情况，就可以一目了然地得知各部分的表面张力分布。

2014 年，英国萨里纳米系统公司将碳纳米管在分子尺度上垂直排列，生产出了梵塔黑。梵塔黑是当时地球上最黑的材料，可以吸收 99.965% 的光，而一般的普通黑色油漆吸光率只有 97.5%。梵塔黑的微观结构就像是由一根根碳纳米管构成的森林，光线进入其中后会在碳纳米管之间来回反射，极难逃逸，因此可以做到毫不反光。

2016 年，英国雕塑艺术家安尼施·卡普尔斥巨资买下了梵塔黑的独家使用权，设计出了一种全新的"坠入地狱"艺术风格，用真正的纯黑来进行艺术创作，观众漫步其间甚至会一度丧失自己的空间感。

卡普尔的"量子艺术"在当时引起了轰动，大量的艺术家想要跟风，却发现梵塔黑的纯黑是用传统油墨无论如何也调制不出来的。无奈之下，这些艺术家们只能集资委托研究团队去进行技术攻坚，最后才在几年后造出了勉强比肩梵塔黑的极黑丙烯酸颜料，光吸收率为 99%，只能算是可堪一用。

2024 年，深圳一家公司完成了国产超黑纳米涂层的技术突破，生产出的超黑纳米涂层吸收率超过 99.5%，一举解决了国内艺术家们的"卡脖子"难题，让他们追上了世界同行们的步伐。

薄薄一层涂料的量子革命，不仅能带来先进的工业应用，还在艺术界引发了一场"为黑而黑"的军备竞赛。

越是大型的产品结构，越是需要强有力的材料支撑。在以往的思路里，超大型结构框架必须用性能最强的先进复合材料加工制造，否则光是支撑材料本身的重量都会给结构带来额外的负担。

但是在量子计算出现以后，工程师们可以用更精细的仿真去进行结构设计，只保留对结构支撑最有必要的部分，而把剩余区域都进行镂空处理，在保障强度的情况下实现总体质量的最轻化。

2024 年 10 月，美国创业家马斯克的 SpaceX 公司完成重型运载火箭"星舰"的第五次试飞，史无前例地使用发射塔回收了巨大的火箭助推器，获得了圆满成功。这次发射成功还为同时进行的美国大选狠狠拉了一波助攻，起到了扭转乾坤的重要作用。"星舰"是 SpaceX 公司提出的可完全复用的新一代重型运载火箭，其最突出的特点就是彻底抛弃了传统昂贵的航天材料，改用 300 系列不锈钢来制造火箭主体。SpaceX 公司的工程师们利用最先进的量子计算设计工艺，研究出了不锈钢的最高效排列方式，用这种最朴素最

"烂大街"的材料，组装出了未来可以直达火星的超级火箭。

由于用了廉价不锈钢材料，"星舰"大幅降低了太空发射的成本，计划中的每公斤荷载成本仅仅 200 美元，是航天飞机的 1/200、长征三号火箭的 1/30。发射成本降到"白菜价"，这很有可能真正成为人类开启太空时代的转折点。

（三）量子算法足球战术

量子算法非常适合处理包含多个约束条件的复杂优化问题，不仅可用于材料加工中的结构设计，还能服务于其他种种需要博弈组合的场景。

足球比赛是一种户外大型团体性赛事，一场足球赛持续时间在一个半小时以上，十几人的球队队员要在十亩地大小的足球场上来回狂奔、动态攻防。如何平衡球队的首发阵容，针对不同场地、天气和具体对手，结合每位队员的身体素质和技战术特点定制战术是一个极端困难的博弈问题，对教练员的经验和能力有着非常高的要求。欧洲足球队的主教练年薪一般都在几千万元人民币，最高的是执教英超联赛曼城俱乐部的瓜迪奥拉，年薪高达 2000 万英镑，约合人民币 1.8 亿元。2016 年起担任中国队外教的里皮，年薪也达到 1300 万欧元，折合人民币超过 1 亿元。

主教练拿着如此高的年薪，只为了精准指导一场九十分钟的足球比赛，说明足球比赛的战术变化多样性已经远远超出了普通人的脑力极限。2020 年开始，多支欧洲球队购买了加拿大制造的 D-Wave 量子退火计算机，利用量子算法来优化球队战术。2023 年，德国一支球队就应用了量子计算机得出的首发阵型布置，最后在客场成功击败了对手。

（四）量子革命是属于全体大众的产业革命

从廉价材料的全新用途，再到体育赛事的科技指导，量子优化算法在两个看起来风马牛不相及的领域同时掀起了量子化的潮流，这就是成熟产业革命的写照。

改良只是局限于某一领域或某一门类下某个特定产品的小幅工艺革新，再怎么具有开创性和颠覆性，也只能在对应的小天地里掀起一番风雨。

产业革命则不然，革命是彻彻底底全方位无死角的重塑，把一切传统的、陈旧的生态链都砸烂、捏碎了，再按新时代新技术的新思路新模样组装起来，一定是遍及每一种行业每一条产线的每一个角落的。

所以量子革命永远不是属于少数科学家的阳春白雪。这是一场走向量子时代的产业革命，影响的是全社会的方方面面。只要身处社会之中，任何人无论学历高低，无论从事何种职业，迟早都会接受量子化的洗礼。在这个过程中，许多旧工种会消亡，但许多新赛道也会诞生，在碰撞和变革之间，量子时代的萌芽也就应运而生，最后成长为参天大树，成为支撑着未来社会的根基。

这就是量子浪潮的革命性所在。

⚛ 三、量子革命开启的伟大纪元

（一）科学技术是第一生产力

时代更迭的背后，是技术的进步及其所带来的生产力的变革与飞跃。

2023 年，中国科学院上海营养与健康研究所做过一项研究，他们用最新的计算技术来追溯人类祖先的基因遗传演变史，这项研究可以精准勾勒出直至 100 万年前的历史全貌，置信度高达 95%。

在这项研究中，研究团队惊讶地发现，大约在距今 93 万年前，我们的祖先曾经差点灭绝。当时正值早、中更新世过渡期的气候剧烈变化，整个智人种群在短期内丧失了约 98.7% 的成员个体，个体数从近 10 万急剧下降到 1280 人，和现在中国野生大熊猫的数量差不多。此后又过了 11.7 万年，人类祖先的种群成员数才从千把人缓慢回升到 27160 人，和现在野生亚洲象的数量差不多。

为什么号称生态环境"终结者"的人类当时会落得如此下场呢？很简单，那时候的古人科技实在太落后了，连用火技术都没有掌握。人类是在距今 79 万年前才学会用火的，自那以后人口才开始快速增加，也就有了后来几次走出非洲的大迁移。

第一次农业革命大约发生在距今 15000 年前的新石器时代。那时候的古人驯化了小麦、水稻等野生作物，从居无定所的游猎采集生活过渡到了半定居的农耕生活。

农业技术的出现使得世界人口数突破了百万大关，人类再也不用在一个又一个居所之间来回游荡迁徙，迈出了利用自然、改造自然的第一步。

第二次农业革命开始于 5000 多年前，我们的祖先在那个时候发明了青铜器和铁器，可以更好地精耕细作，同时跨地区跨文明的交流也越来越频繁，大家礼尚往来地交换良种作物。世界总人口数也在这个时间超过了千万，我们所熟知的上下五千年的伟大史诗也就此掀开了序幕。

第三次农业革命是伴随着工业革命而出现的，化肥和机械耕作让粮食产量再次翻了几倍，许多大国的人口都增长至过亿，我国和印度的人口甚至都长期超过 10 亿。

科技革命带来的技术爆炸彻底改变了人们的生活，社会生产力的提高也从根本上重塑了社会形态。

中国科学院遗传发育所曾经开发过一种叫作"双标水法"的标定方法，可以定量地标定社会群体中单个生物个体的代谢消耗。科学家们首先研究了演化图谱上与人关系最近的黑猩猩、大猩猩和红毛猩猩。研究发现，猩猩们每小时的觅食活动只能获得约 200～300 千卡的能量，而一个正常体型的成年人每天要消耗大约 2000 千卡。也就是说，猩猩们的大脑之所以没有继续发育壮大，是因为它们已经达到了能量收支平衡的瓶颈了，一天十个小时的觅食，刚好填饱自己的肚子，根本无暇他顾。

生活在坦桑尼亚北部的哈扎人部落总人数只有几百人，他们至今还过着旧石器时代的狩猎采集生活，这是一个观察农业革命发生之前的人类世界的绝佳案例。研究发现，哈扎人每小时狩猎和采集可以获得 500 千卡的能量，每个猎人都可以养活额外的一口人，因而可以将女性解放出来承担全职的再生产工作，部落文化才能得以维系。

亚马孙雨林中的提斯曼人更先进一点，他们既会用火也会种地，过着刀耕火种的农业生活。一个熟练的农民每小时可以产生约 1500 千卡的能量，平均下来可以养活一个老婆七个孩子共计八口人。因此，提斯曼人社会才诞生了更为复杂的社会结构，有领头的村长和议事的长老，颇有些文明的模样。

（二）又一次的瓶颈呼唤新的技术纪元

时间来到近代以后，工业革命和信息革命接连带来了一系列的新技术，让世界变得今非昔比，人类也终于掌握了甚至能毁灭自身的强大力量。

2022 年 11 月，世界人口正式突破 80 亿，这个数字在 1974 年还是 40 亿。每过一代人的时间，人口数量就会翻倍（图 8-5）。

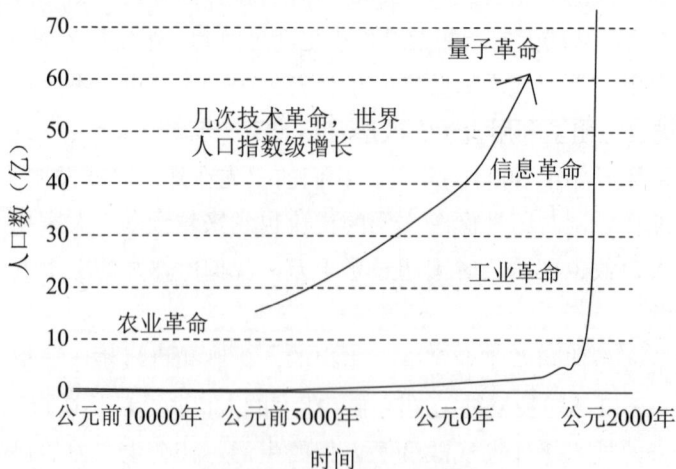

图 8-5 世界人口数量增长

（数据来源：世界银行）

爆炸性增长的人口也带来了一系列的问题，目前全世界大约还有 7.36 亿人处于极端贫穷的状态，每天生活费低于 10 块钱。按照世界卫生组织提供的数据，全球仍有 21 亿人无法获得安全的饮用水，45 亿人缺乏有管理的卫生设施。

又一次困境，蕴含着又一次飞跃。在全人类再次陷入增长瓶颈的时候，远方的地平线上又升起了量子革命的曙光。

从历史沿革上来说，量子革命继承了农业革命、工业革命和信息革命的全部成果。

人类历史上每一次产业革命，归根到底都是由基础科学的突破而开启的。

农业革命源自火的发现，工业革命始于经典力学的完善，信息革命建立在对半导体材料特性的精妙理解之上。

而量子革命的源头，可以追溯到 20 世纪初物理学在危机中的变革与突破，基础理论的创新，在一百多年后终于成长为全面完整的体系，就是我们如今看到的量子产业。

（三）量子产业，未来已来

从产业结构上来说，量子产业可以划分为上游、中游和下游（图 8-6）。

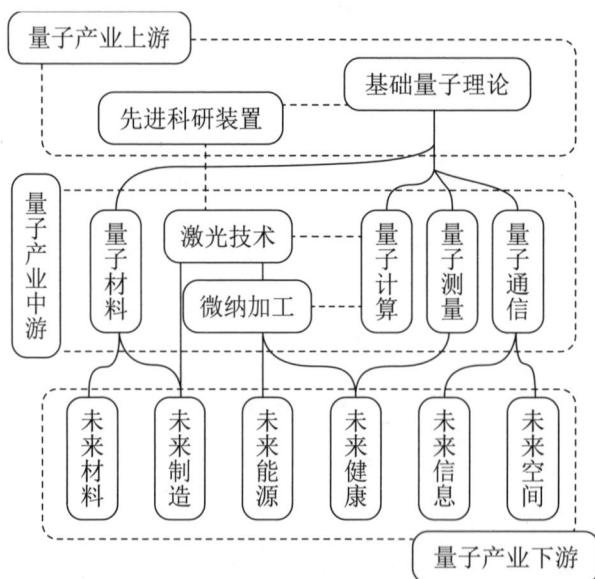

图 8-6　量子产业全景图

量子产业的上游是基础量子理论的研究，以及为基础理论研究服务的先进科学装置。激光、磁场、真空、低温等操纵物质的新技术都是脱胎于前沿研究，而后才逐渐普及到实验室之外，最终得到市场的广泛认可。

量子产业的中游是几大量子体系。从零维的量子点到一维的纳米管，再到二维的石墨烯、三维的拓扑绝缘体，人们在不断研发新型量子材料的同时，也在不断提高着操纵物质、改造自然的能力。基于量子隧穿的微纳加工和源自量子相干的激光技术让人们拥有了微观尺度上的"手"与"脚"，可以随意摆弄微观粒子，随心所欲地构建想要的材料和特性。

量子计算、量子测量和量子通信合称量子信息产业，是量子产业中体量最大的分支之一。量子信息产业的实质是让原本只在微观世界生效的量子态和量子效应来到宏观世界，让我们拥有更高的测量精度、更强的计算能力和更安全的通信协议。这又使得人们的眼、脑、耳功能极大增强，可以更全面地感知世界、探查世界。

量子产业的下游则是代表未来的几大应用支柱。具有超强性质的量子材料配合可以极致优化的量子计算，催生了未来材料、未来制造与未来能源。灵敏度极高的量子测量加上激光、微纳等精密技术，带来了未来健康。量子通信又进一步解放了人们对世界维度的认识，为未来信息和未来空间提供了保障。

可以说，量子革命给我们带来的，就是未来产业的美好愿景。

2024 年 7 月，联合国宣布 2025 年为"国际量子科学技术年"，这是量子力学诞生一百周年，也是即将到来的量子纪元的伟大元年。

量子不可估量，未来已经到来。